高等职业院校“虚拟现实技术应用”专业
精品课程系列教材

Unreal Engine

虚幻引擎(UE4)技术基础(第2版)

贯标教材

主编 | 姚亮　参编 | 李京波 张娟

電子工業出版社
Publishing House of Electronics Industry
北京 · BEIJING

内 容 简 介

本教材从初识虚幻引擎、材质系统、蓝图、粒子系统、动画系统、游戏 UI、光效处理、VR 硬件平台搭建 8 个方面详细讲解了虚幻引擎及相关设备的使用方法。项目 1 初识虚幻引擎，讲解如何获取并安装虚幻引擎，并以简单模型为例讲述使用虚幻引擎制作 VR 场景的流程。项目 2 材质系统，讲解基于物理的材质、贴图和视频材质的制作方式，以及材质实例和材质函数应用案例。项目 3 蓝图，是虚幻引擎最具特点的功能，也是本书的重点内容，从变量、流程控制节点、宏、碰撞触发事件、组件、时间线及关卡流等方面详细讲解了蓝图的使用方法。项目 4 粒子系统，以下雨粒子特效为例讲述粒子编辑器常用模块的设置方法，以及 Niagara 插件的应用。项目 5 动画系统，讲解混合动画和动画蒙太奇的制作步骤，该项目包含角色拾取武器攻击案例。项目 6 游戏 UI，以制作游戏主菜单为例讲解控件、控件蓝图的使用方法，包含寻宝游戏案例。项目 7 光效处理，以简单案例的形式讲述各种光源的使用方法。项目 8 VR 硬件平台搭建，介绍如何使用常用的外部设备搭建虚拟现实的应用环境。

本教材适用于职业院校及普通高等学校虚拟现实技术/虚拟现实技术应用相关专业的教师和学生作为教材使用，也适用于虚拟现实相关专业技术人员参考。

图书在版编目（CIP）数据

虚幻引擎（UE4）技术基础 / 姚亮主编. —2 版. —北京：电子工业出版社，2021.10
ISBN 978-7-121-42295-9

Ⅰ. ①虚⋯ Ⅱ. ①姚⋯ Ⅲ. ①搜索引擎－程序设计－高等学校－教材 Ⅳ. ①TP391.3

中国版本图书馆 CIP 数据核字（2021）第 226228 号

责任编辑：左　雅
印　　刷：北京雁林吉兆印刷有限公司
装　　订：北京雁林吉兆印刷有限公司
出版发行：电子工业出版社
　　　　　北京市海淀区万寿路 173 信箱　邮编 100036
开　　本：787×1 092　1/16　印张：14　字数：358 千字
版　　次：2018 年 9 月第 1 版
　　　　　2021 年 10 月第 2 版
印　　次：2023 年 10 月第 7 次印刷
定　　价：47.00 元

凡所购买电子工业出版社图书有缺损问题，请向购买书店调换。若书店售缺，请与本社发行部联系，联系及邮购电话：（010）88254888，88258888。

质量投诉请发邮件至 zlts@phei.com.cn，盗版侵权举报请发邮件至 dbqq@phei.com.cn。

本书咨询联系方式：（010）88254580，zuoya@phei.com.cn。

前　言

近年来，虚拟现实（Virtual Reality，VR）技术在各领域的应用日渐广泛，其高度模拟性和交互性给各领域的展示和学习方式带来了革命性的变化，VR 技术正潜移默化地改变着人们的生活方式。作为开发 VR 产品的常用引擎，虚幻引擎（Unreal Engine）以其特有的可视化蓝图脚本系统、优质的画面实时渲染效果、便捷的操作等优势，得到了越来越多的 VR 技术人员的青睐。

近些年，职业院校也把虚幻引擎作为主流竞赛平台之一，以 2021 年全国职业院校技能大赛为例，高职组“虚拟现实（VR）设计与制作”、中职组“虚拟现实（VR）制作与应用”赛项中，以 Unreal Engine 4（UE4）为技术平台的“引擎制作”部分在赛卷中占据了 35%的分值。

虽然大家看到了虚幻引擎的重要性，但是市面上适合职业院校师生起步学习的、自主版权的虚幻引擎中文教材较为匮乏。于是，北京信息职业技术学院虚幻引擎技术教学团队从 2018 年开始，组织撰写针对职业院校师生学习的 UE4 技术应用教材，并持续更新教材内容，于 2021 年推出第 2 版。本书也可以作为“VR/AR 引擎开发（Unreal 方向）”“虚幻高级蓝图应用”等课程的参考教材使用。

教材编写特点

本教材提炼虚幻引擎的主要功能模块，采用项目模块化教学、任务驱动的方式组织编写。每个任务都经过团队精心设计，力求在实现简单任务的过程中解析更多的虚幻引擎功能。针对操作步骤比较复杂的任务，教材编写团队制作了每个项目的电子课件（请登录华信教育资源网 http://www.hxedu.com.cn 免费下载）和部分案例的微课视频（请扫描书二维码观看学习），便于学习者使用。本教材适用于热衷使用虚幻引擎开发项目的学习人员参考，尤其是初学者。

教材主要内容

本教材从初识虚幻引擎、材质系统、蓝图、粒子系统、动画系统、游戏 UI、光效处理、VR 硬件平台搭建 8 个方面详细讲解了虚幻引擎及相关设备的使用方法。项目 1 初识虚幻引擎，讲解如何获取并安装虚幻引擎，并以简单模型为例讲述使用虚幻引擎制作 VR 场景的流程。项目 2 材质系统，讲解基于物理的材质、贴图和视频材质的制作方式，以及材质实例和材质函数应用案例。项目 3 蓝图，是虚幻引擎最具特点的功能，也是本书的重点内容，从变量、流程控制节点、宏、碰撞触发事件、组件、时间线及关卡流等方面详细讲解了蓝图的使用方法。项目 4 粒子系统，以下雨粒子特效为例讲述粒子编辑器常用模块的设置方法，以及 Niagara 插件应用内容。项目 5 动画系统，讲解混合动画和动画蒙太奇的制作步骤，该项目包含角色拾取武器攻击案例。项目 6 游戏 UI，以制作游戏主菜单为例讲解控件、控件蓝图的使用方法，包含寻宝游戏案例。项目 7 光效处理，以简单案例的形式讲述各种光源的使用方法。项目 8 VR 硬件平台搭建，介绍如何使用常用的外部设备搭建虚拟现实的应用环境。

第 2 版修订说明

《虚幻引擎（UE4）技术基础（第 2 版）》修订内容基于虚幻引擎 4.24 版本撰写，该版本和 2021 年全国职业院校 VR 中高职赛项所要求的引擎版本一致。第 2 版教材在第 1 版教材内容的基础上新增了“多材质地形制作”“Niagara 插件粒子特效应用”“角色拾取武器攻击”

“寻宝游戏”4 个应用型案例。新增的 4 个案例具有一定的难度，案例的加入有效提升了学习者的综合应用能力。除此之外，第 2 版教材还更新了由于引擎版本更新导致的一些菜单和工具的变化内容，如虚幻引擎下载步骤、制作视频媒体资源等内容。

教材适用对象

本教材适用于职业院校虚拟现实技术/虚拟现实技术应用等相关专业的教师和学生使用，也适用于虚拟现实相关专业技术人员参考。

本教材第 2 版在编写过程中得到了 2021 年全国职业院校技能大赛“虚拟现实（VR）制作与应用”赛项合作企业上海曼恒数字股份有限公司的支持，部分案例为校企合作编写。

由于作者水平有限，加之时间仓促，书中难免会存在一些缺点和不足，殷切希望广大读者批评指正。

编　者

目　录

绪　论

2016年，虚拟现实（VR）的产品及应用呈现了井喷式增长，仿佛一夜之间，全世界都在谈论VR。VR会议、论坛、新品发布会、实体体验让人应接不暇。而开发VR的软件系统，即VR开发引擎，也在快速地迭代更新。

1. 常用 VR 开发引擎

市面上常见的 VR 开发引擎有以下几种。

（1）VRML（Virtual Reality Modeling Language）。

VRML 被称为虚拟现实引擎的鼻祖。VRML 其实是一套虚拟现实语言规范，用于建立真实世界的场景模型或人们虚构的三维世界的场景建模语言。1997 年 12 月 VRML 作为国际标准正式发布，1998 年 1 月正式获得国际标准化组织 ISO 批准，这意味着 VRML 已经成为虚拟现实行业的国际标准。VRML 的特点是文件小，灵活度强，比较适合网络传播，但画面效果比较差，适用于放于网络上不需精致画面效果的产品开发。使用 VRML 实现的引擎，比较著名的有以下两种。

① Cortona：具有专用的建模工具和动画互动制作工具，支持其他建模软件制作的模型文件，并可以进行优化，文件小，互动较强，比较适合制作工业方面的作品。

② Bitmanagement Software（BS）：画面效果优于 Cortona，但互动效果稍差，不具备专用建模工具，必须使用其他建模软件制作的模型，所以文件比 Cortona 大，比较适合制作要求不是很高的漫游类作品。

（2）Virtools。

Virtools，简称 VT。法国拥有许多技术上尖端的小型三维引擎或平台公司，Virtools 公司所开发的三维引擎成为微软 Xbox 的认可系统，其特点是方便易用，应用领域广。Virtools 可以让没有程序基础的美工通过内置的行为模块快速生成自己想要的游戏类型。Virtools 拥有设计完善的图形用户界面，使用模块化的行为模块撰写互动行为元素的脚本语言。Virtools 可以制作出许多不同用途的产品，如网际网络、计算机游戏、多媒体、建筑设计、交互式电视、教育训练、仿真与产品展示等。

2004 年，Virtools 推出了 Virtools Dev 2.1 实时三维互动媒介创建工具，随即被引进到中国台湾地区，并在中国台湾地区得到迅速发展，后被引进到中国大陆。越来越多的多媒体技术公司开始应用 Virtools 开发其产品，其中文教材和相关项目的从业经验已经非常丰富成熟。

许多大型游戏制作公司都使用 Virtools 来快速地制作游戏产品的雏形。另外，Virtools 被网上世博会指定为专用引擎。

（3）Quest3D。

Quest3D 由荷兰 Act-3D 公司开发，是一款非常优秀的实时 3D 建构工具，在业界以效果出色而闻名。该引擎图形用户界面友好，所有的编辑器都是可视化、图形化的，真正所见即所得，使得开发者可以更专注于美工与互动，而不用担心程序错误。通过 Quest3D，开发者可以快速创建模型、修改纹理、修改照明系统和更改环境，从而对场景进行交互处理，大大提高了工作效率。

Quest3D 引擎分为三大块：编辑器、浏览器和 SDK，其中，编辑器用于编辑一体化数据，基本不需要编写代码。Quest3D 最大的特点是独创的“Channel（管线）”技术，通过 Channel，可以轻松实现任何效果及接口。

（4）Unity3D。

Unity3D，也称为 U3D，是 VR 技术开发的后起之秀，受到业内的广泛关注。Unity3D 由 Unity Technologies 公司开发，其总部设在美国加利福尼亚州的旧金山，在加拿大、中国、哥伦比亚、丹麦、芬兰、德国、日本、韩国、立陶宛、新加坡、瑞典、乌克兰和英国都设有分支机构。

Unity3D 可以使开发者轻松创建诸如三维视频游戏、建筑可视化、实时三维动画等类型的互动内容，是多平台的综合型游戏开发工具，是一个全面整合的专业游戏引擎。Unity 编辑器运行在 Windows 和 Mac OS X 操作系统下，可发布游戏至 Windows、Mac、Wii、iPhone、WebGL、Windows Phone 8 和 Android 平台；也可以利用 Unity Web Player 插件发布网页游戏，支持 Mac 和 Windows 的网页浏览。

Unity3D 引擎于 2012 年进入中国，成立了优美缔软件（上海）有限公司，标志着 Unity 从此正式登陆中国市场。

（5）Unreal。

Unreal 全称为 Unreal Engine，中文名称为虚幻引擎，由 Epic 公司开发，是目前世界授权最广的游戏引擎之一，占有全球商用游戏引擎 80%的市场份额。

从严格意义上讲，Unreal 并不是虚拟引擎，而是一款游戏引擎，是虚幻竞技场的游戏引擎。虽然不是专用虚拟引擎，但虚幻竞技场开发了地图编辑器，功能无所不包，而且画面质量相当好，可以打包成 exe 安装包，所以越来越多的开发者将其应用于 VR 作品的制作。

2010 年，虚幻技术研究中心在上海成立，该中心由 GA 国际游戏教育与虚幻引擎开发商 Epic 的中国子公司 Epic Games China 联合设立。

2. 虚幻引擎的发展

自从次世代游戏这个概念诞生那一天起，Unreal 便成了业界曝光率最高的游戏引擎，这不仅是一次商业上的成功，也是整个游戏行业对 Unreal 技术的充分肯定。2004 年 Epic 第一次公开 Unreal Engine 3，世界顶尖游戏开发商都以拥有它的授权为荣。

Unreal 引擎的成功，理应归功于其技术本身，而其技术广受欢迎的原因，则源于其优秀的设计结构。Unreal 引擎诞生之初的定位就是为解决制作游戏的需求而打造的工具。Unreal 引擎使用 Unreal Script 脚本语言，同时 Unreal 引擎还提供了功能强大的关卡编辑器，使得事件驱动的游戏制作方式成为主流的游戏制作方式之一。

1998 年，Unreal 引擎第一次以一款单人 FPS 游戏《虚幻》出现在世人面前。在游戏发售之后不久，Epic 便开放了关卡编辑器和 Unreal Script，欢迎玩家们对游戏做出修改和设定自己的模式。《虚幻》发布之后，Epic 又重新整理了开发《虚幻》所使用的工具和制作《虚幻》的代码，这便是第一代 Unreal 引擎，Unreal Engine 也从此诞生。Unreal Engine 引擎采用了模块化设计，这样 Epic 和其他的授权公司可以轻松修改并自定义引擎的各个方面，而不必重写一个新的引擎。

1999 年，作为初代《虚幻》扩展包的《Unreal 竞技场》发售，该款游戏也被移植到了 PlayStation 2 和 Sega Dreamcast 平台上。这之后，Unreal 不断发布新的游戏，如《Unreal 锦标赛》《Unreal 竞技场》《UnrealII：觉醒》。

2006 年 11 月，随着《战争机器》的发布，Unreal Engine 3 面世。《战争机器》是第一个展示出 Unreal Engine 3 完美实力的游戏。虚幻引擎进入了次世代的阶段。

2014 年，虚幻引擎 4（UE4）发布，虚幻引擎 4 强大的功能使得其成了虚拟现实中的带路者。

2021 年，虚幻引擎 5（UE5）抢先体验版在虚幻官网发布，虚幻引擎 5 将助力各行各业的开发者交付惊艳世人的实时内容和体验。该抢先体验版专供喜欢研究前沿技术的游戏开发者测试功能及制作游戏原型之用。

创作令人信服的沉浸感体验的过程中并没有捷径。VR 要求场景足够复杂，并以很高的帧数渲染绘制。虚幻引擎满足了这些需求，为制作 VR 平台的内容提供了坚实基础，这些平台囊括了计算机、游戏主机及移动设备。

Epic 公司专门为 VR 内容开发了特定的渲染解决方案：前向渲染支持高质量的光照功能，多采样抗锯齿（MSAA）及实例化双目绘制（Instanced Stereo Rendering），制作清爽明快、细节丰富的画面，并依然以每秒 90 帧来运行。

通过虚幻引擎的能力，用户可以使用其双手，伸出手，抓取一个物件，并把玩一下。虚幻引擎编辑器能完全以 VR 模式运行，并支持高级控制手段，因此能够在一个“所见即所得”的环境中进行创作。

虚幻引擎官网为用户提供了创作所需工具、平台、源代码，以及完整的项目和实例内容，并定期进行更新和修复，以便用户学习和使用。

项目1 初识虚幻引擎

虚幻引擎（Unreal Engine，UE）是由Epic Games公司开发的游戏制作引擎，用来开发虚拟现实（Virtual Reality，VR）方向的项目制作，制作的范围可从顶级大作到独立移动游戏开发。自研发以来，虚幻引擎历经十年的更新与改进，目前，主流市场应用产品为虚幻引擎4，并已对广大用户免费开放。虚幻引擎4可以在Windows和Mac操作系统下运行，制作出的内容可以发布至Windows、Mac、PlayStation 4、Xbox One、iOS、Android和Linux平台。简单地说，虚幻引擎是一个可以用于开发任何游戏或应用的编辑器集合体。

学习目标

（1）学会加载登录器、虚幻引擎 4 的安装方法；
（2）熟悉虚幻引擎 4 的关卡编辑器界面布局及各面板功能；
（3）掌握项目、关卡的创建方法；
（4）学会对象的放置、编辑方法；
（5）掌握地形地貌、植被的创建方法；
（6）掌握体积的作用及使用方法；
（7）学会使用外部模型资源。

1.1 获取并安装虚幻引擎

任务描述

在满足推荐配置的计算机上，安装虚幻引擎 4，为开发项目做准备。

推荐配置：显卡最低配置 GTX1060-3GB，内存 8GB 以上，有足够的硬盘空间。

虚幻引擎 4 安装方法：登录虚幻引擎官方网站，下载加载登录器 Epic Games Launcher，注册账号并成功登录，在登录器中选择引擎版本后下载并安装。

1.1.1 获取虚幻引擎

登录虚幻引擎官方网站，在网页右上角单击“下载”按钮，如图 1-1 所示。

图 1-1　虚幻引擎官方网站

弹出加载登录器（Epic Games Launcher）注册/登录界面，如果没有 Epic Games 账号，则可以在线注册，如图 1-2 所示。

EPIC GAMES
创建您的 Epic 帐户
*国家/地区
CHINA
*名
*姓
您的显示名称必须由 3 至 16 个的字符组成，并且可以包含字母、数字和非连续的破折号、下划线、句点和空格。
*显示名称
*电子邮件
1373233889@qq.com
*密码
●●●●●●●●●●●●●
我已经阅读并同意服务条款。
创建账户
已有 Epic Games 账户？
登入

图 1-2　Epic Games Launcher 注册/登录界面

登录成功后，稍等片刻会弹出 Epic Games Launcher 下载界面，选择存储位置等信息后，单击“下载”按钮，如图 1-3 所示。

图 1-3　Epic Games Launcher 下载界面

下载完成后，安装加载登录器。安装完毕后，软件自行检测并更新。更新后输入账号、密码登录。

1.1.2 安装虚幻引擎

在加载登录器界面，依次单击“库”→“引擎版本”右侧“+（添加版本）”按钮→要下载的版本号，步骤如图 1-4 所示。

单击“安装”按钮，弹出存储及安装路径选择界面，设定路径后单击“安装”按钮。需要注意的是：安装登录器及虚幻引擎 4 的位置需至少留有 20GB 的硬盘空间。

安装完毕后可以通过加载登录器启动虚幻引擎，也可以在加载登录器中单击版本号下方“启动”选项后面的下拉菜单，选择“创建快捷方式”命令，如图 1-5 所示，在桌面上创建引擎启动快捷方式，这样就不必每次启动都先打开加载登录器。

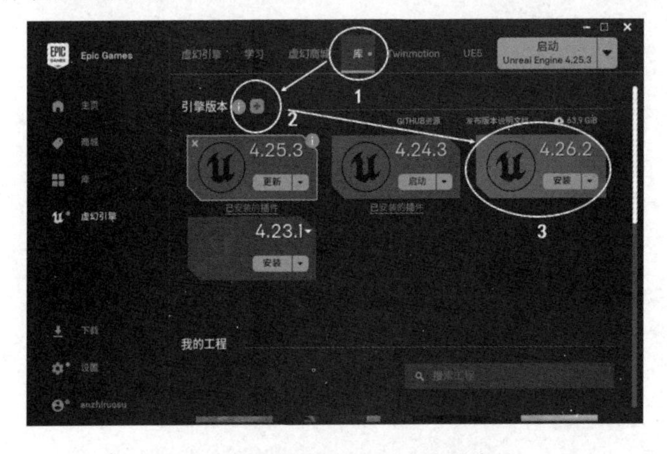

图 1-4　虚幻引擎下载版本选择步骤

图 1-5　创建引擎启动快捷方式

启动虚幻引擎 4，进入虚幻引擎 4 欢迎界面，如图 1-6 所示。

图 1-6　虚幻引擎 4 欢迎界面

1.2 制作第一个关卡

任务描述

微课：制作第一个关卡

利用虚幻引擎 4 提供的模板新建一个项目，并创建一个新的关卡并添加 Actor（Actor 是可以放置在关卡中的任意对象），对 Actor 进行必要的编辑修改，最后执行灯光和几何体的构建过程。

虚幻引擎 4 使用项目管理的方法，每个项目（Project）会由一个.uproject 文件所引用，用于创建、打开或保存文件的参考文件，项目中包含了所有与其关联的文件和文件夹。项目负责保存、管理所有组成游戏或制作任务的各种资源。虚幻引擎中项目的目录结构与硬盘中保存该项目的目录设置是一致的，如图 1-7 所示。

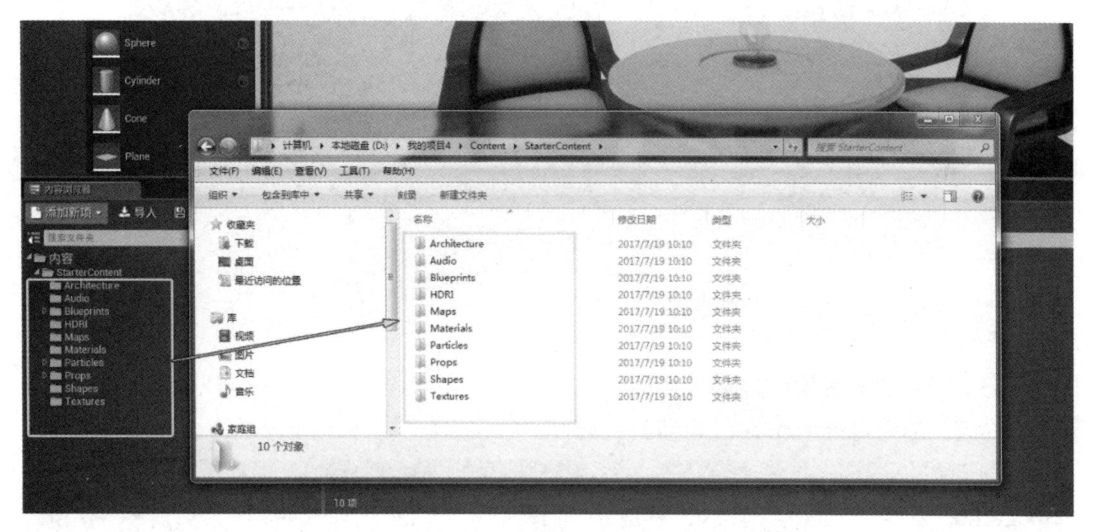

图 1-7　虚幻引擎中项目目录结构与硬盘中存储目录对比

1.2.1 创建项目

虚幻引擎 4 提供了适用不同行业的多种模板，每种模板包含了针对各种常见类型而搭建的基本功能模块。创建项目时，可以根据需要选择一个模板。在本案例中使用“游戏”模板，创建一个完全空白的、通用的项目。

（1）在欢迎界面选择“游戏”模板，单击“下一步”按钮，选择“Blank（空白）”模板，单击“下一步”按钮，进入项目设置面板。

（2）在项目设置面板中，可以对新建项目进行基本设置，这些设置在随后的项目制作过程中仍可以进行修改。默认设置非常便于初学者学习，本案例使用默认设置即可，即应用“蓝图”，项目性能选择“最高质量”，项目制作过程中“已禁用光线追踪”，目标开发平台选用“桌面/主机”，选择“含初学者内容包”（StarterContent（初学者内容包）包含了许多通用资源，可以帮助初学者快速地开始构建关卡）。在项目设置面板下方，设置项目的存储路径和项目名称，如图 1-8 所示。

特别注意：项目的存储路径不能使用带有中文的目录，虚幻引擎 4 无法正确理解中文路径，虽然在项目开始创建时不会出现问题，但是在使用的过程中或打包后就会出现种种问题。

（3）单击右下角“创建项目”按钮，引擎会布置项目环境，打开初始关卡编辑器。

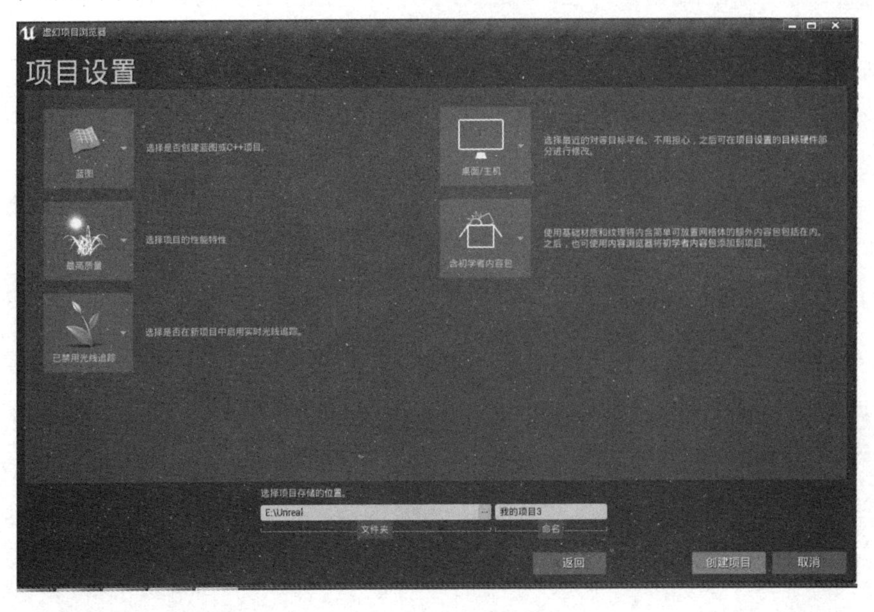

图 1-8　新建项目设置

1.2.2　关卡编辑器界面

虚幻引擎 4 的关卡编辑器界面如图 1-9 所示，包括菜单栏、工具栏、视口面板、模式面板、内容浏览器、世界大纲视图和细节面板。

图 1-9　关卡编辑器界面

（1）菜单栏包括“文件”“编辑”“窗口”“帮助”按钮，用于项目的通用操作，如图 1-10 所示。

- 文件：包含对关卡和项目的常规操作命令和对 Actor 的导入、导出操作命令。
- 编辑：包含复制、粘贴、剪切、删除等命令，编辑器偏好设置和项目设置，以及插件（Plugins）的管理。如果修改了插件的设置，则需要重启项目。
- 窗口：用于各种功能面板的显示或隐藏等布局功能辅助设置。
- 帮助：提供文档、教程、论坛等帮助资源。

（2）模式面板，位于关卡编辑器界面左边，由不同工具模式组成，通过改变模式可以改变编辑器的主要功能，包括“放置”“描画”“地貌”“植被”“几何体编辑”工具模式，如图 1-11 所示。

图 1-10　菜单栏

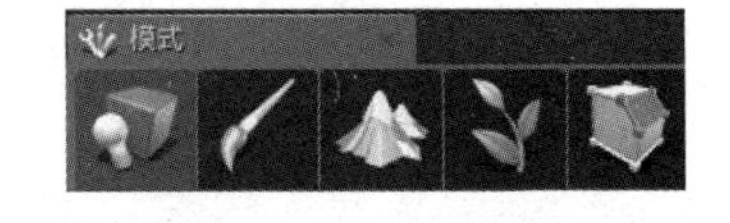

图 1-11　模式面板

各种工具模式及其功能描述如表 1-1 所示。

表 1-1　工具模式及其功能描述

工 具 模 式	效　　果
“放置”模式	用于在场景中放置 Actor
“描画”模式	用于在 StaticMeshActor 上绘制顶点颜色数据
“地貌”模式	用于编辑地景、地形 Actor
“植被”模式	用于在关卡中绘制实例化植被 Actor
“几何体编辑”模式	用于在点线面级别编辑 BSP 画刷 Actor

（3）工具栏，位于关卡编辑器界面上方，主要用于对当前关卡进行整体操作，如保存当前关卡、播放关卡、播放游戏、构建灯光、制作过场动画等，如图 1-12 所示。

图 1-12　工具栏

- 保存当前关卡：当在关卡中进行添加物体、移动、旋转等一系列操作后，需要单击“保存当前关卡”按钮。
- 源码管理：用于管理项目的源码。
- 内容：用于打开引擎下面的内容浏览器面板（当内容浏览器面板已经被打开时，单击“内容”按钮，内容浏览器面板会高亮显示）。
- 虚幻商城：打开虚幻引擎的官方商城，便于购买添加商城中的资源，加载到当前关卡中来。
- 设置：在视口面板中对当前关卡进行各项设置。
- 蓝图：打开当前关卡蓝图，对当前关卡蓝图资源进行一系列的设置。
- 过场动画：打开制作过场动画的工具（包括旧版本的Matinee工具和新版本的Sequence工具）。

- 构建：细致烘焙及处理关卡当中的光照信息、几何体构建、构建路径，从而达到优化渲染的过程。
- 播放：预览当前关卡效果。
- 启动：预览当前关卡效果，与播放的区别是在预览之前进行了一次打包，相当于启动新的游戏。

（4）视口面板，用于预览搭建虚拟环境的区域，通过布局设置来管理关卡，如图 1-13 所示。视口面板可以提供透视图和不同方向的正交视图模式，视口多面板布局如图 1-14 所示。

图 1-13　视口面板

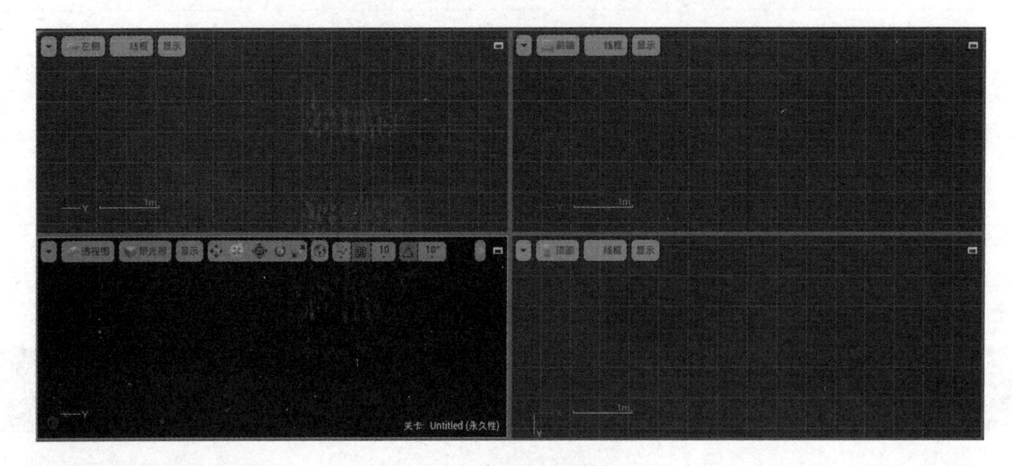

图 1-14　视口多面板布局

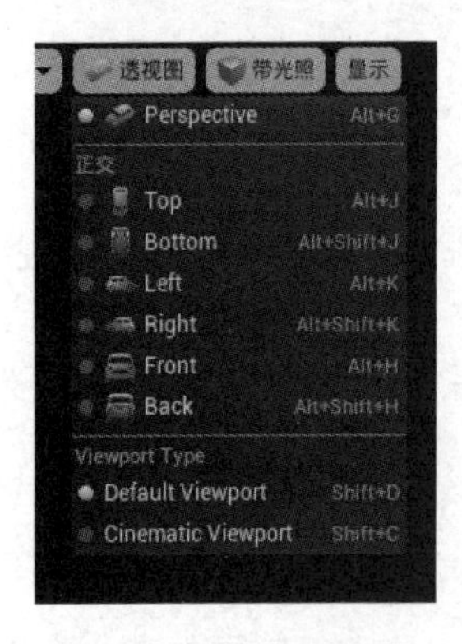

图 1-15　视口面板布局类型选择

默认情况下，视口面板只显示一个单面板的透视图，用户可以通过单击视口面板左上角的下拉菜单，选择布局类型，如图 1-15 所示。

（5）内容浏览器，用于在项目中管理资源，包括所有新建或导入的素材，主要处理与资源相关的常规任务，如创建、查看、修改、导入和组织整理；同时可以在资源上执行基本操作，如查看、引用、移动、复制和重命名。在内容浏览器中设置了搜索栏和筛选标签来快速定位资源。当需要向场景中添加物体的时候，可以从内容浏览器中拖曳一个资源的副本到关卡中。

本案例初始状态只包含一个 StarterContent 文件夹，即初学者内容包，用户可以从中选择素材拖放到场景中，如图 1-16 所示。

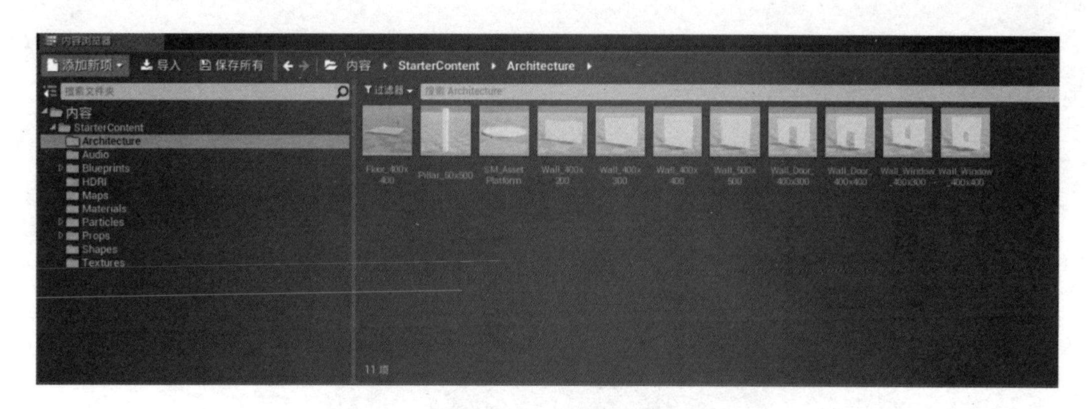

图 1-16　内容浏览器

（6）世界大纲视图，位于关卡编辑器界面右侧上方，如图 1-17 所示。世界大纲以树状视图形式显示所有放置在当前关卡中的对象（Actor），双击 Actor 的名称（或按快捷键“F”），视口面板会聚焦到此物体上。世界大纲视图中每个 Actor 都以名称或标签进行标记。世界大纲视图最重要的功能是让用户可以找到场景中的 Actor，可以通过面板顶部的搜索栏快速查找到某个 Actor。

图 1-17　世界大纲视图

（7）细节面板，描述和修改当前所选对象的详细属性。属性内容的类别取决于所选的对象的类型，不同类型的对象对应不同的属性内容，但是对于大多数 Actor 来说，会有一些通用属性，如坐标位置、缩放、旋转角度等参数。

关卡编辑器中几个功能面板在项目制作过程中相互配合，其基本工作流程：用户由模式面板或者内容浏览器中拖曳素材到视口面板中，通过右边的世界大纲视图和细节面板进行具体的调整，最后单击工具栏上的“播放”或“构建”等按钮对关卡进行处理。

1.2.3　创建新关卡

关卡（Level）是虚幻引擎定义的游戏区域，即游戏环境，也被称为地图。用户可以通过放置、变换及编辑对象的属性来创建、查看及修改关卡。在关卡编辑器中，每个关卡都被保存为单独的“.umap”文件。

在关卡编辑器菜单栏的“文件”菜单中，选择“新建关卡”命令，弹出“新建关卡”对话框，选择“空关卡”模板创建新的关卡，如图1-18所示。

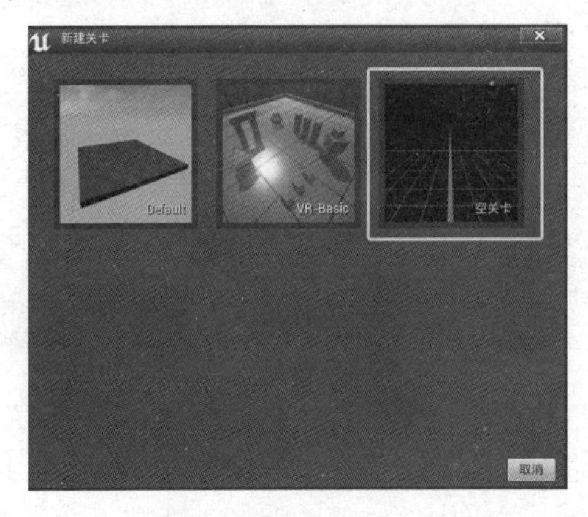

图1-18 “新建关卡”对话框

虚幻引擎4在默认情况下，为用户提供了3个关卡模板：Default（默认）关卡模板具有非常简单的场景；VR-Basic模板用于连接VR头盔等外部设备的场景制作；空关卡（Empty Level）模板是完全空白的。空关卡编辑器界面如图1-19所示。

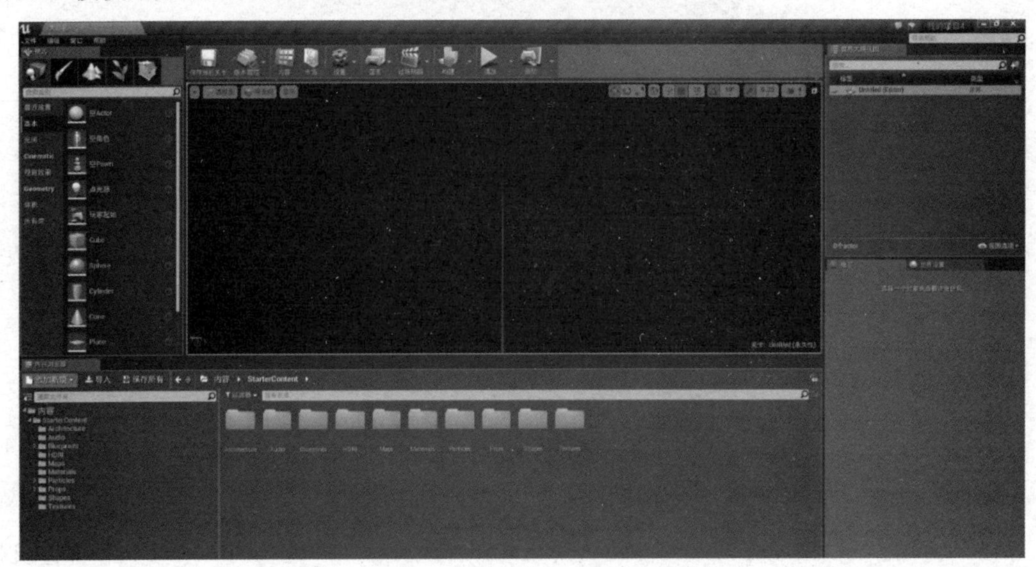

图1-19 空关卡编辑器界面

1.2.4 放置对象

新建关卡后，用户就可以根据自己的需求向关卡中放置对象。在模式面板中，单击“放置”模式，虚幻引擎提供了几何体、光照、视觉效果等常用的对象模型。选择“Geometry”（几何体）选项，按住鼠标左键拖曳“盒体”几何体对象到关卡中，如图1-20所示。

在放置对象的操作过程中，不可避免会涉及视口导航的操作，下面我们来补充视口相关操作方法。

在虚幻引擎4中，视口导航操作有以下几种常用方法：标准视口操作、WASD飞行模式操作和环绕及跟踪操作。这些操作都可以在没有按下任何按键或按钮的情况下使用。

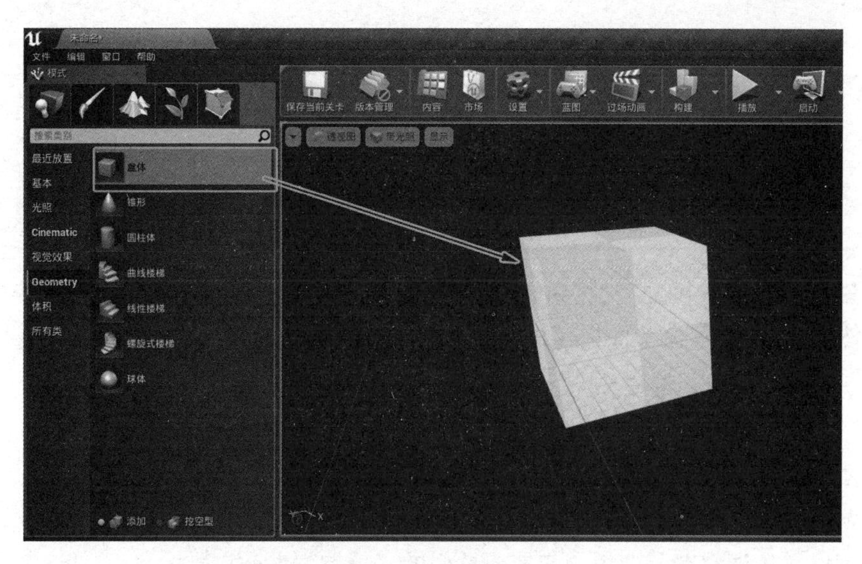

图 1-20　放置对象

（1）标准视口操作所使用的导航快捷键如表 1-2 所示。

表 1-2　标准视口操作方法

适 用 视 口	操 作 方 法	效　　果
透视图视口	鼠标左键拖曳	前后移动相机，左右旋转相机
	鼠标右键拖曳	旋转视口相机
	鼠标左键+右键一起拖曳	上下移动
正交视图视口	鼠标左键拖曳	创建一个选择区域框
	鼠标右键拖曳	平移视口相机
	鼠标左键+右键一起拖曳	拉伸视口相机镜头

（2）WASD 飞行控制操作仅在透视图视口中有效，默认情况下，用户必须按住鼠标右键，才能使用 WASD 游戏风格控制。WASD 飞行模式操作使用的导航快捷键如表 1-3 所示。

表 1-3　WASD 飞行模式操作方法

操 作 方 法	效　　果
W/数字键 8/↑上方向键	向前移动相机
A/数字键 4/←左方向键	向左移动相机
S/数字键 2/↓下方向键	向后移动相机
D/数字键 6/→右方向键	向右移动相机
E/数字键 9/Page up	向上移动相机
Q/数字键 7/Page down	向下移动相机
Z/数字键 1	拉远相机
C/数字键 3	推进相机

（3）环绕及跟踪操作：虚幻引擎 4 编辑器支持 Maya 式的平移、旋转及缩放的视口控制，这使得应用 Maya 的美工可以快速地应用该工具，其快捷键如表 1-4 所示。

表 1-4　环绕及跟踪操作方法

操 作 方 法	效　果
Alt+鼠标左键拖曳	围绕某一点旋转相机
Alt+鼠标右键拖曳	推进或拉远相机
Alt+鼠标中键拖曳	根据鼠标移动方向将相机上下左右移动

将对象放置到关卡中后，根据用户需求，往往需要对放置的对象进行必要的变换和编辑，用户可以使用变换工具、细节面板等相应的功能进行平移、旋转、缩放、赋予材质等简单操作。

1. 平移、旋转、缩放

虚幻引擎 4 编辑器中的变换工具位于视口面板右上方，用来对物体进行平移、缩放和旋转的操作，如图 1-21 所示。

（1）：平移工具。单击此图标，或者按快捷键“W”均可进入平移模式，如图 1-22 所示；也可以直接调整细节面板的变换属性中的“位置”参数。

图 1-21　变换工具

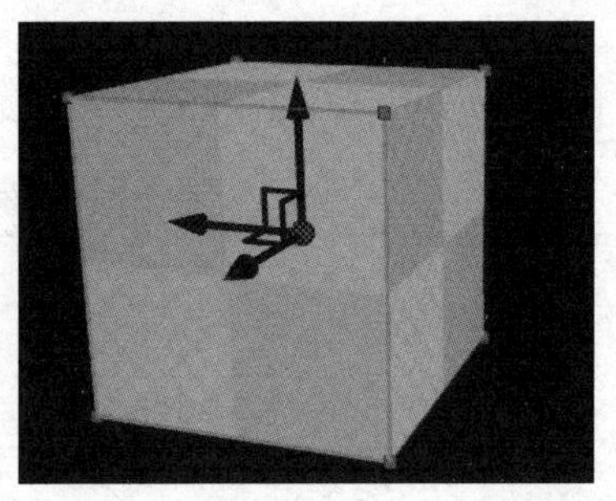

图 1-22　平移模式

操作技巧

① 将鼠标悬停在某个坐标轴上，按住鼠标左键沿该轴向拖曳，则可使物体在这个轴向上进行移动；

② 在两条轴线交汇的直角区域按住鼠标左键，相应的两条轴线会变成高亮显示，拖动鼠标，可以使物体在两条轴线形成的平面上进行平滑移动；

③ 按快捷键“End”可以使物体落地（平贴在下面的地面之上）；

④ 在平移模式下，将鼠标悬停在某个坐标轴上，按住“Alt”键的同时按住鼠标左键并沿该轴向拖曳，可实现在该轴向位置复制对象。

在虚幻引擎中，*X* 轴代表前后方向，*Y* 轴代表左右方向，*Z* 轴代表上下方向。*X* 轴、*Y* 轴、*Z* 轴分别用红、绿、蓝三种颜色表示，在相应的细节面板视图中，变换属性的颜色也同样是红、绿、蓝。

（2）：旋转工具。单击此图标，或者按快捷键“E”均可进入旋转模式，如图 1-23 所示；也可以直接调整细节面板的变换属性中的“旋转”参数。

虚幻引擎 4 中旋转的单位处理和其他三维制作软件的操作方法一样：使用旋转角度进行控制。

操作技巧

将鼠标悬停在某种颜色的旋转弧线上，按住鼠标左键，弧线会变成一个圆环，沿该圆环拖曳，则可使物体在这个轴向上进行旋转，旋转时会显示沿该轴向旋转的角度。360° 表示旋转一周，旋转一周可以出现在 *X*、*Y* 和 *Z* 任何一个轴上。

（3）：缩放工具。单击此图标，或者按快捷键“R”均可进入缩放模式，如图 1-24 所示；也可以直接调整细节面板的变换属性中的“缩放”参数。

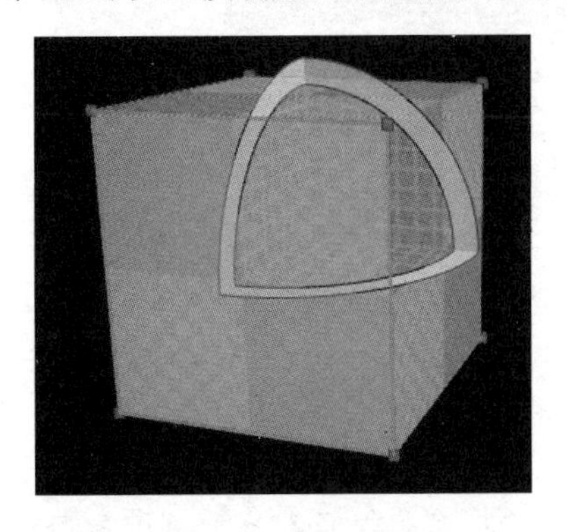

图 1-23　旋转模式

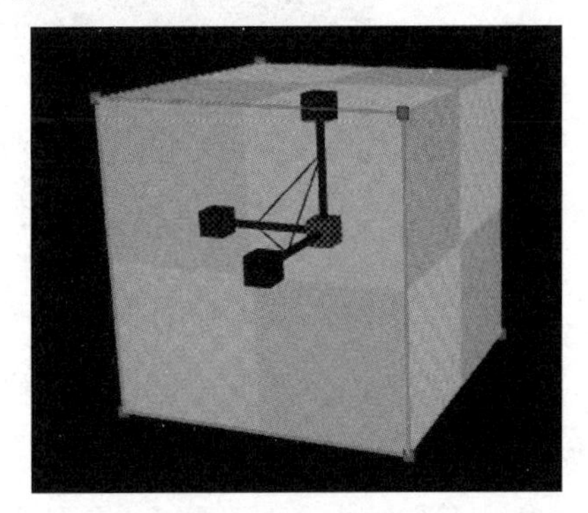

图 1-24　缩放模式

操作技巧

① 将鼠标悬停在某个轴向上，按住鼠标左键沿该轴向拖曳，则可使物体在这个轴向上进行放大或缩小；

② 用鼠标按住中心点，会使物体在 3 个轴向同步缩放；

③ 用鼠标按住两条轴线的交汇处，可以使物体在两条轴线形成的面上进行缩放。

在视口面板变换工具的右侧有控制旋转角度和缩放最小单位的设置工具，如图 1-25 所示。通过单击黄色、、图标工具，可以启用或关闭对齐；也可以通过改变后面的数值来修改旋转角度或缩放对齐的最小单位。

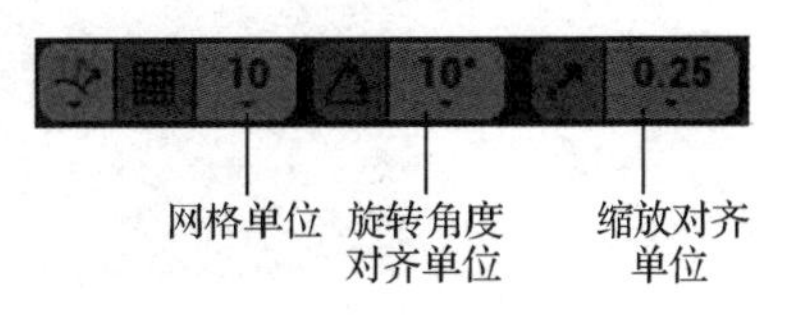

图 1-25　对齐单位设置

用户可以通过按“空格”键在视口面板右上方的变换工具之间循环。

本案例中，通过缩放工具可以将之前放置的“盒体”对象变为地面模型，再依次通过变换工具对放置对象进行缩放、旋转、平移处理，完成如图 1-26 所示的小屋模型的创建。

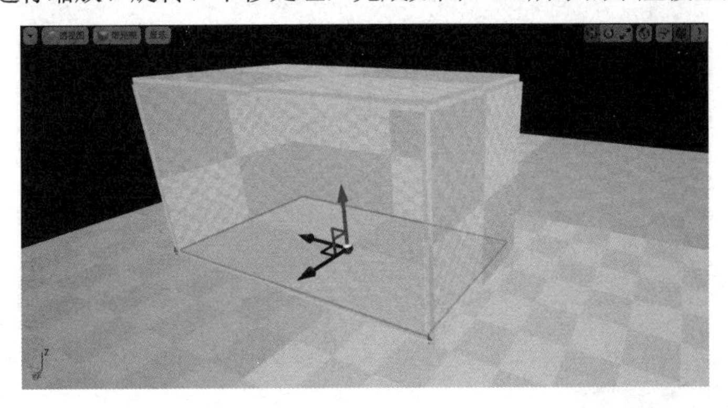

图 1-26　小屋模型

除了模式面板中的模型资源，在内容浏览器中的“StarterContent”文件夹中包含一个道具文件夹（Props）。打开该文件夹，可以看到许多静态网格物体，用户可以根据需要放置物体对小屋模型进行装饰，并通过变换工具对物体进行修改。添加装饰后的效果如图 1-27 所示。

图 1-27　添加装饰后效果

2. 赋予材质

单击地面模型的表面，在关卡编辑器右侧的细节面板中会显示该对象的各项参数，找到“表面材质”类目，如图 1-28 所示，默认为无材质，单击下拉菜单，选择“M_Ground_Grass”材质，则地面模型会被赋予草地的材质。

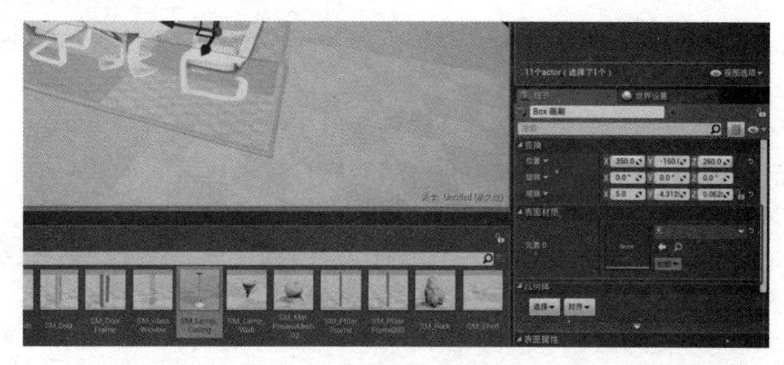

图 1-28　“表面材质”类目

使用相同方法，可以对小屋及其他模型进行材质赋予或修改，完成效果如图 1-29 所示。

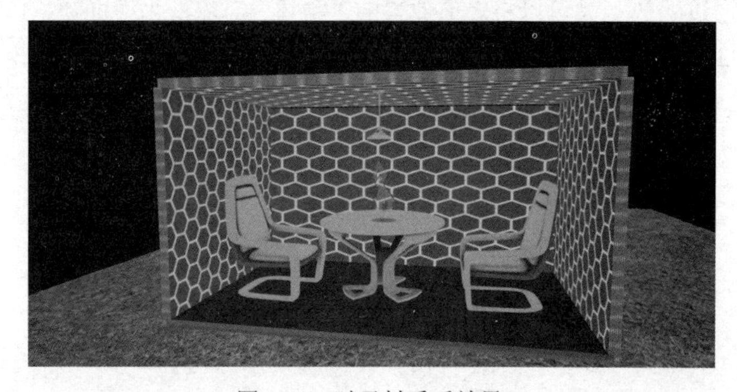

图 1-29　赋予材质后效果

1.2.5　光效处理

小屋模型创建完毕后，为了能够更真实地模仿实际环境，需要对模型进行光效的处理。虚幻引擎 4 为用户提供了“点光源”“定向光源”“聚光源”“天光”等几种光源类型。

在模式面板“放置”模式下，找到“光照”选项，拖曳一个“定向光源”到关卡中，确保它在地面模型的上方。从“视觉效果”选项中拖曳一个“大气雾”到关卡中。大气雾 Actor 将会为该场景添加一个基本的天空模型，此时，可以在地平线上看到太阳，如图 1-30 所示。

图 1-30　添加“定向光源”与“大气雾”效果

在视口面板中单击“定向光源”Actor 后，在细节面板的“Light”区域，勾选“Atmosphere/ Fog Sun Light”（用作大气太阳光）复选框，如图 1-31 所示，将大气雾和定向光源相关联。随着旋转“定向光源”Actor，天空颜色将会改变，以此来模仿白天、黑夜、日出及日落的光影效果。

如果小屋里的光线变得很暗时，可以为其增加一个“点光源”模型。

最后从“基本”选项中拖曳一个“玩家起始”到关卡中。“玩家起始”用于确定游戏开始时玩家在关卡中所处的位置及朝向。通过旋转工具使“玩家起始”Actor 上的浅蓝色箭头指向小屋，如图 1-32 所示。

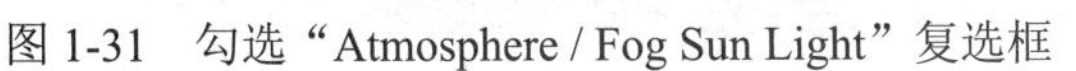

图 1-31　勾选“Atmosphere / Fog Sun Light”复选框

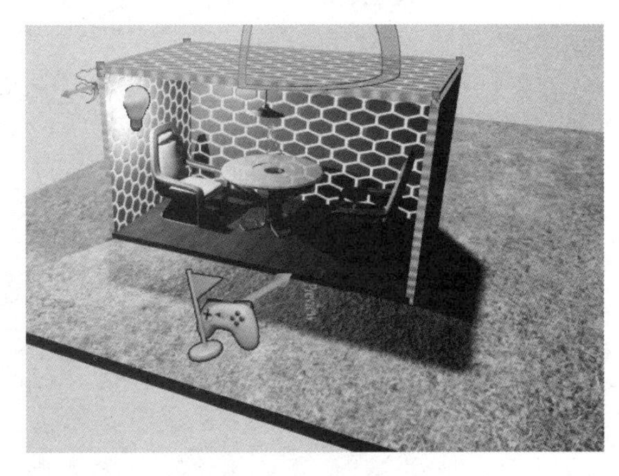

图 1-32　玩家起始方向

提示：在关卡的创建过程中，请注意及时存储修改的内容。

当加入各种光源效果后，可以看到阴影中会出现黄色的“Preview”标签，如图 1-33 所示，或者在某些区域有漏光现象。这是因为当前场景中的所有光源都是静态的，并且使用的是预计算或烘焙光照。“Preview”标签是为了提醒用户：当前场景中所看到的效果不是将在游戏中看到的效果，所以，如果想获得真实的游戏环境效果，还需要执行构建过程。

图 1-33 “Preview”标签

操作技巧

单击工具栏中的“构建”按钮旁边的下拉菜单，如图 1-34 所示。展开“构建”下拉菜单，然后再展开“光照质量”菜单，选择“制作”质量级别，如图 1-35 所示。

图 1-34 “构建”下拉菜单

图 1-35 选择构建光照质量等级

设置完成后，单击“构建”按钮，开始执行构建过程，如图 1-36 所示。

图 1-36　构建过程

对于较大的关卡来说这可能需要花费一段时间。构建完成后，在预览中看到的灯光效果即为真实游戏环境效果。

1.2.6　运行关卡

单击工具栏中的“播放”按钮，如图 1-37 所示，将会播放当前关卡场景，用户可以观看关卡真实效果。

图 1-37　“播放”按钮

在关卡运行过程中，用户可以使用鼠标和键盘上的“W”“A”“S”“D”键或方向键在关卡中游走。当处于播放模式时，工具栏会出现“暂停”“停止”和“弹出”按钮，用于控制游戏进程，如图 1-38 所示。当游戏处于正在运行状态时，其画面和用户在独立客户端上看到的效果是一样的。

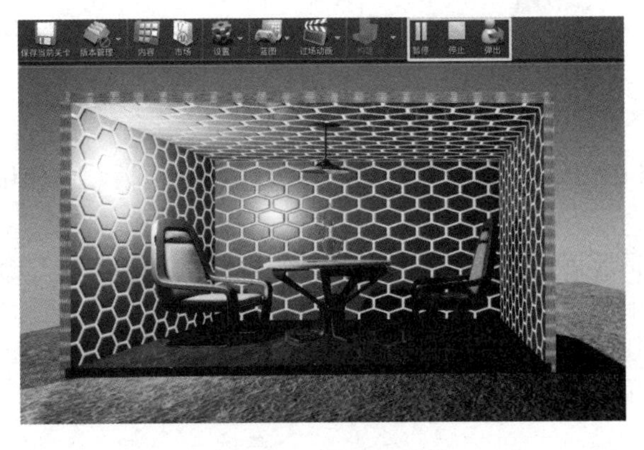

图 1-38　游戏播放状态

提示：在播放模式下，鼠标被用于在游戏环境中控制游走的方向及视角。按“Shift+F1”组合键，鼠标即可恢复选择功能。

1.3 创建山地地形

任务描述

在新建关卡中，创建山地地形，并对山地地形进行编辑，为其添加材质，模拟真实环境。通过具体实例，掌握地形工具的使用方法。

地形（Landscape）系统用于在世界场景中创建山峰、峡谷、崎岖或斜坡地面，以及洞穴等地形，并通过一系列工具对地形的形状和外观进行便捷的修改。虚幻引擎 4 在模式面板中，提供了强大的地形工具，如图 1–39 所示，使用地形工具面板可以快速编辑游戏空间；也可以按“Shift+3”组合键快速打开该面板。

图 1-39　地形工具面板

地形工具拥有三种模式：管理模式、雕刻模式和描画模式。这三种模式可以通过地形工具窗口顶部的图标进行切换。三种地形模式各自功能如表 1–5 所示。

表 1-5　三种地形模式各自功能

地形工具模式	图　标	功　能
“管理”模式	管理	用于创建新地形，修改地形组件。在管理模式中可利用 Landscape 工具复制、粘贴、导入和导出地形的部分
“雕刻”模式	雕刻	通过特定工具对地形形状进行修改
“描画”模式	描画	基于地形材质中定义的层，在地形上绘制纹理，从而实现对外观的修改

1.3.1　创建地形

（1）新建一个“First Person”项目，也可以使用其他模板，但使用“First Person”模板检查地形更为方便。

（2）加载关卡编辑器后，单击“文件”菜单，选择“新建关卡”命令，在新建关卡模板中选择“Default”关卡。

（3）在关卡编辑器中选择“地面”选项，按“Delete”键将其从关卡中移除。移除地面后视口效果如图 1-40 所示。

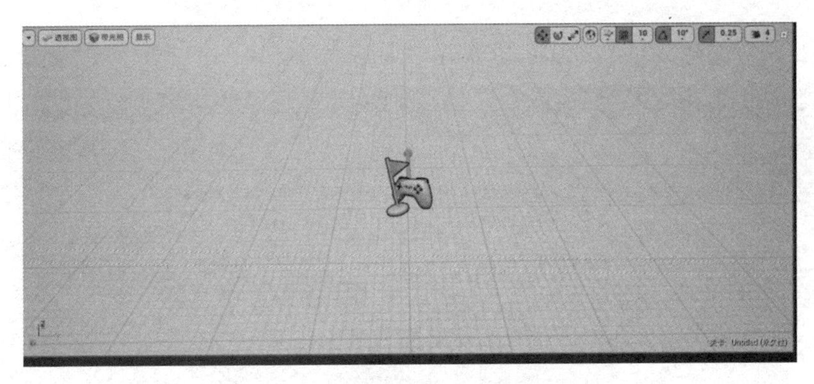

图 1-40　移除地面后视口面板效果

（4）选中玩家起始点，将其沿 Z 轴稍微上移，此操作可确保玩家起始点不会从新创建的地形之下出生。操作完成后效果如图 1-41 所示。

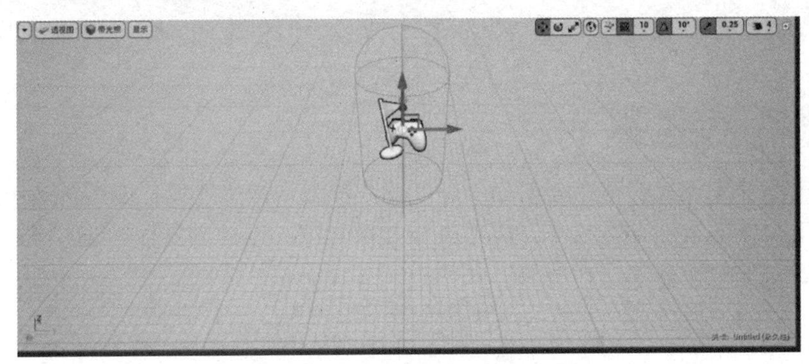

图 1-41　上移玩家起始点

（5）单击关卡编辑器模式面板中的“地形工具”图标，单击“管理”模式，如图 1-42 所示，使用默认参数设置即可。

（6）单击“填充世界”按钮，使地形 Actor 填充世界场景的多数区域，然后单击“创建”按钮，创建地形，如图 1-43 所示。

图 1-42　地形“管理”模式

图 1-43　“填充世界”及“创建”按钮

（7）调整视口面板显示范围后，效果如图 1-44 所示。

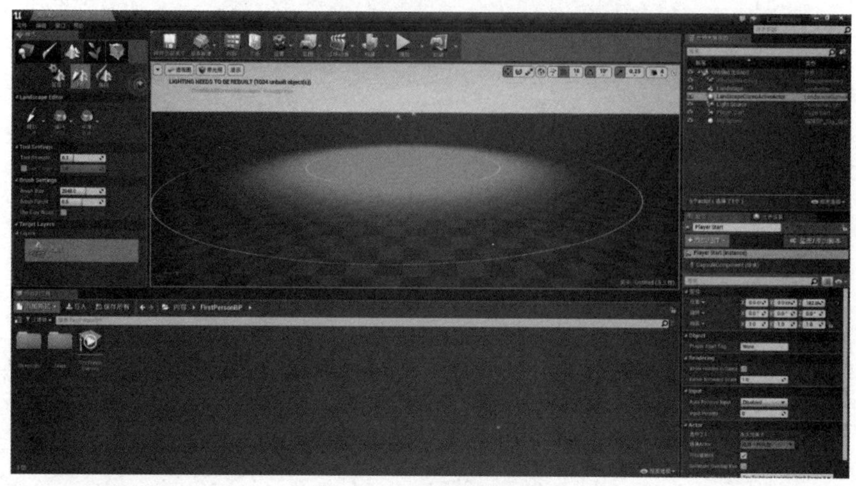

图 1-44　新建地形效果

1.3.2　地形造型

对地形造型的操作比较简单，但却十分耗时。按照步骤进行操作时，有诸多原因可能会导致实际效果与以下截图存在差异，需要进行多次尝试，以达到最佳效果。如表 1-6 所示列出了地形造型常用的快捷键操作方法。

表 1-6　常用地形造型快捷键操作方法

常用功能键	功　能
Ctrl	用于选择地形组件
鼠标左键	在“雕刻”模式中，此键将提升地形的高度；在“描画”模式中，此键将把所选材质应用至地形
Shift+鼠标左键	在“雕刻”模式中，此键将降低地形的高度；在“描画”模式中，此键将移除应用至地形特定部分的所选材质
Ctrl+Z	撤销上步操作
Ctrl+Y	重新执行上步未完成的操作

（1）选择需要处理的地形分段，单击“雕刻”模式，单击“雕刻工具”图标，设置“Brush Size”（笔刷尺寸）为“8192.0”，“Tool Strength”（力度）为“0.29”，如图 1-45 所示，开始刻画山丘和山谷的细节。初建的地形模型如图 1-46 所示。

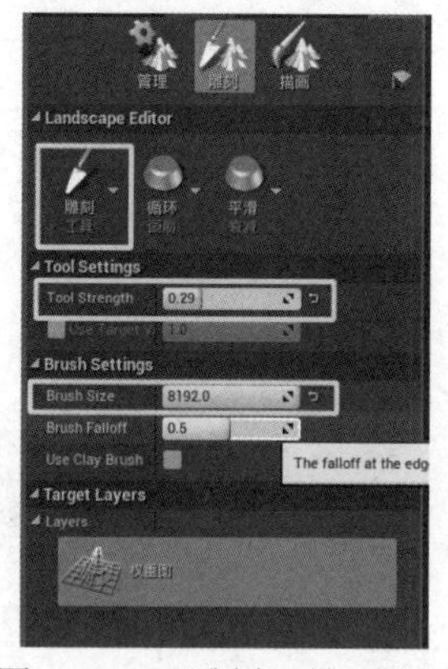

图 1-45　“雕刻工具”设置

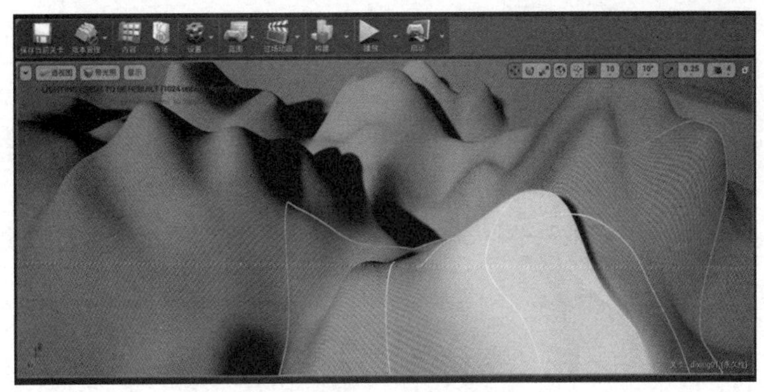

图 1-46　初建地形模型

提示：使用鼠标左键单击，可提升地形高度，也可以长按鼠标左键加快提升速度；按住“Shift”+鼠标左键可降低地形的高度。

（2）山丘和山谷的整体造型生成后，可以配合使用“平滑工具”改善比较突兀的地形。单击“雕刻工具”右侧的下拉菜单，选择“平滑工具”选项，设置笔刷尺寸为“2048.0”，力度为“0.29”，如图 1-47 所示。

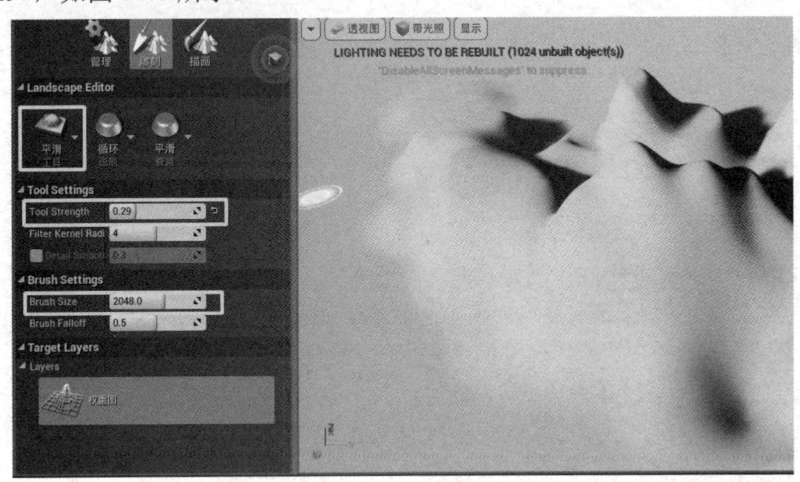

图 1-47　“平滑工具”设置

在“雕刻工具”下拉菜单中，还有“平整工具”“斜坡工具”“腐蚀工具”“水力侵蚀工具”等，配合使用，可以使地形地貌更加真实自然，使用时需要适当调整笔刷的尺寸及力度等参数。如表 1-7 所示列举了常用地形造型工具的参数设置。

表 1-7　常用地形造型工具参数设置

工 具 名 称	笔 刷 尺 寸	笔 刷 力 度
雕刻工具	8192.0	0.29
平滑工具	2048.0	0.29
平整工具	2048.0	0.29
斜坡工具	2000.0	0.40
腐蚀工具	693.0	0.29

续表

工具名称	笔刷尺寸	笔刷力度
水力侵蚀工具	2048.0	0.29
噪点工具	2048.0	0.29

提示：对于地形中太深的区域，玩家掉入后可能会使行动受阻，用户可以根据需求进行地形的创建。

（3）地形 Actor 建立完成后，也可以为其赋予材质。在世界大纲视图中，选择建立的地形 Actor，在细节面板中找到“Landscape Material”选项，选择其中一种材质，如图 1-48 所示；也可以使用外部材质贴图等。

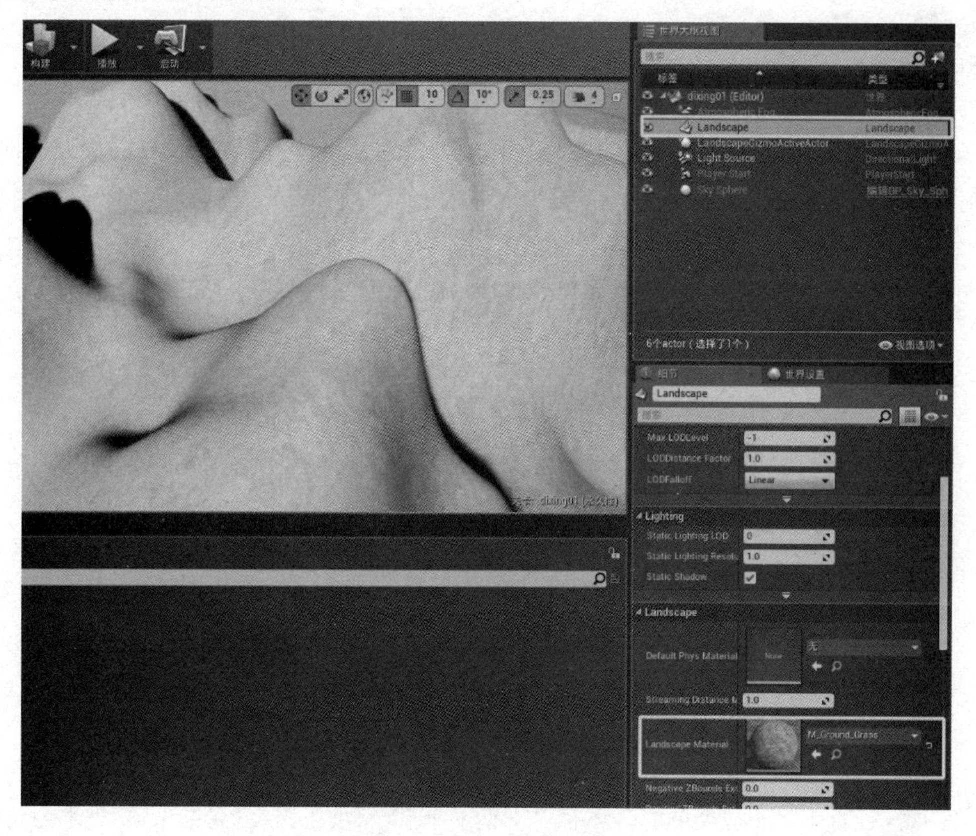

图 1-48　为地形赋予材质

1.4 为场景添加植被

任务描述

为场景添加植被，利用植被工具对其进行编辑，掌握植被工具的使用方法。

植被资源通常指的是树木、石块、草、灌木，以及与地形资源相关的一些物体，被放置在地形网格或其他资源上并与其直接关联。虚幻引擎 4 的植被系统可以实现快速地描画或抹去景观、静态网格物体、地形系统制作的地形上的网格物体。

1.4.1　植被静态网格物体

（1）利用地形工具在关卡中创建一块较为平缓的地形 Actor，并为其赋予材质，效果如图 1-49 所示。

（2）进入植被编辑模式。单击关卡编辑器模式面板中的“植被”图标来激活植被编辑模式，如图 1-50 所示，激活植被模式将会显示“植被编辑模式”面板。

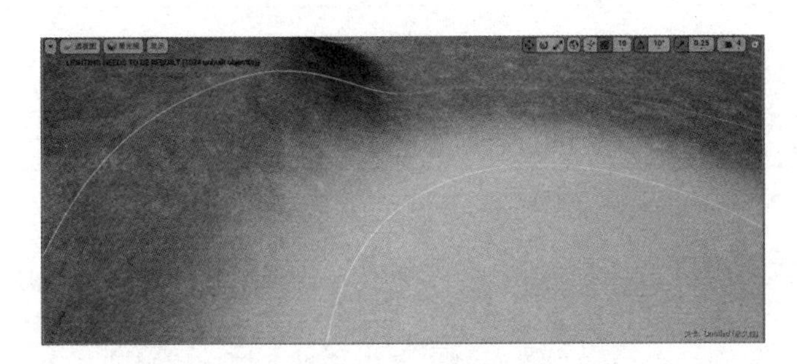

图 1-49　创建地形

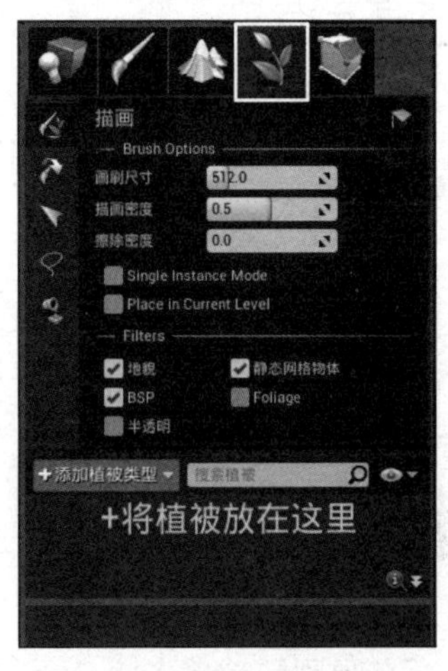

图 1-50　“植被编辑模式”面板

（3）当前场景中没有列出植被网格物体，在描画植被之前，需要从内容浏览器中拖曳一个植被静态网格物体到“植被编辑模式”面板的网格物体列表区域，如图 1-51 所示。

提示： 在虚幻引擎 4 中，只有在“Third Person”项目模板中提供了少量植被静态网格物体，位于内容浏览器中的“StarterContent”文件夹中。如果需要更多植被静态网格物体，可以去网络资源上搜索并导入内容浏览器即可使用。

（4）用户可以根据需要将多个静态网格物体拖曳到网格物体列表区域中。拖曳完毕后，在网格物体列表中会显示植被静态网格物体的图标，如图 1-52 所示。

图 1-51　向网络物体列表区域拖曳植被静态网格物体

图 1-52　网格物体列表区域的植被图标

1.4.2 编辑植被

在“植被编辑模式”面板中，有四个可用于对植被静态网格物体进行编辑的工具按钮，通过单击适当的按钮，可以完成相应的功能。各个工具按钮的功能描述如表 1-8 所示。

表 1-8 植被静态网格物体编辑工具按钮

工具按钮	图标	功能
“描画”工具		用于向世界场景中添加植被实例或从世界场景中抹去植被实例
“重新应用”工具		用于改变已经在世界场景中描画的实例的参数
“选择”工具		用于选择单独的实例以进行移动、删除等操作
“套索选择”工具		通过使用描画画刷选择多个实例

1. “描画”工具

当激活植被编辑模式时，会在关卡中出现一个透明的球形画刷，代表操作植被画刷的区域，如图 1-53 所示。

在画刷区域单击将会添加植被，按“Ctrl+Shift”组合键将抹去植被。添加植被的效果如图 1-54 所示。

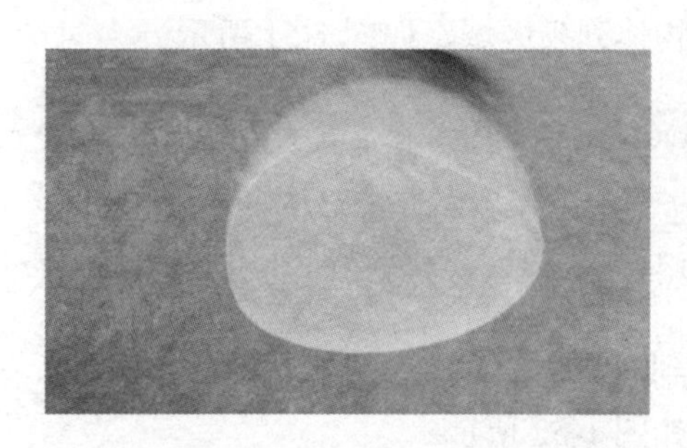

图 1-53 透明画刷

图 1-54 添加植被

提示：在网格物体列表中，可以通过单击网格物体来选中或取消选中该植被类型。当在关卡编辑器视口面板中描画时，仅影响选中类型的网格物体，关卡中已经放置的其他静态网格物体的植被实例不会受到任何影响。

植被“描画”工具画刷的参数及设置方法如表 1-9 所示。

表 1-9 植被“描画”工具画刷参数及设置方法

画刷参数	设置方法
画刷尺寸	设置画刷的尺寸
描画密度	取值范围从 0 到 1，值为 1 时将以最大密度描画网格物体实例
抹去密度	取值范围从 0 到 1，0 代表没有网格物体。如果关卡中植被网格物体的密度小于这个期望的抹去密度，将不会抹去该植被网格物体

2. “重新应用”工具

“重新应用”工具可以选择性地修改已经放置在关卡中的实例的参数，其参数设置方法与“描画”工具中的设置非常类似。

3. “选择”工具

当激活“选择”工具时，可以通过单击单独的实例来选中它们，按住“Ctrl”键的同时单击多个实例可以进行多选。

4. “套索选择”工具

该工具允许使用球形画刷同时选择多个实例，该球形画刷也可以同“描画”工具结合使用，可以应用网格物体列表选择及筛选设置。在描画过程中按“Shift”键可以取消选中实例。

1.5 使用静态网格物体

任务描述

将外部模型资源导入虚幻引擎 4 中，并将模型放置到关卡适当的位置，完成模型的静态网格物体及材质的替换操作。

静态网格物体（Static Mesh）是由一组多边形构成的几何体，这些多边形可以缓存到显存中并由显卡进行渲染。静态网格物体是虚幻引擎中创建关卡时所使用的基础单元，通常是在外部建模软件（如 3ds Max、Maya 等）中创建的 3D 模型。通过虚幻引擎的内容浏览器将这些模型导入虚幻编辑器中，并可以通过多种方式创建可渲染的元素。可以在虚幻引擎中制作一些简单的静态网格物体，也可以通过代码去生成一些静态网格物体。

1.5.1 导入外部资源

在项目制作过程中，会需要大量的静态网格物体模型，这些模型资源可以通过 3ds Max、Maya 等三维软件创作，也可以在互联网上搜索相应的资源。利用三维软件制作的模型，需要利用软件将其导出成“.FBX”文件，然后将模型资源导入虚幻引擎 4 中即可使用。

为了便于管理外部资源，建议在内容浏览器中新建一个文件夹。在“内容”路径下右击，在弹出的右键关联菜单中选择“新建文件夹”命令，如图 1-55 所示，并为其重命名。

图 1-55　新建文件夹

双击打开该文件夹，在内容浏览器上端工具栏中单击“导入”按钮，如图 1-56 所示。

图 1-56 “导入”按钮

此时，会弹出“导入”对话框，如图 1-57 所示，在对话框中找到并选择要导入的模型文件。

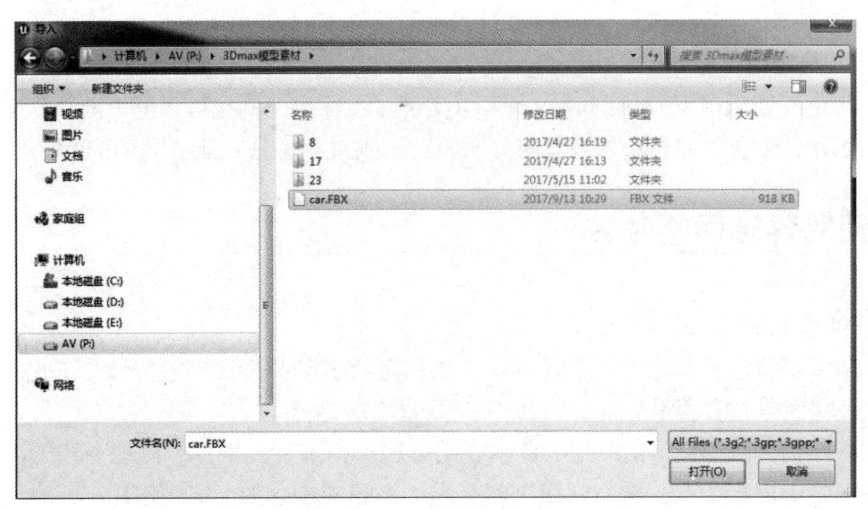

图 1-57 “导入”对话框

单击“打开”按钮，弹出“FBX 导入选项”对话框，如图 1-58 所示。

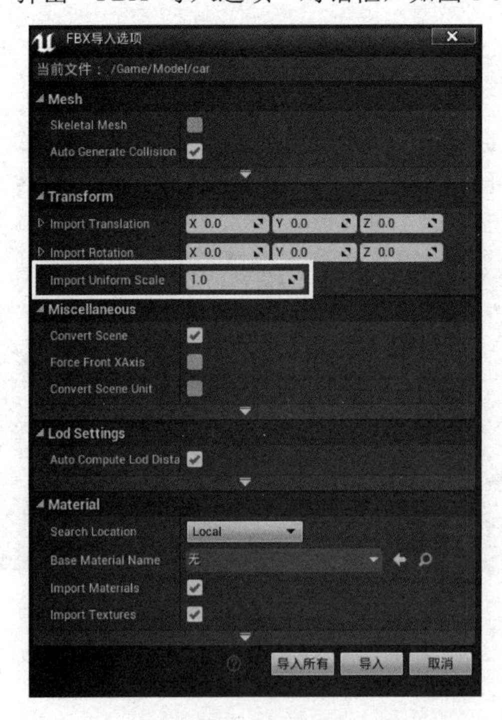

图 1-58 “FBX 导入选项”对话框

在“FBX 导入选项”对话框可以对导入的模型资源进行常规设置，包括是否将模型导入为骨架网格物体、是否使用碰撞属性、位置及旋转角度设置、缩放比例，以及是否导入材质贴图等参数。

需要注意的是，虚幻引擎 4 使用的单位为“厘米”，由于一些模型在三维模型制作软件中使用的单位不确定，会导致模型导入虚幻引擎时出现过大或过小的现象，用户可以根据情况调整“FBX 导入选项”对话框中的单位缩放参数，即“Import Uniform Scale”。参数设置完毕，单击“导入”按钮即可实现将外部模型导入虚幻引擎中。

1.5.2 放置静态网格物体

内容浏览器负责管理所有的模型资源，如果想在关卡中使用这些模型，需要先在内容浏览器相应的存储位置中找到模型，然后，使用鼠标左键拖曳该静态网格物体到关卡的指定位置上。

对于有些复杂的模型，在创建的时候会包含一些分离的部件，为了保证所有部件的正确位置，在向关卡中放置时，需要将所有部件全选，然后一起拖曳到关卡中，如图 1-59 所示。

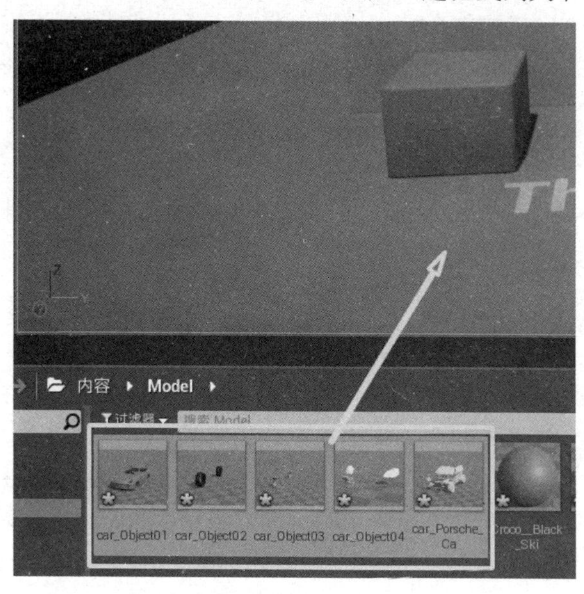

图 1-59 拖曳放置有分离部件的静态网格物体

当拖曳一个静态网格物体到关卡中时，引擎就创建了一个对内容浏览器中原始模型资源的引用。同一个原始模型可以在关卡中被多次引用，而且，每个被放置到关卡中的物体都拥有独立的移动、旋转、缩放等属性，这些属性会出现在关卡编辑器的细节面板中，用户可以根据自己的需求独立修改。修改其中一个物体的属性，并不会影响其他相同模型引用的资源。

如果想快速复制已经放置到关卡中并已调整了相关属性的静态网格物体，则可以使用快捷键，按住“Alt”键在关卡视口面板中移动或旋转该物体即可。

1.5.3 静态网格物体移动性属性设置

当选中一个关卡中的静态网格物体时，在细节面板的变换区域，可以看到三个可选的移动性状态：静态、固定和可移动状态，如图 1-60 所示。

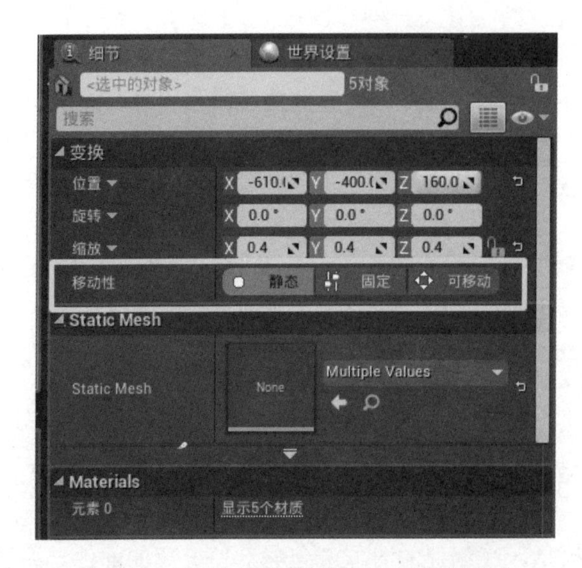

图 1-60　关卡中的静态网格物体移动性状态

默认情况下，静态网格物体在游戏过程中是静态的，若要改变它的移动性，可以在细节面板中选择相应的状态。例如，如果需要在游戏中移动一个静态网格物体，应将其移动性设置为“可移动”。

1. 静态（Static）

若将静态网格物体移动性设置为“静态”，则该物体在游戏过程中不能以任何方式移动或更新，并且会在预计算光照贴图烘焙的光照上产生阴影。这种状态的设置非常适合游戏中不需要变换位置的建筑物网格物体或装饰性网格物体。需要注意的是，虽然静态物体不能产生位置上的移动，但它们的材质仍然可以产生动画效果。

2. 固定（Stationary）

通常情况下，不会将静态网格物体的移动性设置为“固定”状态。这种状态可以用于不产生位置移动但可以在游戏中以某种方式更新的光源 Actor，如打开/关闭光源、改变光源的颜色等。以这种方式设置的光源仍会影响预计算光照贴图，同时也可以投射移动对象的动态阴影。但是要注意，不要使用太多这样的光源去影响一个给定的 Actor。

3. 可移动（Movable）

如果静态网格物体在游戏过程中需要移动，需要将其移动性设置为“可移动”。属性为“可移动”的静态网格物体将不会投射预计算阴影到光照贴图中。由于间接光照缓存的存在，这些物体仍然会被静态光源照亮。如果固定光源或可移动光源照亮了它们，它们将投射动态阴影。“可移动”设置是所有不发生变形但需要在场景中移动的静态网格物体元素的典型设置，如电梯等。

对于光源 Actor，如果其移动性是“可移动”，那么它仅能投射动态阴影。因此，当应用很多这样的光源投射阴影时，性能消耗会非常大。

1.5.4　静态网格物体的引用

对于放置到关卡中的静态网格物体 Actor，如果想更换这个 Actor 的原始引用，但同时需要保留这个 Actor 已设置好的世界变换数据，则可以通过以下两种方法完成此任务。

（1）从内容浏览器中拖曳一个新的静态网格物体资源到原 Actor 的细节面板上引用的缩略图上，如图 1-61 所示。

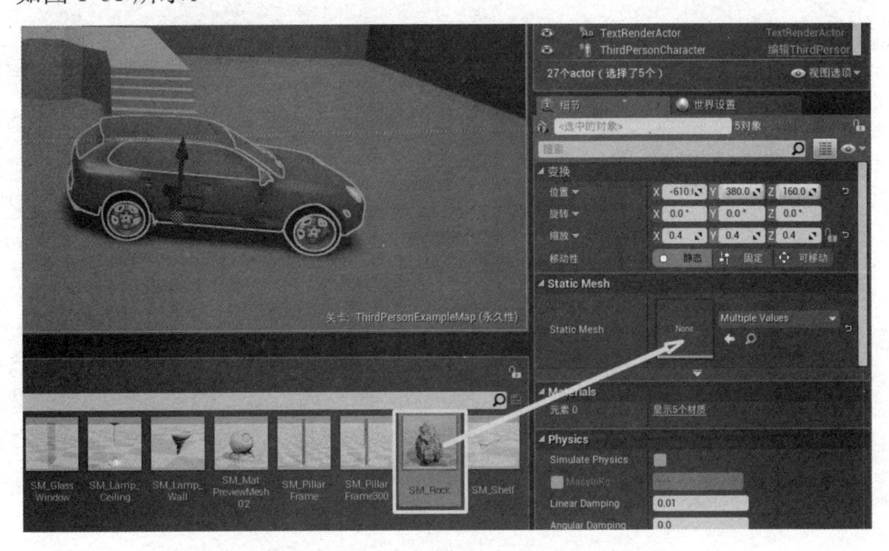

图 1-61　利用缩略图替换网格引用资源

（2）在该物体的细节面板上，单击当前分配的网格旁边的下拉菜单并选中一个新的网格来完成静态网格物体资源的替换，如图 1-62 所示。

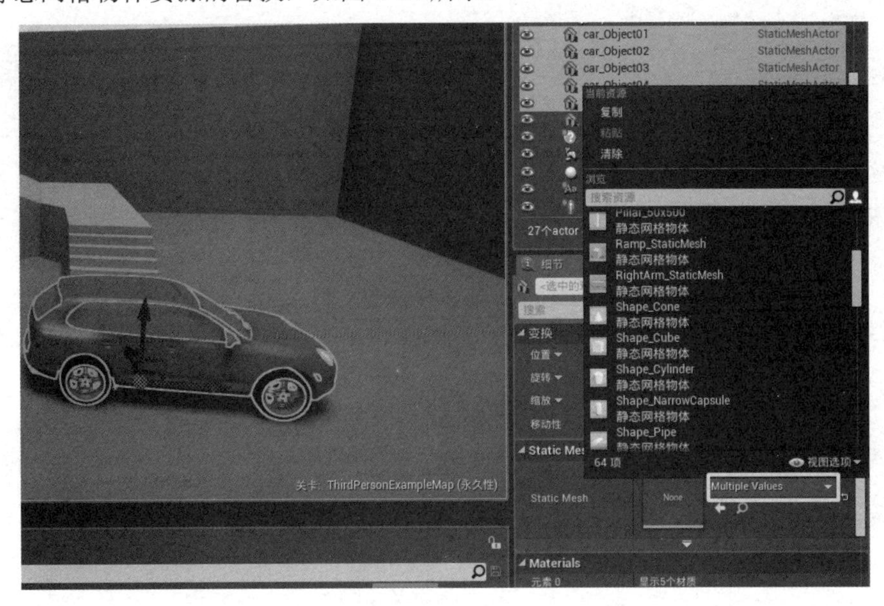

图 1-62　利用下拉菜单替换网格引用资源

改变静态网格物体引用资源后，可以在关卡的视口面板中看到它的更新。

1.5.5　静态网格物体的材质

静态网格物体的引用也包含材质引用，材质属性可以在细节面板中进行修改。如果想替换该物体的材质，可以通过以下三种方法实现。

（1）从内容浏览器中拖曳一个材质到细节面板中当前材质的缩略图上，如图 1-63 所示。

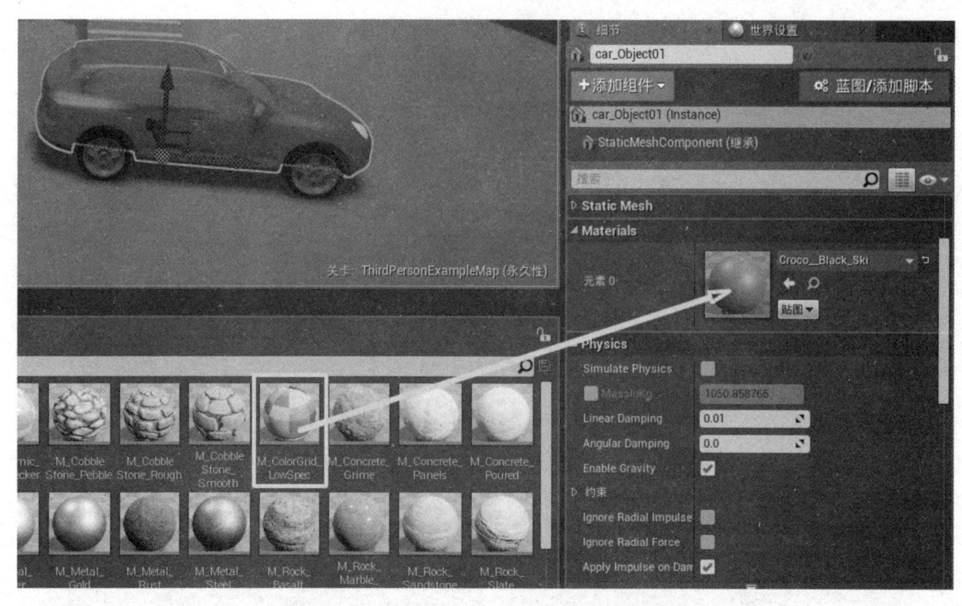

图 1-63　利用材质缩略图替换材质

（2）单击细节面板上材质缩略图旁边的下拉菜单选择一个新的材质替换，如图 1-64 所示。

（3）直接在内容浏览器中拖曳新材质到关卡中的静态网格物体上，如图 1-65 所示。

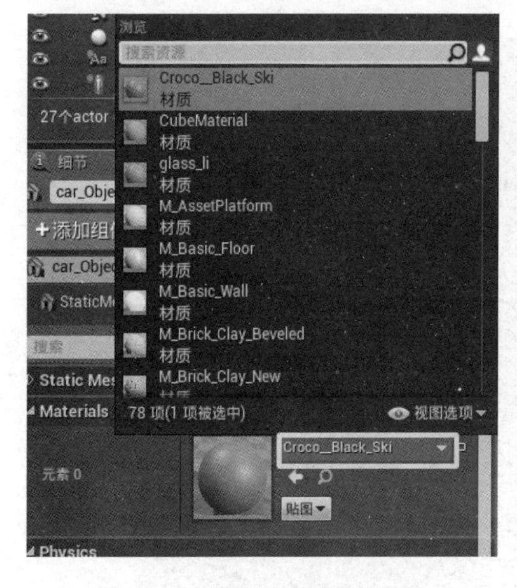

图 1-64　利用下拉菜单替换材质

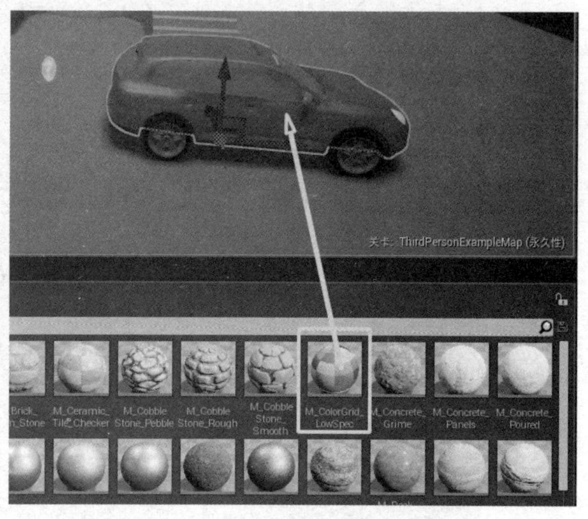

图 1-65　直接拖曳材质进行替换

1.6 使用体积

任务描述

理解在关卡中添加体积的必要性，根据场景要求添加特定的体积，并对其进行必要的设置。

体积是指在关卡中定义的三维区域。体积是不可见的，所以玩家一般不知道他们已经进入了一个体积，除非作为关卡设计师，辅助玩家知晓。通常，设计师会把体积当成一个更大特效效果的组件，通过其他的关卡元素作为可视化的线索来让玩家理解并完成该特效。而对于关卡设计新手来说，需要注意的是在关卡中应合理地使用体积，因为体积在游戏中是不可见的，玩家看到不它们，体积很少能被单独地使用以获得任何效果。

1.6.1　简单体积

虚幻引擎 4 为用户提供了多种体积类型，每种体积具有其特定的用途，可以执行不同的任务。所有的体积资源位于关卡编辑器的“放置”模式面板下的“体积”选项中。下面介绍几种常用的体积类型。

1．Blocking Volume

Blocking Volume（阻挡体积），用来阻挡角色（包括玩家和敌人）进入某一区域。阻挡体积可用于替换静态网格物体上的碰撞表面，尤其是建筑物中墙壁的表面，相比计算复杂的建筑物模型，这样应用会使得阻挡体积的计算变得容易。

2．Camera Blocking Volume

Camera Blocking Volume（相机阻挡体积），阻挡相机穿越，即为相机定义一个不能穿过的区域。例如，若第三人称进入相机阻挡体积，则相机会跑到（挤到）角色里面；当人物跑出相机阻挡体积，相机则恢复正常视图。

3．Physics Volume

Physics Volume（物理体积），对任何人物、物体的物理属性产生作用，影响角色的动作行为（如速度变慢且无法跳跃等），常用于模拟在水中的效果。该体积有一个名为“Fluid Friction”（摩擦系数）的参数，其数值越大，摩擦力越强，需要配合“Water Volume”属性一起使用，如图 1-66 所示。

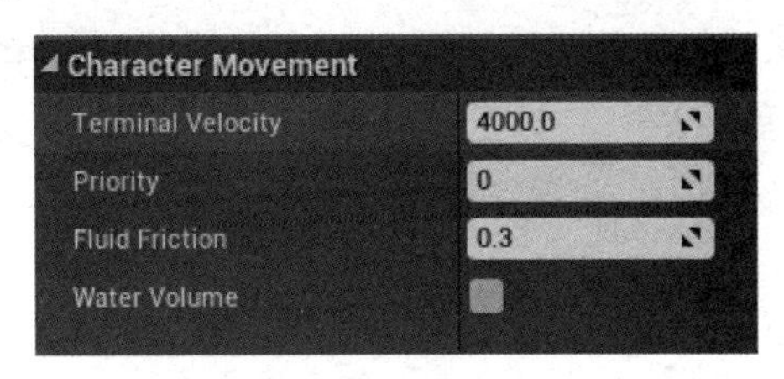

图 1-66　物理体积的重要参数

4．Trigger Volume

Trigger Volume（触碰体积），与盒体触发器“Trigger Box”相似，当对象进入或退出该体积时，触发进入或退出的事件，可以用来播放音效、启动过场动画或者开门等应用。

5．Kill ZVolume

Kill ZVolume（销毁 Z 体积），也被称为“死亡体积”，当对象进入该体积时会被销毁。例如，在悬崖边或很高的台子下创建一个这样的体积，当玩家或物体掉落到该体积内就会被销毁。

1.6.2 特殊用途体积

1. Pain Causing Volume

Pain Causing Volume（施加伤害体积），是物理体积的一种，具有对玩家造成伤害的附加功能。当场景中有一些玩家明显不能去的区域时，如熔岩穴、毒气团等，可以使用这个体积加以限制。Pain Causing Volume 常用属性如图 1-67 所示。

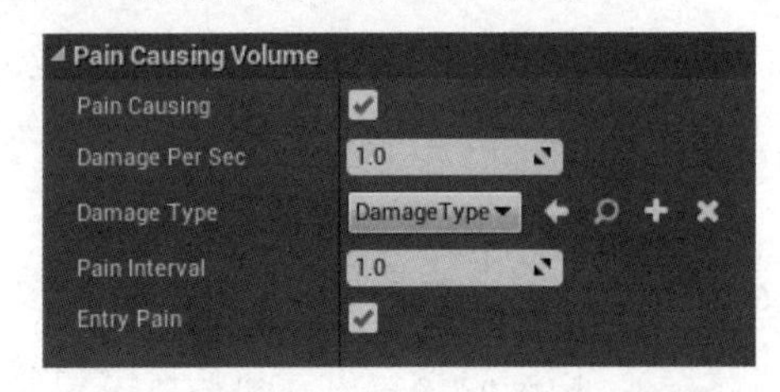

图 1-67　Pain Causing Volume 常用属性

Pain Causing Volume 使用的各属性名称及功能描述如表 1-10 所示。

表 1-10　Pain Causing Volume 属性及功能描述

属性名称	功能描述
Pain Causing	是否开启伤害
Damage Per Sec	每秒造成伤害的数值大小
Damage Type	伤害模式，即引擎调用伤害体积的主要接口
Pain Interval	多少时间（秒）更新一次（数据）
Entry Pain	登记伤害，是一个标记位，与 Pain Causing 属性配合使用

2. Audio Volume

Audio Volume（音量），控制在关卡中应用各种音效，也可用于创建隔音区，还可以通过控制音量实现淡入/淡出等音效。

Audio Volume 使用的各属性名称及功能描述如表 1-11 所示。

表 1-11　Audio Volume 属性及功能描述

属性名称	功能描述
Priority	优先级设置，当体积重叠时，将使用优先级最高的体积
Enabled	是否启用该体积，是否可以影响音效
Apply Reverb	决定是否应该使用混响设置
Reverb Effect	混响效果
Volume	混响效果应用的整体体积级别
Fade Time	渐变时间，从当前混响设置渐变到体积设置所需时间（以秒为单位）

3. Cull Distance Volume

Cull Distance Volume（剔除距离体积）是一种优化工具，当该体积内的对象等于或小于某一特定尺寸，且该对象与相机之间的距离满足设定值时，将从画面中剔除该对象（或者不在屏幕上显示）。

提示： 这里的剔除，只是不被渲染出来，而不是真正被销毁（抹去）。这样设定的目的是优化场景，提高游戏性能。当项目在运行的时候，往往场景里有各种各样的道具（虫鱼鸟兽花草等），如果这些道具足够远，又看不见，或者被其他物体遮挡，则完全可以不渲染该道具。

剔除距离体积设置是通过 Cull Distances Volume 属性进行设置的，如图 1-68 所示。图 1-68 中的属性定义行为如下。

① 在该体积内的对象，如果其尺寸小于 50 个单位，那么当这些对象距离相机 500 个单位或者更远时，将会被剔除。

② 在该体积内的对象，如果其尺寸小于 120 个单位，那么当这些对象距离相机 1000 个单位或者更远时，将会被剔除。

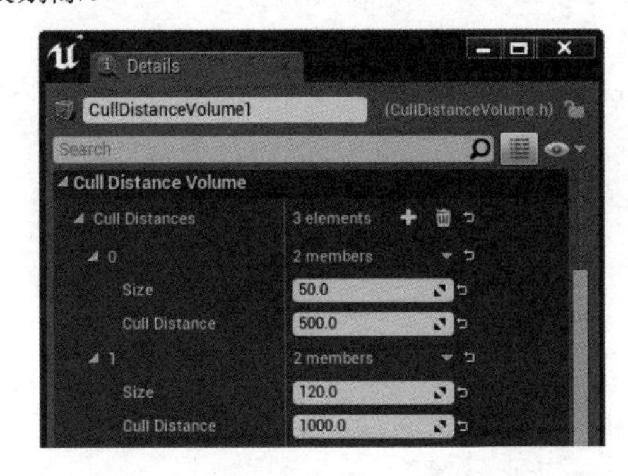

图 1-68　Cull Distances Volume 属性

项目2 材质系统

材质，简单地说就是物体看起来是什么质地的。材质可以被应用到网格物体上，用以控制场景的可视外观。材质可以看成是材料和质感的结合，当场景中的光照接触到物体表面后，材质被用来计算该光照如何与物体表面进行互动。这些计算是通过对材质的输入数据来完成的，而这些输入数据来自一系列图像（贴图）、数学表达式，以及材质本身所继承的不同属性设置。在渲染过程中，它是表面的各种可视属性的结合，这些可视属性是指表面的色彩、纹理、光滑度、透明度、反射率、折射率、发光度等。

例如，在场景中看到一块石头、一棵树或者一面水泥墙的时候，这些资源都被应用了特殊的材质，使它们具有独特的外观。虚幻引擎4使用材质为玩家或者用户描述一个资源的表面属性，为其建立可视化环境和风格。

学习目标

（1）正确理解材质的含义；
（2）熟悉主材质节点的基本使用方法；
（3）学会使用贴图、纹理编辑材质；
（4）学会应用材质实例；
（5）学会制作视频材质并进行相应的设置；
（6）掌握材质的综合运用方法。

2.1 初识材质

任务描述

通过具体实例，理解材质的含义。新建一个纯色材质，熟悉材质编辑器各部分的功能，为模型添加适当的材质。

在虚幻引擎 4 中，一个材质（Shader）是指一个由贴图、向量和其他数学计算协同一起为资源创建的表面类型和属性的组合。用户看到的材质只是简单的部分，复杂的部分已经被封装起来了。

当虚幻引擎 4 编辑器提供的材质类型不能满足用户需求时，用户还可以自己创建材质并进行编辑。

2.1.1 材质编辑器

在内容浏览器中选择相应的文件夹（或者新建用于存储材质的文件夹），右击，在弹出的右键关联菜单中选择“创建基础资源”类目中的“材质”选项，如图 2-1 所示。

图 2-1　创建材质

新创建的材质采用系统默认的命名，也可以对其进行重命名。材质的命名规范以大写 M 开头，如 M_MyMaterials。

双击新创建的材质，打开材质编辑器。材质编辑器界面由菜单栏、工具栏和默认的四个面板组成，如图 2-2 所示。

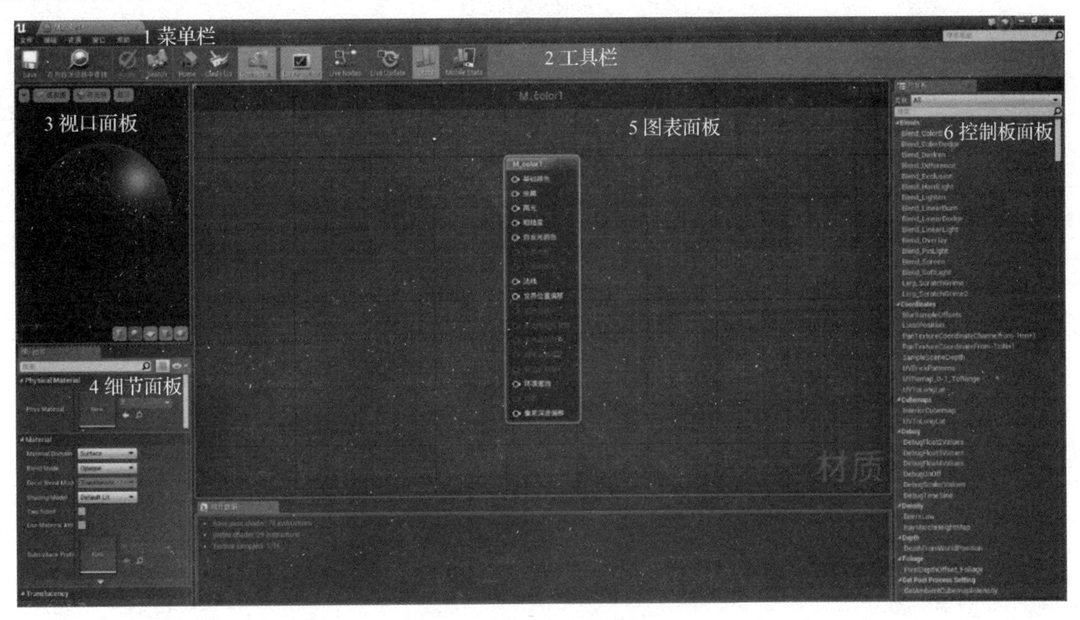

图 2-2　材质编辑器界面

1. 菜单栏

菜单栏列出当前材质的菜单选项。

① 文件：包括对当前材质进行保存操作的一组命令。

② 编辑：包括“取消”“重复”操作命令和编辑器，以及项目偏好设置。

③ 资源：在内容浏览器中定位并选择当前资源。

④ 窗口：用于打开或隐藏各功能面板。

⑤ 帮助：为用户提供各种获得帮助的途径。

2. 工具栏

工具栏用于显示编辑材质时常用的工具，如图 2-3 所示。各工具的功能描述如表 2-1 所示。

图 2-3　材质编辑器工具栏

表 2-1　材质编辑器工具栏中各工具的功能描述

工具图标	功能描述
Save	保存当前资源
在内容浏览器中查找	在内容浏览器中查找并选中当前资源
Apply	应用材质编辑器中对原始材质进行的变更，以及该材质在世界场景中的使用
Search	找到当前材质中的表现和注解
Home	在图表面板中使基础材质节点居中
Clean Up	删除未与材质连接的材质节点
Connectors	显示或隐藏未与材质连接的材质节点
Live Preview	启用后将实时预览材质的编辑效果
Live Nodes	启用后将实时更新每个材质节点的设置
Live Update	启用后，在节点被添加、被删除、被连接、被断开连接，或其属性值发生改变时对所有着色器进行编译。禁用此项后材质编辑器性能更佳
Stats	隐藏或显示图表面板中的材质统计
Mobile Stats	切换移动平台材质状态和汇编错误

3. 视口面板（Viewport Panel）

视口面板用于预览材质在网格物体上的实时效果，显示材质被编译后的最终结果。可以通过使用面板下方的形状选项改变显示这个材质的预览模型，还可以通过面板上方的选项改变可视化或透视属性，如图 2-4 所示。

通过鼠标的不同按键拖曳视口进行导航，操作如表 2-2 所示。

表 2-2　材质编辑器视口导航操作

鼠 标 操 作	导 航 描 述
鼠标左键拖曳	旋转网格物体
鼠标中键拖曳	平移
鼠标右键拖曳	缩放
长按“L”键+鼠标左键拖曳	旋转光源方向

4．细节面板（Details Panel）

细节面板是反映当前材质属性细节的面板，列出了材质及所选材质表现或函数节点的属性的详细信息，用于改变整体材质属性和材质在游戏空间中使用的渲染技术，如不透明选项、次表面属性和着色模型等，如图 2-5 所示。

图 2-4　材质编辑器视口面板

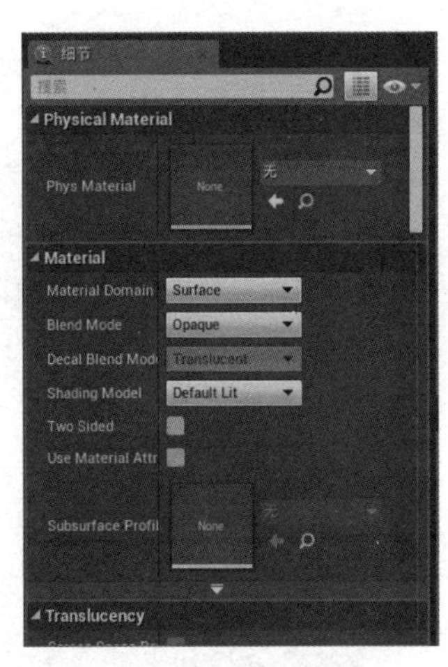

图 2-5　材质编辑器细节面板

5．图表面板（Graph Panel）

图表面板在材质编辑器的中间区域，负责编辑当前材质的各个节点，如图 2-6 所示。虚幻引擎 4 的材质也是可视化编辑，可以用连线的方式连接各材质节点或图片以达到不同的效果。

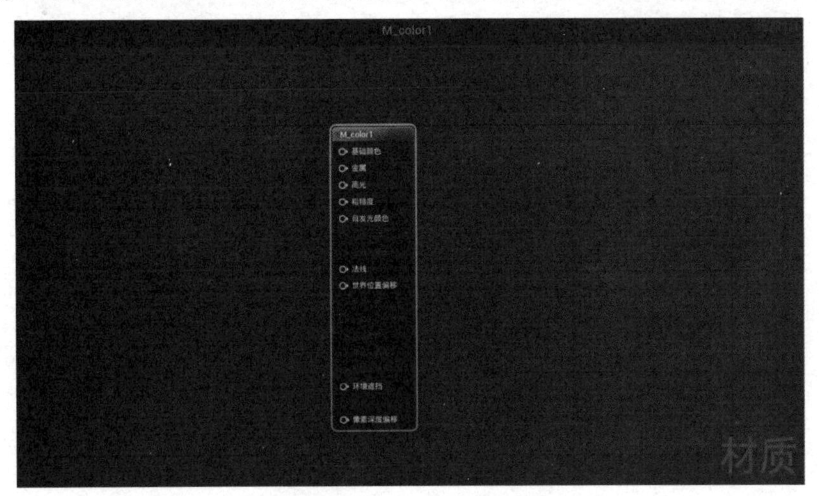

图 2-6　材质编辑器图表面板

6．控制板面板（Palette Panel）

控制板面板列出了所有材质表现和函数节点，如图2-7所示。如果需要放置一个新的材质函数节点，则在控制板面板当中找到它，并将其拖曳入图表面板即可。控制板保存了材质中制作特殊效果的节点和数学函数。

2.1.2 主材质节点

材质是使用高级着色语言（简称HLSL）创建的。HLSL使材质能够直接与图形硬件交互，让美工和程序员可以更好地控制屏幕上显示的内容。在虚幻引擎4中，用来编辑材质的材质表达式节点包含这种HLSL代码的小片段。虚幻引擎4使用主材质节点将这些HLSL代码小片段的合成结果显现出来。主材质节点如图2-8所示。

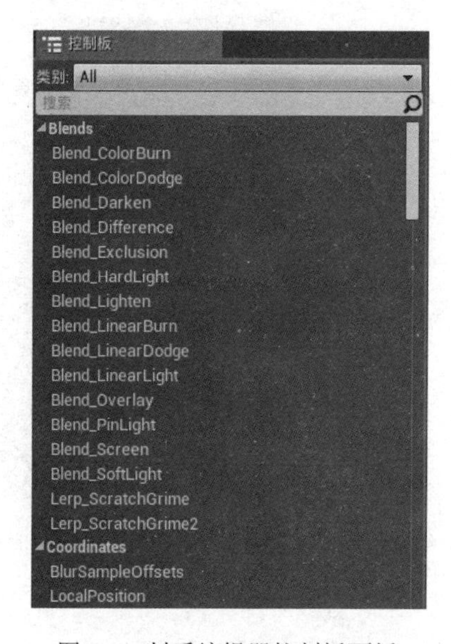

图2-7 材质编辑器控制板面板

图2-8 主材质节点

每个新建的材质都包含一个主材质节点，主材质节点有若干输入端，是所有添加的材质表达式节点最终连接的位置。主材质节点的每个输入都会对材质的外观和行为产生独特的影响，其结果将在材质编译后应用于场景中的对象。主材质节点的各输入端明细如表2-3所示。

表2-3 主材质节点各输入端明细表

输入端名称	使用说明
基础颜色（Base Color）	定义材质的整体颜色，不含阴影和光照信息。可以使用一个贴图输入，或者一个常量3向量值，每个通道取值在0到1之间
金属（Metallic）	控制模型表面金属性表现。使用常量1向量表达式输入，纯塑料取值为0；纯金属取值为1；对于被腐蚀、带灰尘或生锈的金属表面，该值取值范围在0到1之间
高光（Specular）	控制非金属表面镜面光泽的强度，使用常量1向量表达式输入，取值范围在0到1之间。该值对金属材质没有影响
粗糙度（Roughness）	控制材质表面的粗糙程度，粗糙的材质表面比平滑的材质表面能够在更多方向上产生更多的散射光。使用常量1向量表达式输入，取值范围在0到1之间，粗糙度为0（平滑）是镜面反射，粗糙度为1（粗糙）表现为完全磨砂表面

续表

输入端名称	使 用 说 明
自发光颜色（Emissive Color）	控制材质发光的参数，可使用蒙版贴图输入
不透明度（Opacity）	控制材质的透明度，使用常量 1 向量表达式输入，取值范围在 0 到 1 之间，1 表示完全透明，0 表示完全不透明。该输入在使用“半透明”（Translucent）混合模式时被激活
不透明蒙版（Opacity Mask）	使用常量 1 向量表达式输入，取值范围在 0 到 1 之间，在使用“蒙版”（Masked）模式时启用，适用于表现铁丝网等复杂固态表面结构
法线（Normal）	使用法线贴图，通过打乱每个单独像素的法线，以提供较好的表面物理细节效果
世界位置偏移 （World Position Offset）	使网格物体顶点可以由材质在世界空间内进行控制，适用于移动目标、改变形状等操作
世界位移 （World Displacement）	使多边形细分顶点可以由材质在世界空间内进行控制，适用于移动目标、改变形状等操作。该项必须在多边形细分属性被设置为除“无”（None）之外的其他选项时才起作用
多边形细分乘数 （Tessellation Multiplier）	控制沿表面方向的多边形细分数量，可以在必要时添加更多的细节。该项必须在多边形细分属性被设置为除“无”（None）之外的其他选项时才起作用
次表面颜色 （Subsurface Color）	添加颜色以模拟光照穿过表面时的颜色转换，例如，人类角色皮肤上会有红色的次表面颜色来模拟皮肤下的血液流动。该输入仅当着色模型被设置为“次表面”（Subsurface）时被启用
自定义数据 0（Custom Data0） 自定义数据 1（Custom Data1）	允许用户编写自定义的 HLSL 着色器代码，作为主材质节点的输入
环境遮挡 （Ambient Occlusion）	用来模拟表面缝隙中发生的自投影效果，通常使用环境遮挡贴图作为输入，这些贴图通常在三维建模软件中创建
折射（Refraction）	使用能够模拟表面折射率的贴图或取值，适用于模拟玻璃表面或水面的光的折射
像素深度偏移 （Pixel Depth Offset）	利用设置的逻辑来控制着色器图表中的像素深度

默认情况下，主材质节点会有一些以灰色显示的输入，表示该输入对当前材质不起作用；显示为白色的输入表示该输入将影响材质的显示结果。要启用或禁用主材质节点的输入，需要在细节面板中修改“Blend Mode”（混合模式）属性，如图 2-9 所示。

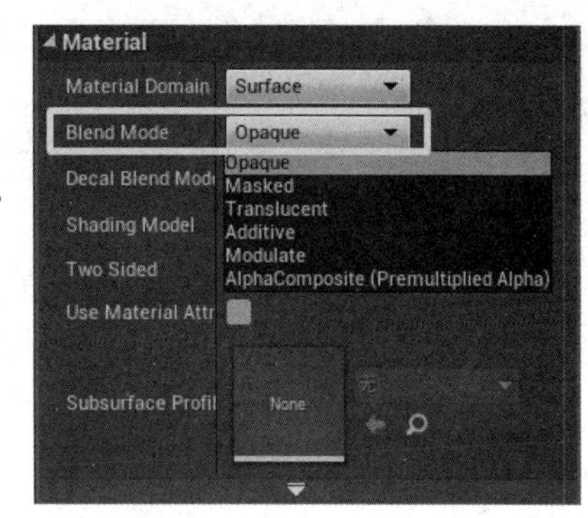

图 2-9　混合模式属性

启用某个输入，如“Opaque”（不透明），新启用的输入会以白色显示。启用一个输入可能会禁用另一个输入，例如，当混合模式从“Opaque”更改为“Masked”（蒙版）时，将会启用“不透明蒙版”输入；当混合模式从“Opaque”更改为“Translucent”（半透明）时，将禁用“不透明蒙版”而启用“不透明度”输入。

主材质节点的细节面板包含了可以调节与材质使用方式相关的属性，可以将主材质节点的细节面板看作是材质的属性。如表 2-4 所示列出了主材质节点细节面板中主要属性的简要说明。

表 2-4　主材质节点细节面板主要属性

属 性 名 称	说　明
物理材质（Physical Material）	用于指定此材质所使用的物理材质类型
材质（Material）	用于更改材质域（Material Domain）、混合模式（Blend Mode）、阴影模型（Shading Model）及其他选项

续表

属性名称	说　明
半透明（Translucency）	用于调节材质的半透明度。该属性仅当材质混合模式为“半透明”（Translucent）时才可编辑
半透明自身阴影（Translucency Self Shadowing）	用于调节半透明自身阴影的外观和行为。该属性仅当材质混合模式为“半透明”（Translucent）时才可编辑
用法（Usage）	用于设置此材质将要应用于哪些类型的对象，用法标志通常由编辑器自动设置。如果要设置此材质将应用于某些特定对象类型，请务必在此处将其启用
移动设备（Mobile）	用于设置材质在智能手机等移动设备上的工作方式
铺嵌（Tessellation）	用于启用材质使用硬件铺嵌功能
材质后期处理（Post Process Material）	用于定义材质如何进行后期处理（Post Process）和色调映射（Tone Mapping）。该属性仅当材质域为后期处理（Post Process）时才可编辑
光照系统（Lightmass）	用于调节此材质与光照系统互动的方式
缩略图（Thumbnail）	用于控制内容浏览器中缩略图的显示方式

2.1.3　编辑颜色

简单的颜色材质可以通过主材质节点的“基础颜色”来设置。“基础颜色”输入端是主材质节点上最常用的输入端，接收 R、G、B 三个通道的值，并且每个通道的值都自动限制在 0 到 1 之间。

要使用主材质节点编辑材质，还需要将材质表达式节点添加到材质图表中。添加材质节点可以使用以下几种方法。

（1）在控制板面板找到该节点，并将节点拖放到材质图表中。

（2）在材质图表空白处右击，在弹出的右键关联菜单中输入关键字搜索节点，单击选中节点，将其添加到图表中。

（3）使用快捷键添加材质节点。

操作技巧

① 使用快捷键添加材质节点。按住键盘上的数字“3”按键，并在材质图表空白处单击，即可以将一个“常量 3 矢量”（Constant 3 Vector）材质表达式节点添加到鼠标单击的位置，如图 2-10 所示。

如果要添加多个相同的常量节点，可以通过将其选中并按键盘上的“Ctrl+W”组合键复制这个节点。

节点添加完毕后，要对其进行必要的设置，可以双击“常量 3 矢量”节点，打开“颜色选择器”窗口。“颜色选择器”窗口打开后，先选择所需颜色，如图 2-11 所示，然后单击“好”按钮。

取色完毕后，单击“常量 3 矢量”材质表达式节点右侧的圆形输出端，按住鼠标左键并向右拖曳，会看到一条从圆形输出端引出的连接线，将这条线连接到主材质节点上的“基础颜色”（Base Color）输入端，如图 2-12 所示。

② 删除节点连线：在某一节点上按“Alt”键+鼠标左键即可以删除连接线。

③ 修改主材质节点时，材质编辑器中的视口面板会进行更新，以反映用户所做的更改。根据材质的复杂程度，这个过程可能需要几秒钟的时间显示改动。

④ 材质设置完毕后，单击工具栏的“Apply”（应用）及“Save”（保存）按钮，如图 2-13 所示。

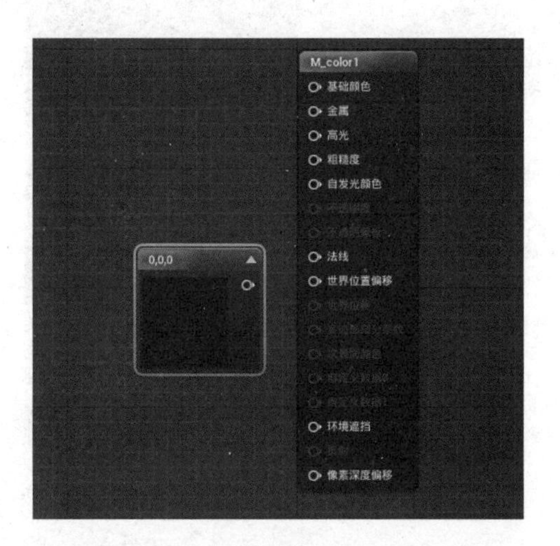

图 2-10　添加常量 3 矢量表达式

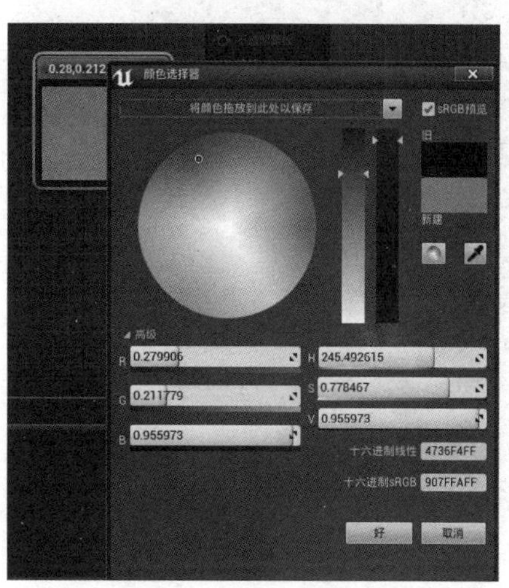

图 2-11　“颜色选择器”窗口

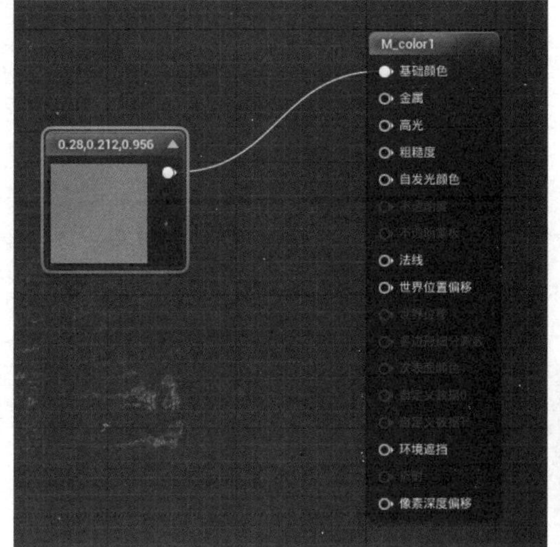

图 2-12　连接节点

图 2-13　“Apply”及“Save”按钮

2.1.4　应用材质

材质创建完成后，就可以赋给关卡中的对象了。赋予材质有以下几种常用的方法。

1. 通过关卡编辑器的细节面板添加

单击关卡中模型的 Actor，在关卡编辑器右侧的细节面板中找到“Materials”类目，单击下拉菜单，选择刚刚创建的材质名称，该材质将会被赋予 Actor，如图 2-14 所示。

2. 通过内容浏览器选定材质添加

在内容浏览器中找到新建的材质，用鼠标左键将其拖曳到关卡中的任意对象上，即可为其赋予该材质，如图 2-15 所示。

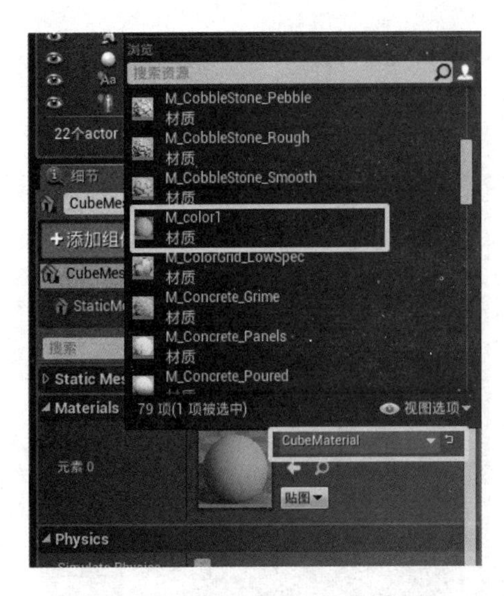

图 2-14　通过细节面板赋予材质

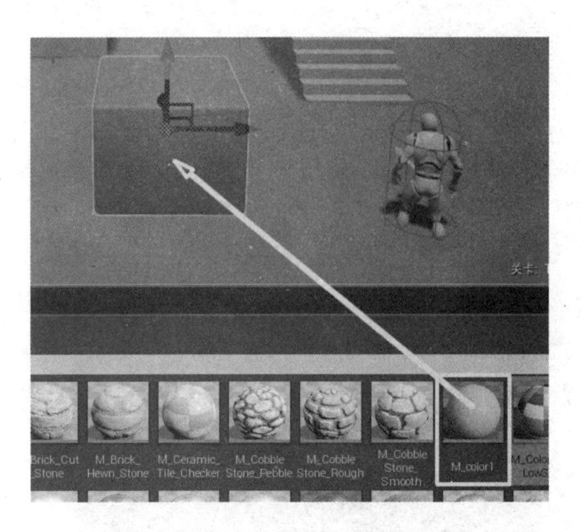

图 2-15　通过内容浏览器赋予材质

3. 刷表面

对于“放置”模式下“Geometry”（几何体）类别里的物体，可以将材质拖放到该物体的任何一个几何面上，一个物体的不同几何面可以被赋予不同的材质，如图 2-16 所示。

图 2-16　刷表面

小结

在决定材质显示方式及输入参数方面，主材质节点起到了决定性作用。无论材质使用多少个材质表达式节点，都需要将这些节点连接到主材质节点的输入端之后，才会显现效果。如果材质的效果与期望不符，请在材质编辑器细节面板中查看参数设置是否正确。

2.2 编辑基于物理的材质

任务描述

请利用主材质节点相关的输入端及其参数设置制作出水泥、黄金的材质效果，理解基于物理的材质建模模式及相关术语含义。

微课：基于物理创建材质

虚幻引擎 4 中的材质系统使用基于物理的材质建模方式。基于物理着色是指在计算机图形学中，用数学建模的方式模拟物体表面各种材质散射光线的属性，从而达到真实图片的效果。基于物理渲染指的是基于真实世界中光照的物理特性而建立的一种光照算法。

在以往的游戏模型制作过程中，美工可能将材质受到光照后的效果同时烘焙在贴图上，通过传统的光照模型计算出来的材质效果，在预设光照环境下，可以达到很好的效果。但是，当材质转换到不同的光照环境，例如极亮或极暗的场景中时，就很容易出现不真实甚至很奇怪的材质效果，从而影响场景的真实表现。

基于物理渲染技术有很好的一致性及可预测性，所以制作完成的材质能在不同的光照环境下完美地模拟出真实世界的表现。

虚幻引擎 4 基于物理的材质系统主要包括四个属性：基础颜色（Base Color）、金属（Metallic）、高光（Specular）、粗糙度（Roughness）。这些输入取值均在 0 到 1 之间。

2.2.1 基础颜色

“基础颜色”也被称为 Albedo（反射率）或 Diffuse（漫反射），是减去所有阴影和光照细节后，一个表面材质的核心颜色描述。“基础颜色”输入端是主材质节点上最常用的输入端，接收 R、G、B 三个通道的值，并且每个通道的值都自动限制在 0 到 1 之间。基础颜色可以使用一个贴图输入或者一个简单的数字向量值来表示一种颜色。

操作技巧

（1）在内容浏览器相应的文件夹下，新建两个材质资源用于制作水泥和黄金材质，并重命名。

（2）双击打开材质，按住键盘上的数字“3”按键，并在材质图表空白处单击，添加一个“常量 3 矢量”材质表达式节点。

（3）双击“常量 3 矢量”节点，分别为其设置水泥、黄金的基础颜色的 RGB 值，参数值如图 2-17 所示。

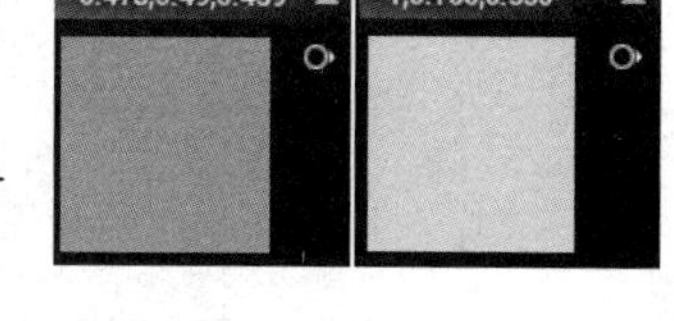

图 2-17 水泥、黄金基础颜色取值

常用非金属材质测得的基础颜色（RGB）取值如表 2-5 所示。

表 2-5 常用非金属材质的基础颜色取值

材 质 类 型	基础颜色（RGB）取值
混凝土	（0.478，0.490，0.439）
石墨	（0.243，0.255，0.275）
花岗岩	（0.192，0.231，0.243）
红砖	（0.408，0.039，0.122）
珍珠	（0.965，0.831，0.620）

常用金属材质测得的基础颜色（RGB）取值如表 2-6 所示。

表 2-6 常用金属材质的基础颜色取值

材 质 类 型	基础颜色（RGB）取值
铁	（0.560，0.570，0.580）
银	（0.972，0.960，0.915）

续表

材质类型	基础颜色（RGB）取值
铝	（0.913，0.921，0.925）
金	（1.000，0.766，0.336）
铜	（0.955，0.637，0.538）
铬	（0.550，0.556，0.554）
镍	（0.660，0.609，0.526）
钛	（0.542，0.497，0.449）
钴	（0.662，0.655，0.634）
铂	（0.672，0.637，0.585）

（4）颜色设置完毕后，将“常量3矢量”节点连接到主材质节点上的“基础颜色”输入端，如图2-18所示。在视口面板可预览效果。

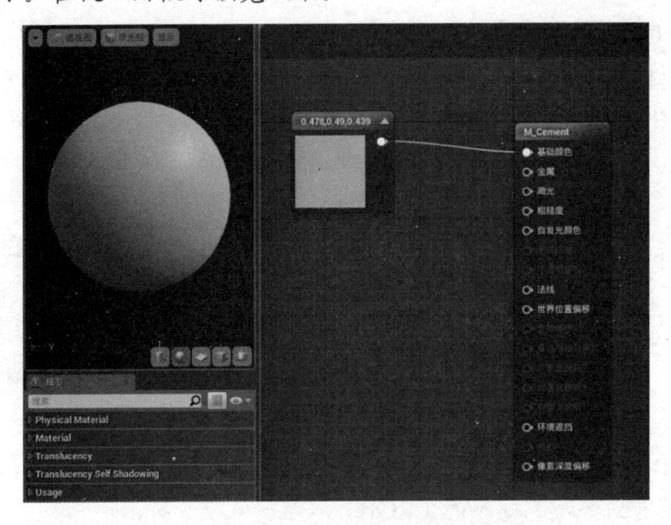

图2-18　连接“基础颜色”输入端

2.2.2　金属

“金属”（Metallic）输入控制材质表面模拟金属的程度。纯金属的“金属”取值为1，非金属的“金属”取值为0。对于某一种纯材质表面，如纯金属、纯石头、纯塑料等，此值将是0或1；对于受腐蚀、落满灰尘或生锈的金属之类的混合表面，此值在0与1之间。

注意：本案例中黄金的“金属”属性设置为1，而水泥材质则无“金属”属性。

为黄金材质设置“金属”属性的操作方法如下。

操作技巧

（1）在黄金的材质编辑器中，按住键盘上数字“1”按键，并在图表空白处单击，添加“常量1矢量”节点。

（2）在细节面板中将其“Value”值设置为“1”。

（3）将“常量1矢量”节点连接到主材质节点上的“金属”输入端，如图2-19所示。

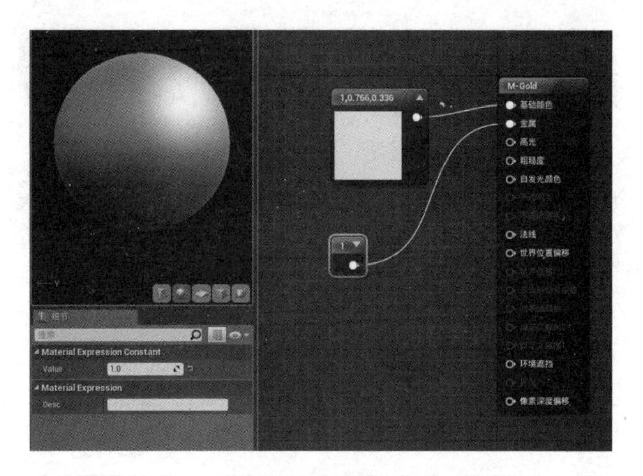

图 2-19　连接黄金材质“金属”输入端

金属材质取值在 0 到 1 之间不同“金属”属性的取值效果如图 2-20 所示。

图 2-20　不同“金属”属性取值效果

2.2.3 高光

“高光”（Specular）输入控制非金属表面镜面光泽的强度，使用常量 1 向量表达式输入，取值范围在 0 到 1 之间。该值对金属材质没有影响。

操作技巧

（1）在水泥材质编辑器中，按住键盘上数字“1”按键，并在图表空白处单击，添加“常量 1 矢量”节点。

（2）在细节面板中将其“Value”值设置为“0.2”。

（3）将“常量 1 矢量”节点连接到主材质节点上的“高光”输入端，如图 2-21 所示。

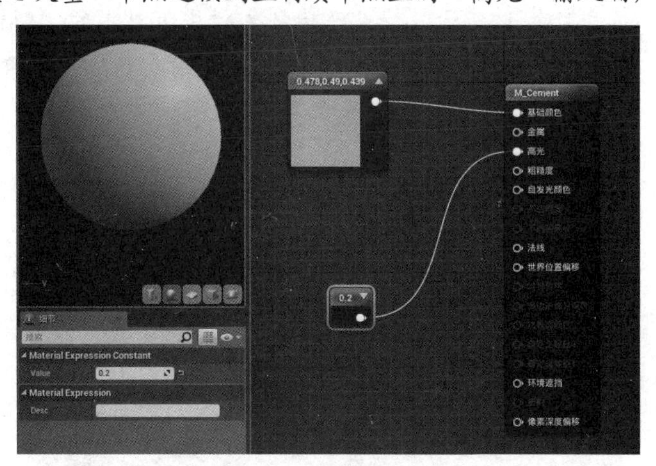

图 2-21　连接水泥材质“高光”输入端

非金属材质取值在 0 到 1 之间不同“高光”属性的取值效果如图 2-22 所示。

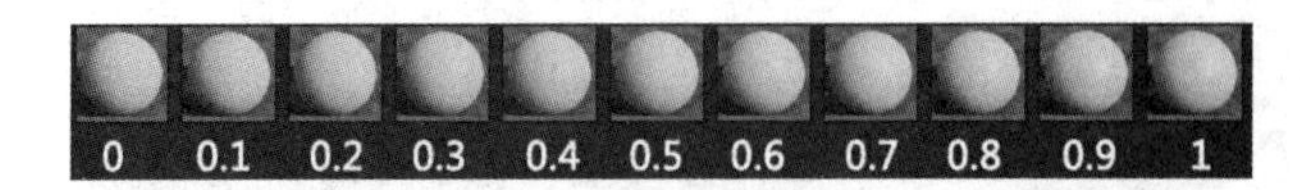

图 2-22　非金属材质不同“高光”属性取值效果

提示： 因为所有材质都具有镜面反射，对于漫反射度非常大的材质，不建议将此值设置为 0，可以将粗糙度提高。

如表 2-7 所示列出了常用材质的“高光”属性取值。

表 2-7　常用材质的“高光”属性取值

材 质 类 型	“高光”属性取值
玻璃	0.5
塑料	0.5
石英	0.57
冰	0.224
水	0.255
牛奶	0.277
皮肤	0.35

2.2.4　粗糙度

“粗糙度”（Roughness）输入控制材质的粗糙程度，与平滑的材质相比，粗糙的材质将向更多方向发生光线的散射。粗糙度为 0 表示极平滑，用于模拟镜面反射的效果；粗糙度为 1 表示很粗糙，表面完全无光泽。

操作技巧

（1）分别在水泥和黄金材质编辑器中，按住键盘上数字“1”按键，并在图表空白处单击，添加“常量 1 矢量”节点。

（2）在细节面板中将水泥材质的粗糙度的“Value”值设置为“1”，将黄金材质的粗糙度的“Value”值设置为“0.5”。

（3）将粗糙度的“常量 1 矢量”节点连接到主材质节点上的“粗糙度”输入端。如图 2-23 所示为水泥材质的粗糙度设置，如图 2-24 所示为黄金材质的粗糙度设置。

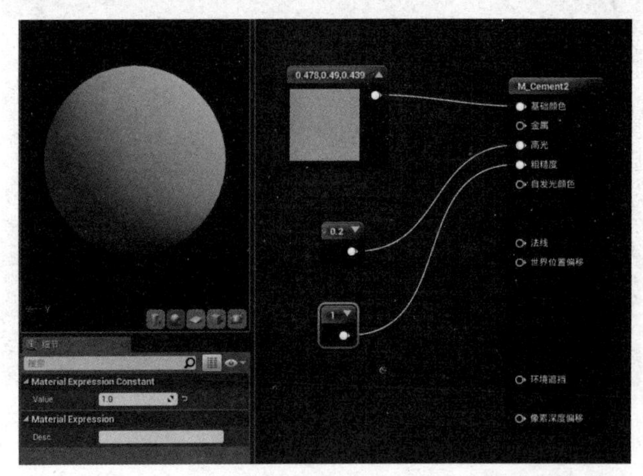

图 2-23　连接水泥材质“粗糙度”输入端

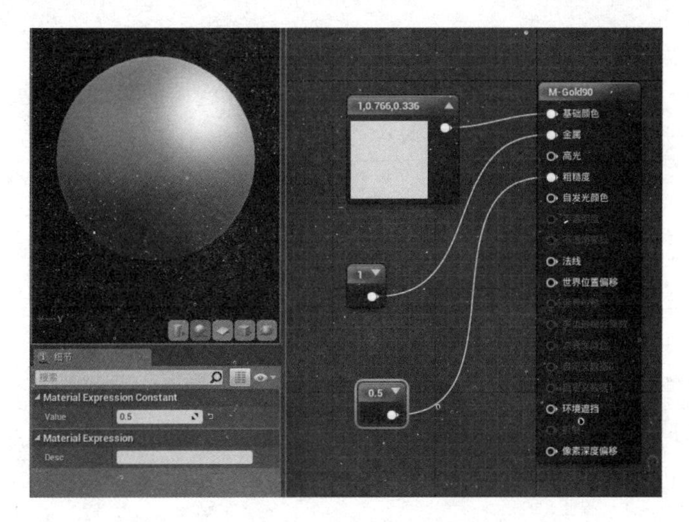

图 2-24　连接黄金材质“粗糙度”输入端

如图 2-25 和图 2-26 所示分别为非金属材质和金属材质粗糙度取值在 0 到 1 之间的不同“粗糙度”属性的取值效果。

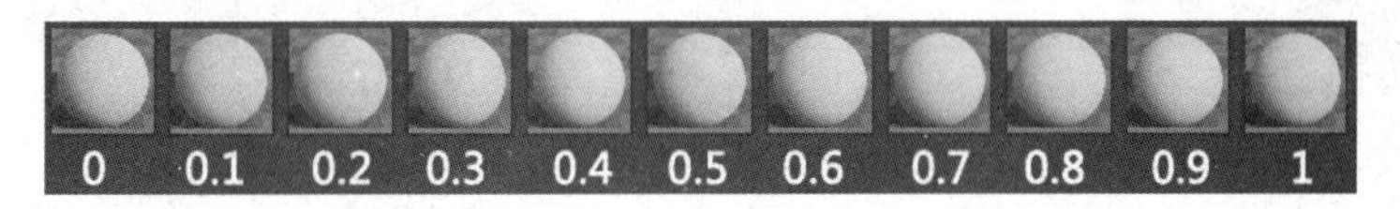

图 2-25　非金属材质不同“粗糙度”属性取值效果

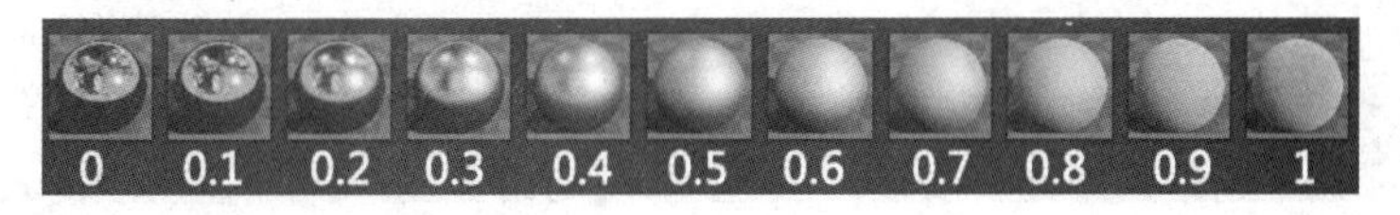

图 2-26　金属材质不同“粗糙度”属性取值效果

2.3 使用贴图纹理创建材质

任务描述

使用外部贴图、纹理等资源，创建材质，并将材质应用于关卡中的物体。

2.3.1　贴图及纹理

使用 Photoshop 等平面软件制作材质平面图，导入 Maya、3ds Max、虚幻引擎等制作软件中，并赋予到立体模型上的过程，称为贴图。贴图（Textures）也指可以在材质中使用的图像，这些图像将被映射到应用材质的表面。

计算机图形学中的纹理既包括通常意义上物体表面的纹理，即物体表面呈现凹凸不平的沟纹，同时也包括在物体的光滑表面上的彩色图案，通常称之为花纹。

对于现代游戏项目来说，贴图和纹理的大小及使用情况是影响内存的重大因素之一。虚幻引擎 4 能够对项目中的所有贴图和纹理进行没有破坏性的缩减。虚幻引擎 4 能支持的贴图分辨率从 1px×1px 到 8192px×8192px，根据生产商和模型不同，以及可用的贴图内存的数量不同，硬件设备支持的最高贴图分辨率会有所不同。虚幻引擎中提供了很多功能和设置来管理渲染贴图。

大多数情况下，贴图、纹理等资源是在如 Photoshop 这样的外部图像编辑软件中创建的，对于这些资源，虚幻引擎 4 需要将其导入虚幻引擎编辑器中才能使用；也有一些贴图是在虚幻引擎中生成的，如渲染贴图。

将外部贴图及纹理资源导入虚幻引擎 4 的操作方法如下。

（1）在内容浏览器中，选择存放贴图的文件夹。如果没有用于存放贴图的文件夹，为了管理方便，建议新建一个专用文件夹。单击内容浏览器的“导入”按钮，打开“导入”对话框，如图 2-27 所示。

图 2-27 “导入”对话框

（2）选择要导入的贴图的路径及贴图文件，单击“打开”按钮。虚幻引擎 4 支持以下贴图格式：.bmp、.float、.pcx、.png、.psd、.tga、.jpg、.dds。

提示：可以用鼠标左键选中贴图并将其直接拖曳到内容浏览器的相应文件夹中。

（3）在内容浏览器中双击一个贴图资源，将会打开贴图编辑器，或者右击一个贴图资源，在弹出的右键关联菜单中选择“编辑”命令来打开贴图编辑器。在贴图编辑器中，可以预览贴图资源或修改贴图的属性。

贴图属性编辑器包括菜单栏、工具栏、视口、详细信息面板四部分，如图 2-28 所示。

（4）在视口左上角有一个下拉菜单“视图”，该菜单用来切换各种通道及设置的选项，可以修改贴图的显示方式。

（5）可以通过拖曳视口右下角的“缩放”滑条，调整所预览的贴图资源的大小。

（6）详细信息面板显示了贴图的各种属性，用户可以修改这些属性。

在虚幻引擎中，一个材质可能会用到几个不同的贴图纹理产生不同的效果。比如，一个简单的材质可能会有一个基础颜色的贴图、一个高光纹理、一个法线贴图，除此以外，还有可能有保存在透明通道中的自发光贴图及粗糙度贴图等。

图 2-28　贴图属性编辑器

2.3.2　贴图及纹理的应用

（1）在内容浏览器中相应的文件夹下创建一个新的材质，并进行重命名。双击新创建的材质，打开材质编辑器。

（2）单击材质编辑器标题栏，并向下拖曳，将材质编辑器设置为悬浮，如图 2-29 所示。

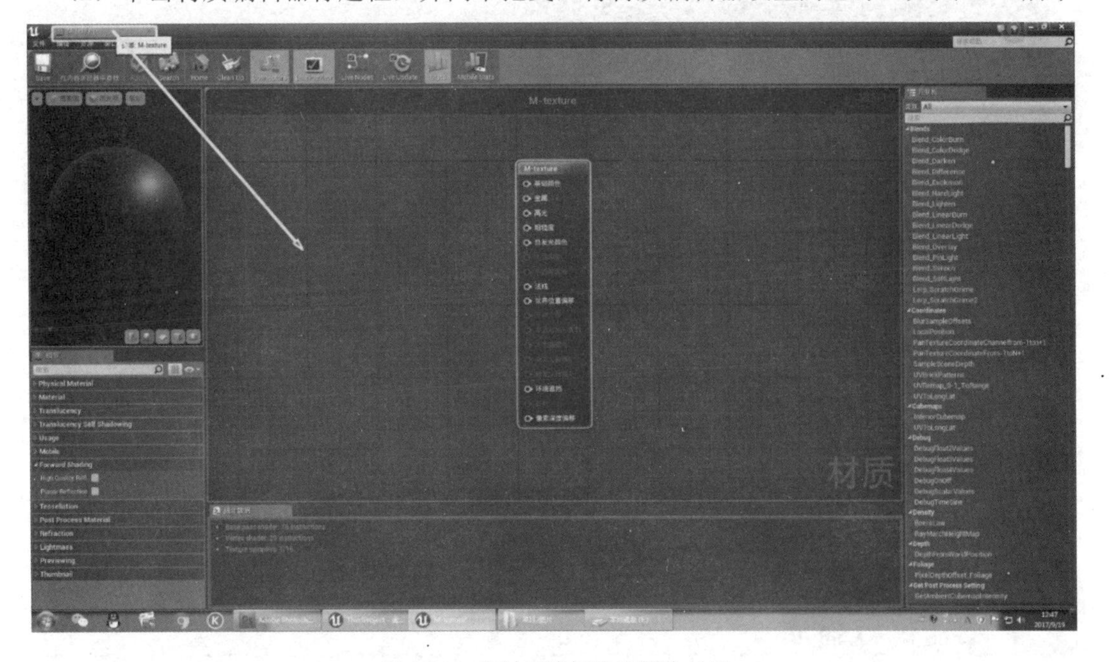

图 2-29　将材质编辑器设置为悬浮

（3）在内容浏览器中找到贴图文件，单击选中并将其拖曳到新建的材质编辑器的图表面板中，如图 2-30 所示。

图 2-30　加载贴图

这时，可以看到贴图文件生成一个节点，将贴图节点的输出连接到主材质节点的“基础颜色”输入端，如图 2-31 所示。

（4）材质设置完毕后，确保单击工具栏的“Save”按钮进行保存。这时就可以赋给关卡中的对象了，效果如图 2-32 所示。

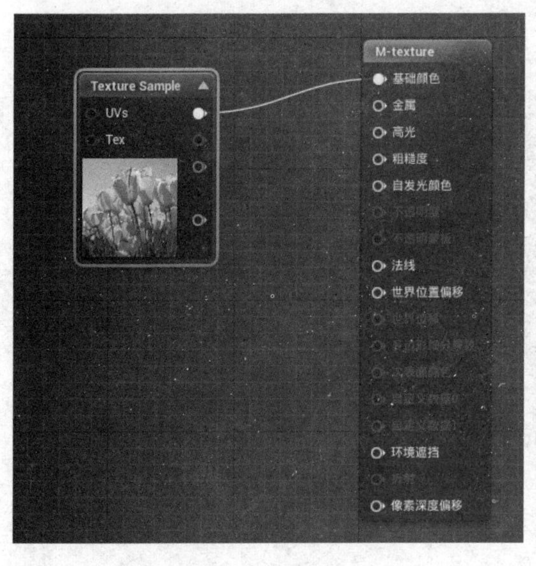

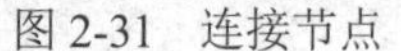
图 2-31　连接节点

图 2-32　使用贴图材质的效果图

2.4 制作视频材质

任务描述

使用视频资源，创建视频材质，添加到面片或其他显示设备的模型上，模拟现实生活中的视频播放效果。

2.4.1　媒体框架

在虚幻引擎 4 中，有一个被称为媒体框架（Media Framework）的资源类型，用于在关卡中的静态网格物体上播放视频影片和其他媒体文件等工作。媒体框架在很大程度上是 C++ 界面的一个合集、常规使用实例的一些助手类，以及一个媒体播放器，可根据媒体播放器插件进行延展。

媒体框架支持本地化音频及视频资源，可以在内容浏览器、材质编辑器及声音系统中使用，也可以与蓝图和 UMG UI 设计器共用，支持流媒体，可以在媒体上执行快进、倒退、播放、暂停和移动操作，支持可插拔播放器。

事实上，媒体框架可以在任意应用中使用，框架中包含有多个层，为其他子系统提供媒体播放功能，如引擎、蓝图、Slate、UMG UI 设计器。Windows 播放器插件底层应用的是 Windows Media Foundation API；MacOS 插件使用的是 Apple 的 AV Foundation，可以在 iOS 上使用。

应用媒体框架后，可在内容编辑器中创建以下三种新的资源类型。

（1）媒体播放器资源。媒体播放器资源代表媒体源播放器，如硬盘上的电影文件地址或网络上的流媒体超链接地址 URL。媒体播放器资源实际上不含有任何数据，它只存储媒体源的路径或超链接地址 URL。

（2）媒体纹理资源。创建媒体播放器资源后，即可创建一个媒体纹理资源，对视频流进行提取。可为媒体纹理选择一个视频流（如有多个可用），并以引擎中其他纹理的方式进行使用。

（3）媒体声波。媒体声波是可以放置在关卡中的声音组件，与其他声音 Actor 方式相同，但是，媒体声波依赖于媒体播放器资源，因此需要对媒体播放器资源发出播放指令（如未设置则为 Auto Play）。

2.4.2　制作视频材质

如果需要在关卡中的一个静态网格物体（如电视机或显示器等物体）上播放视频，可使用媒体框架资源来执行。

1. 导入外部视频资源

在内容浏览器中相应的位置创建一个名为“Movies”的文件夹。在“Movies”文件夹上右击，并在弹出的右键关联菜单中选择“Show in 浏览器”命令，如图 2-33 所示，打开该文件夹在硬盘上的存储目录。

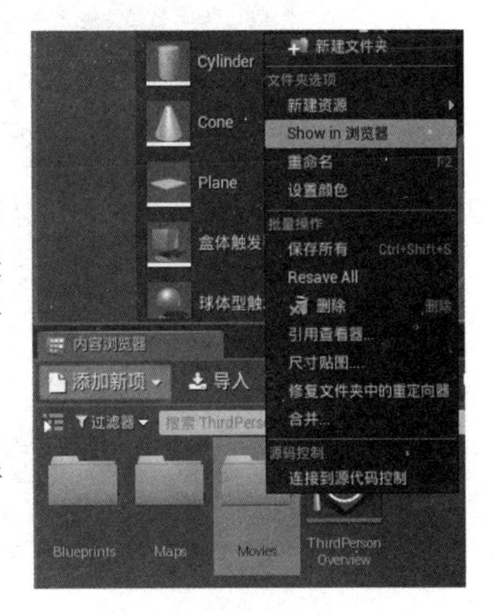

图 2-33　打开“Movies”文件夹在硬盘上的存储目录

将要播放的视频文件拖入硬盘上“Movies”文件夹内，如图 2-34 所示。这样可确保视频正常打包，注意该视频文件的名称要使用英文。

2. 创建媒体资源

回到虚幻引擎编辑器中，在内容浏览器中的“Movies”文件夹内，右击，在弹出的右键关联菜单中选择“Media”→

“File Media Source”命令，如图 2-35 所示。

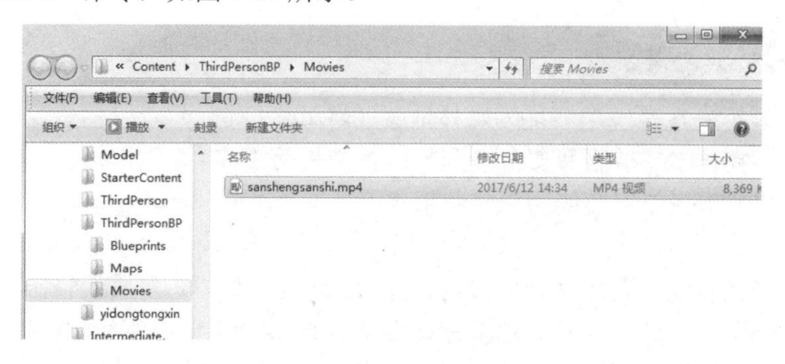

图 2-34　导入视频文件

图 2-35　选择“Media”→“File Media Source”命令

双击“Media”选项，打开“File Media Source”面板，为该资源指定视频文件路径。在细节面板“File”类目下，单击“File Path”右侧的三个点图标，如图 2-36 所示。如果打开后没有细节面板，可以单击“窗口”菜单调出细节面板。

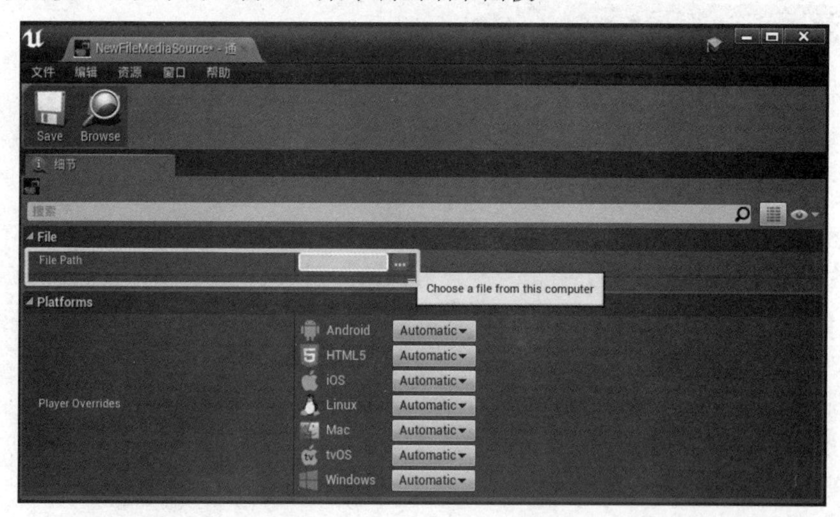

图 2-36　指定视频文件路径

在打开的对话框中找到存储播放视频文件的“Movies”文件夹，选择要播放的视频文件，单击“打开”按钮完成路径指定，如图 2-37 所示。

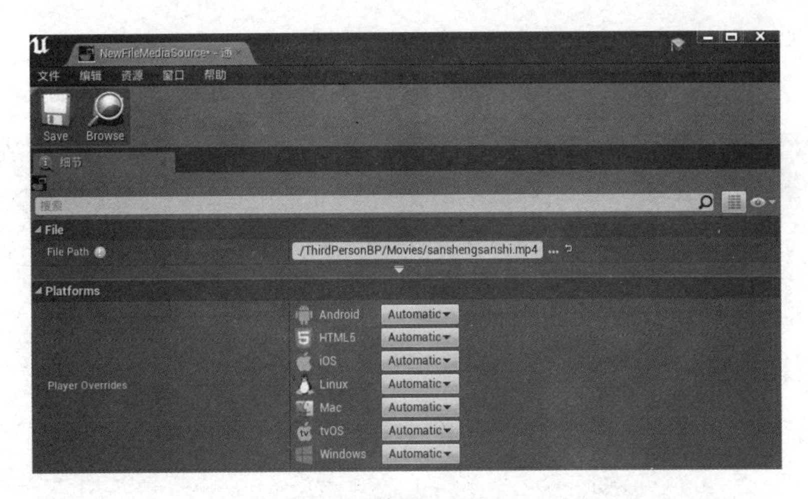

图 2-37 指定视频文件路径

单击图 2-37 工具栏中的“Save”按钮进行保存，然后关闭面板。

3. 创建媒体播放器资源

回到内容浏览器中的“Movies”文件夹，右击，在弹出的右键关联菜单中选择“Media”→“Media Player”命令，创建媒体播放器资源，如图 2-38 所示。

在弹出的“创建媒体播放器”对话框中，如图 2-39 所示，勾选“视频输出媒体纹理（Media Texture）资源”复选框。此操作将创建一个额外的媒体纹理资源，并将资源链接到播放必需的媒体播放器上。单击“确定”按钮完成媒体播放器的创建。

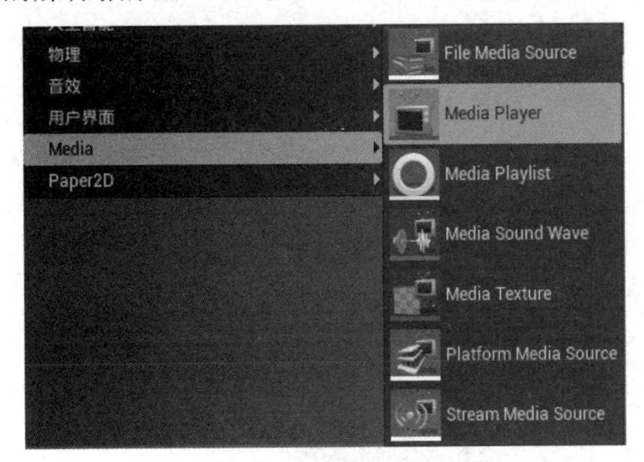

图 2-38 创建媒体播放器资源

图 2-39 “创建媒体播放器”对话框

此时，内容浏览器中的“Movies”文件夹内会生成一个媒体播放器资源和一个视频纹理媒体资源。为了便于操作，将新的媒体播放器资源重命名为“SampleMedia”，这也将同时应用到创建的视频纹理媒体资源，其名称变为“SampleMedia_Video”，如图 2-40 所示。

图 2-40 重命名媒体播放器

双击“SampleMedia”图标，打开媒体播放器资源窗口。在窗口的下方列出了刚刚添加的视频媒体资源，双击该资源，在预览窗口中开始播放，如图 2-41 所示。用户可以通过工具栏上的控制按钮控制播放、暂停、前进及后退等操作。

图 2-41　播放视频

4. 生成视频材质

为了模拟在场景中播放视频的效果，可以向关卡中添加一个“Plane”（平面）静态网格物体作为显示屏幕。用鼠标左键将模式面板“基本”类目下的“Plane”拖入关卡适当位置，利用平移（W）、旋转（E）和缩放（R）工具对其进行调整，使其能够模拟显示屏幕的效果，如图 2-42 所示。

图 2-42　添加平面显示屏幕

按住“Ctrl”键的同时选中“SampleMedia _Sound”和“SampleMedia _Video”资源，用鼠标左键拖曳这两个资源，将其放置在关卡中的“Plane”静态网格物体上。此操作将自动创建一个材质并将其应用到静态网格物体上，在文件夹内会生成一个名为“SampleMedia _ Video_Mat”的视频材质，如图 2-43 所示。

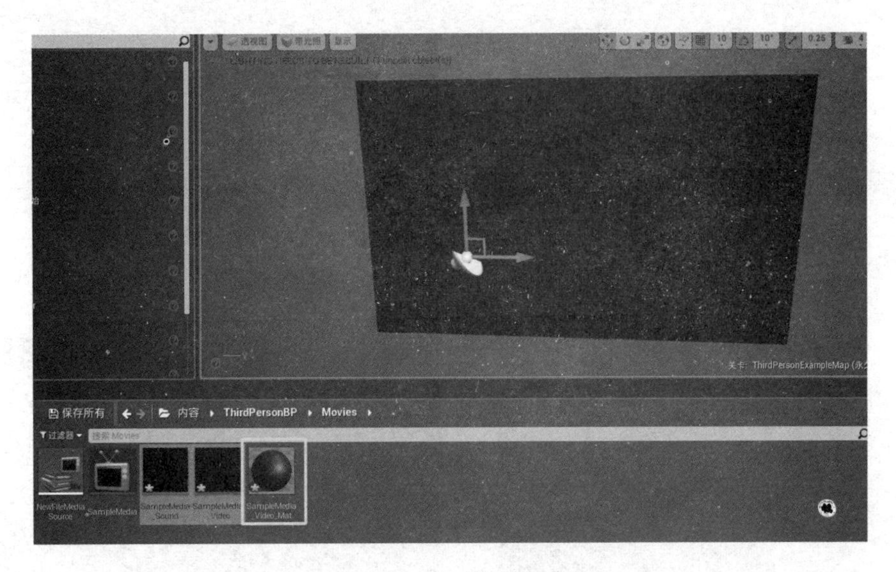

图 2-43　生成视频材质

在关卡中播放视频之前，还需要对关卡蓝图进行设置。具体的蓝图使用方法请参阅项目 3。

在关卡编辑器的工具栏上，单击“蓝图”按钮，在下拉菜单中选择“打开关卡蓝图”命令，如图 2-44 所示，以打开该关卡的关卡蓝图。

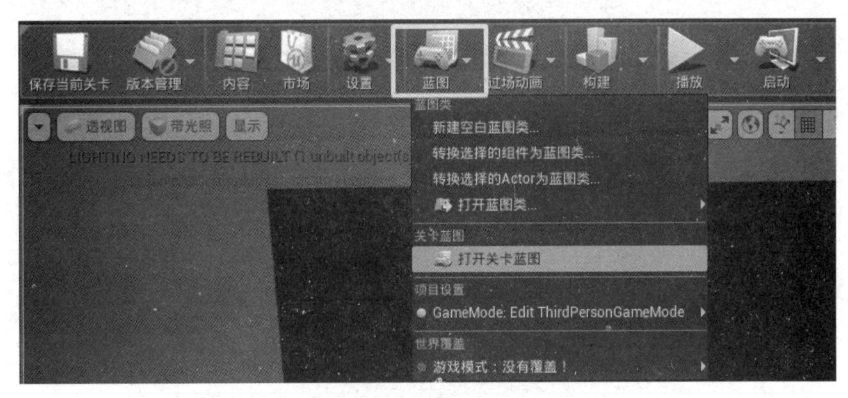

图 2-44　打开关卡蓝图

在关卡蓝图界面的左侧，单击“变量”选项右侧的“+”按钮，添加一个新的变量，如图 2-45 所示。

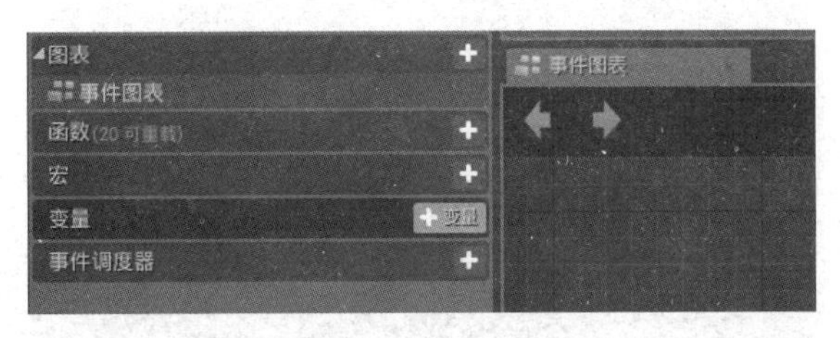

图 2-45　添加变量

将变量重命名为“MediaPlayer”，在关卡蓝图编辑器右侧的细节面板可以对该变量进行参数设置。单击“变量”类目下的“变量类型”选项，在打开的下级选项中选择“对象类型”选项，如图 2-46 所示。找到“Media Player”并选中，这样，便将变量的类型设定为了“Media

Player”。

在关卡编辑器的工具栏，单击“编译”按钮，在细节面板的“默认值”类目中单击下拉菜单，选择“SampleMedia”播放器资源，为变量设定默认初始值，如图 2-47 所示。

图 2-46　设置变量类型

图 2-47　设定变量默认初始值

注意：设定默认初始值之前一定要对变量进行编译。

按住“Ctrl”键的同时将“MediaPlayer”变量拖入关卡蓝图编辑器的中央区域，即“事件图表”区域，获取该变量，如图 2-48 所示。

图 2-48　获取变量

在事件图表空白区域右击，会弹出右键关联菜单，输入“begin”关键词，菜单会自动关联出与之相关的命令节点名称，选择“事件 BeginPlay”选项，如图 2-49 所示，即添加了一个在场景开始运行时执行某事件的节点。

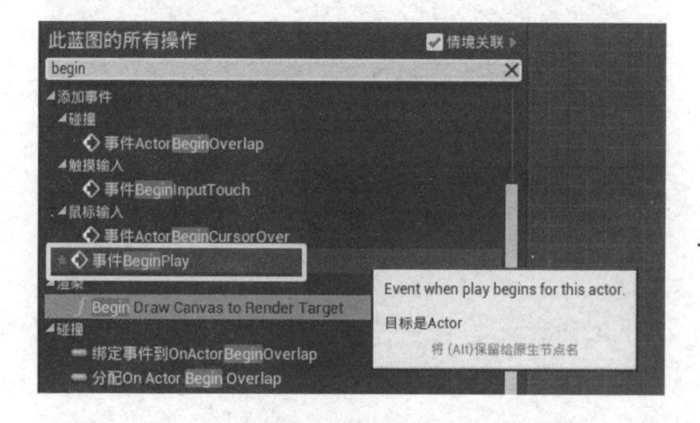

图 2-49　添加“事件 BeginPlay”节点

单击“Media Player”变量节点的蓝色引脚，并向右拖曳引出引线，在弹出的关联菜单中输入“open source”，选择“Open Source”节点，在节点的“Media Source”下级选项中选择要播放的视频资源，如图 2-50 所示。

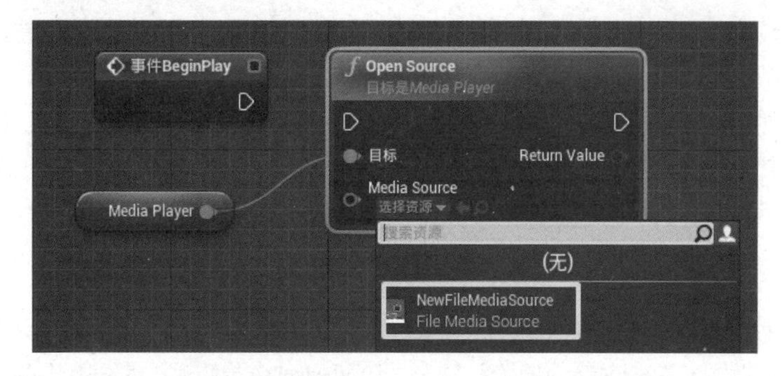

图 2-50　添加“Open Source”节点并设置

最后，将“事件 BeginPlay”节点与“Open Source”节点相连，如图 2-51 所示。此蓝图执行的命令是：在场景运行时，播放视频资源。

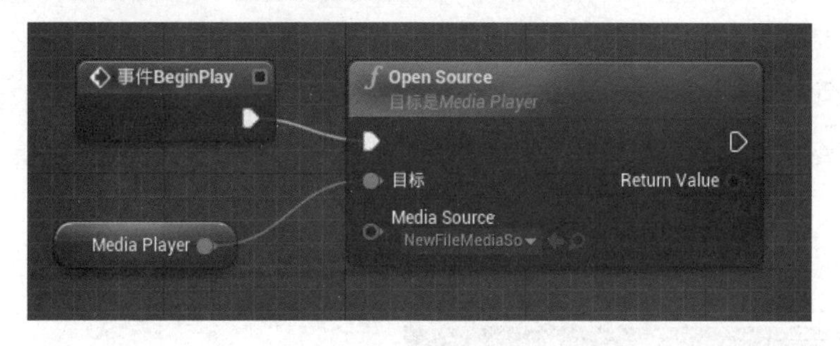

图 2-51　连接“事件 BeginPlay”节点

由于虚幻引擎 4 版本的更新，使得创建媒体播放器时，没有同时创建音频资源，所以需要将视频媒体的声音资源以组件的形式添加到 Actor。方法是：在关卡编辑器中，选中作为播放视频的屏幕“Plane”，在细节面板单击“添加组件”按钮，在弹出的菜单中找到“Media”选项中的“媒体音效组件”，如图 2-52 所示。添加媒体音效组件后，在细节面板的“Media”选项中指定之前创建的媒体播放器名称。

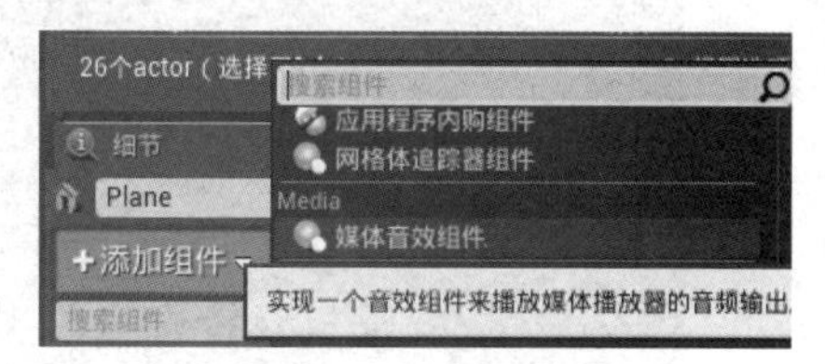

图 2-52　添加媒体音效组件

单击工具栏上的“编译”按钮后，关闭关卡蓝图，回到关卡编辑器，单击工具栏上的“播放”按钮，运行场景，可以实现在模拟的显示屏上播放视频。

2.5 使用材质实例

任务描述

使用材质实例，快速创建多个材质，实现对多个材质统一管理。在制作并使用材质实例的过程中，理解材质实例的含义及其管理模式。

2.5.1 材质实例

在虚幻引擎 4 中，每个材质的制作都由创建、设置和调整材质几个步骤完成，若一个项目中使用的材质较多，这将是非常耗时的工作。为了加快并简化此过程，虚幻引擎 4 提供了一种特殊材质类型，即“材质实例”。

材质实例化的方法可以理解为：创建单个材质（称为“父材质”），然后将其作为基础来创建外观不同的其他各种材质。为了实现这种灵活性，材质实例化使用继承的概念，意味着将父代的属性提供给子代。

1. 创建父材质

在内容浏览器中选择适当的位置右击，在弹出的面板中的“创建基础资源”类目中选择“材质”选项以创建一个新材质，并重命名为“Material_Master”。该材质将作为父材质，用来创建一系列的子材质实例。

双击父材质将其打开，在控制板面板中分别搜索并添加 1 个“Constant3Vector”、2 个“Constant”材质表达式节点，将 3 个节点分别与主材质节点的“基本颜色”“金属”“粗糙度”相连，各输入的参数设置如图 2-53 所示。

2. 将节点转换为参数

所有内容连接完成之后，需要将部分材质节点转换为参数，以便在材质实例中调用。操作方法如下。

在转换的材质节点上右击，从弹出的右键关联菜单中选择“Convert to Parameter”（转换为参数）命令，如图 2-54 所示。

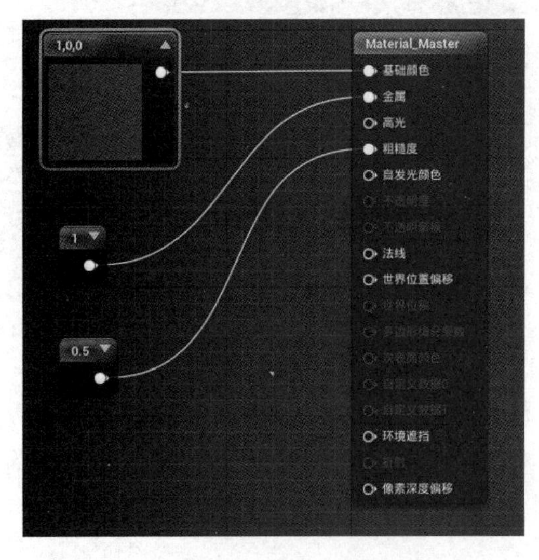

图 2-53 创建父材质

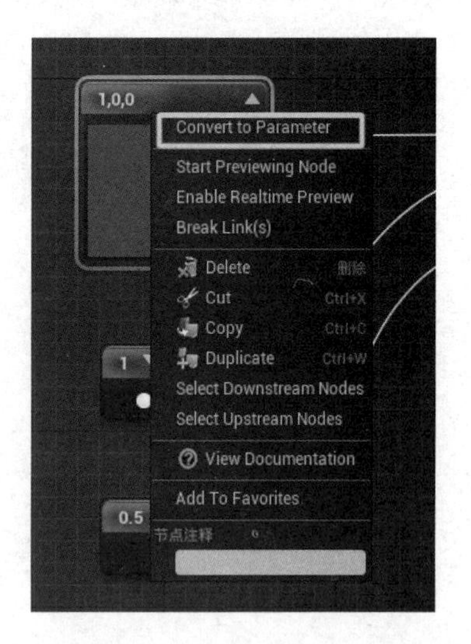

图 2-54 将节点转换为参数

在细节面板中“通用”类目下的“Parameter Name”（参数名称）文本框中，输入参数名称“Base Color”作为标注，如图 2-55 所示。

依次将“金属”和“粗糙度”节点转换为参数，并进行标注，参数名称分别设置为“Metallic”和“Roughness”。这样，在使用材质实例的过程中可以轻松辨认每个节点的作用。

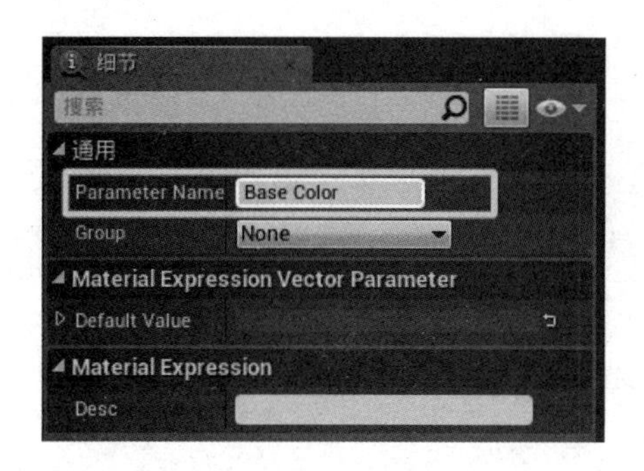

图 2-55　标注参数

注意，并非每个材质节点都可以被转换为参数。如果在右键关联菜单中看不到“Convert to Parameter”命令，则表示该节点无法转换为参数。

提示：参数名称应该能表达该节点的实际作用，这样，在使用过程中就不必在材质与材质实例之间来回切换以查看节点的实际作用。

建立节点之后，单击材质编辑器工具栏上的“应用”按钮以编译材质。如果正确通过编译，“应用”按钮将变成灰色。

2.5.2　材质实例的应用

1. 创建材质实例

在内容浏览器中该材质上右击，在弹出的右键关联菜单中选择“创建材质实例”命令，如图 2-56 所示。

图 2-56　“创建材质实例”命令

材质实例的名称将根据材质的名称派生而得，用户可以在创建期间重新命名材质实例，或者通过选中材质实例并按“F2”快捷键进行重新命名。

双击该实例将会打开材质实例编辑器，其界面如图 2-57 所示。

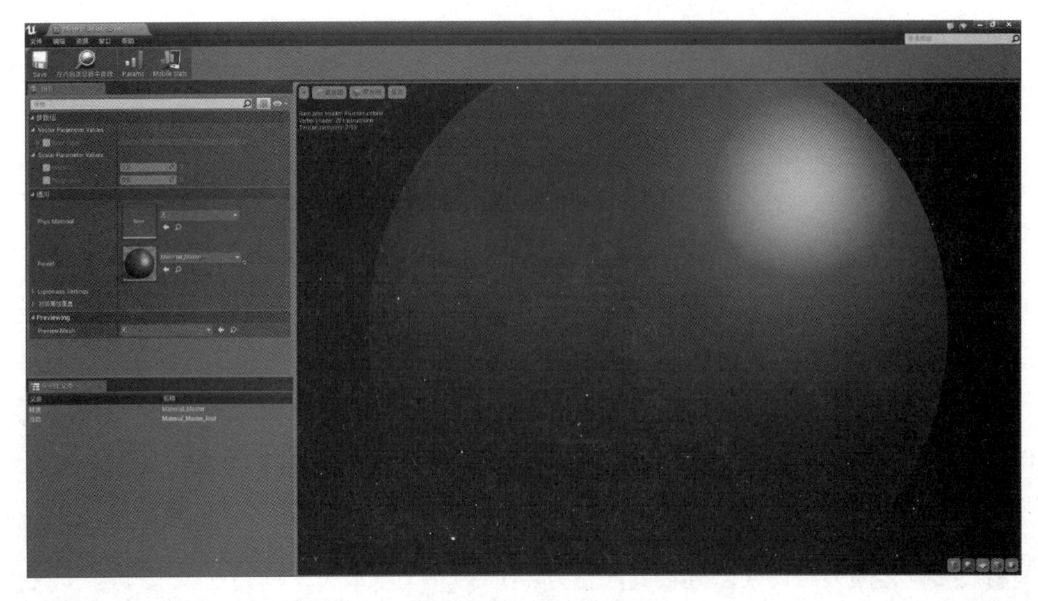

图 2-57　材质实例编辑器界面

2．调整材质实例参数

打开材质实例编辑器后就可以开始根据需要调整参数。

操作技巧

单击参数名称左侧的复选框以启用该参数。参数启用后，复选框中将显示勾选标记，其名称将不再显示为灰色，如图 2-58 所示。

对参数进行调整并即时查看结果，不必重新编译材质。

3．使用材质实例

为了演示更改父材质对子材质的影响，使用父材质 Material_Master 继续创建的两个材质实例，并对其进行“基础颜色”的设置。

在关卡视口中添加 3 个基本网格物体，将 3 个材质实例赋予基本网格物体，如图 2-59 所示。

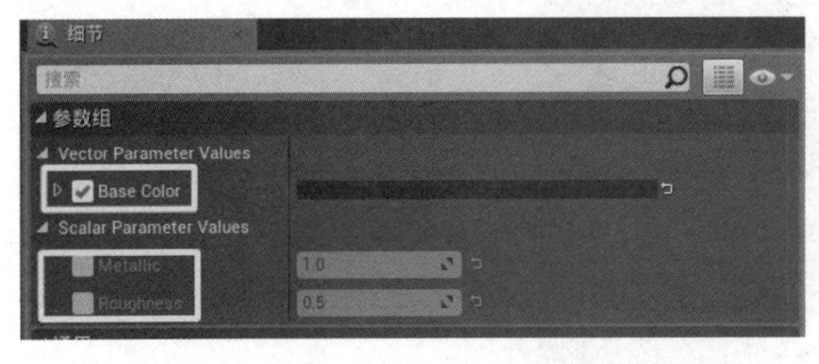

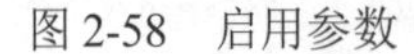

图 2-58　启用参数

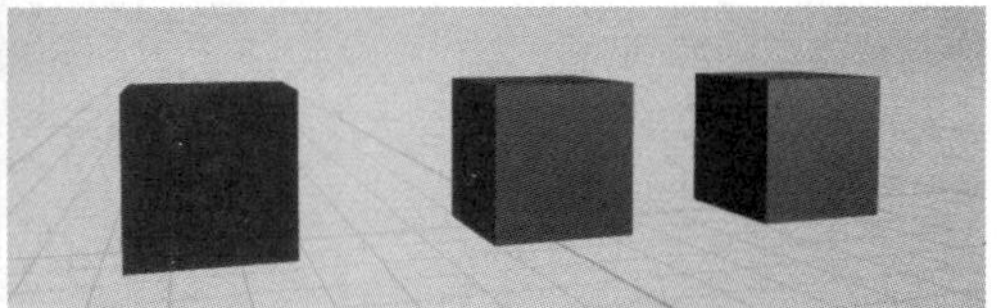

图 2-59　将材质实例赋予基本网格物体

打开父材质 Material_Master，选择其中一个参数节点，并按键盘上的“Ctrl+W”组合键进行复制。复制该节点后，将其重新命名为“Specular”，并将默认值“Default Value”设置为“0.5”。将新参数节点的输出连接到“高光”输入端，效果如图 2-60 所示。然后单击工具栏上的“Apply”按钮编译材质。

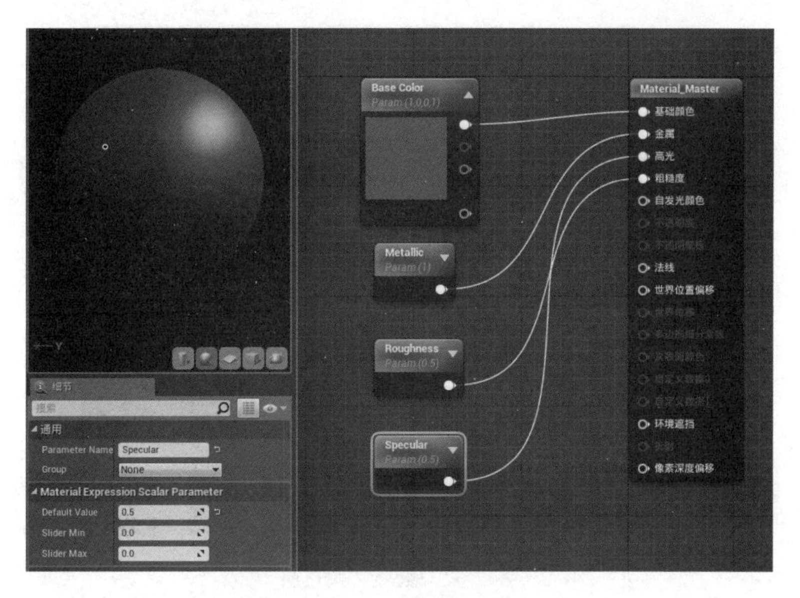

图 2-60　为父材质新增节点

编译完成后，关闭主材质，打开任意一个材质实例，在细节面板中会出现新增参数“Specular”，如图 2-61 所示。

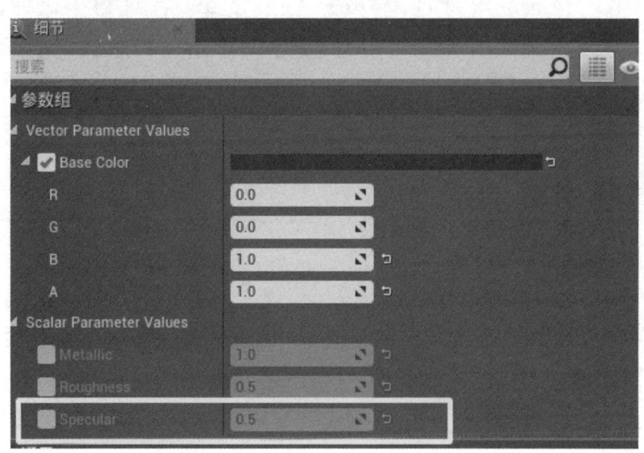

图 2-61　材质实例中出现新增参数

可见，对父材质所做的更改会传播到它们的子材质，这就是材质实例实际功能的体现。

4. 更换父材质

可以通过在材质实例编辑器中设置新的父材质，来快速更改用作材质实例父代的材质。

操作技巧

打开材质实例，在细节面板的“通用”类目中，有一个“Parent”（父代）选项，通过下拉菜单可以选择新的父代材质，如图 2-62 所示。

完成此操作后，根据新材质的选项不同，材质实例编辑器将有所变化，以反映新的父材质的选项。

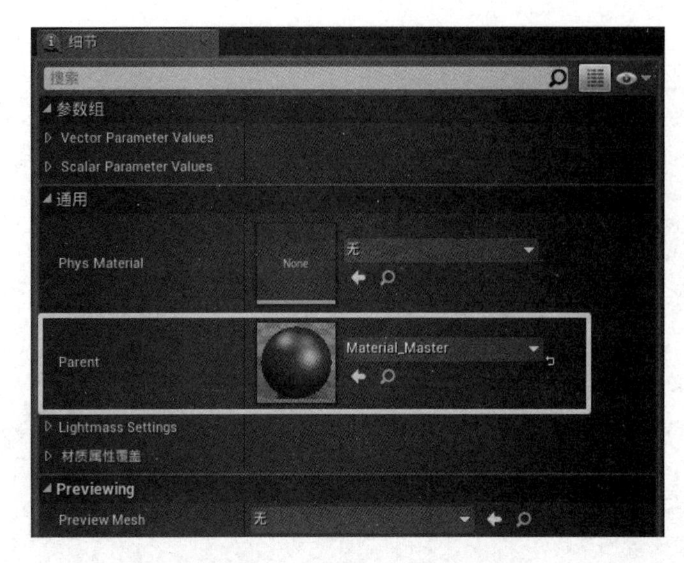

图 2-62　更换父代材质

小结

材质实例化是一个强大的工具，可以用于项目的所有方面，包括帮助武器和道具添加一些变化，以及帮助美工更好地利用材质，有助于简化并统一在项目中创建及使用材质的方式。需要大量外观不同但仍有相似控件的材质时，或者需要在项目制作过程中以特定方式控制材质时，材质实例系统的强大功能就得以彰显。

2.6 材质函数应用案例

任务描述

创建由多个贴图混合的地形材质，为地形刷出不同材质效果；将准备应用于多个材质的相同材质处理效果制作成材质函数，对某一材质进行此效果处理时，直接调用材质函数，以此提高项目制作的效率。

2.6.1　多材质地形制作

在一些复杂地形的创作过程中，地形中可能会包含多个材质，例如草地材质的缓慢山坡、鹅卵石材质的小路和岩石材质的陡峭山峰等。本案例地形中包含了草地、鹅卵石、岩石三种不同材质，制作方法如下。

1. 创建混合地形材质

（1）在内容浏览器相应存储位置，新建一个材质资源，并为其命名。双击该资源，打开材质编辑器窗口。

（2）回到内容浏览器，找到“StarterContent”目录下的“Textures”文件夹，该文件夹中存放了虚幻模板中材质应用的贴图。本案例中的草地、鹅卵石、岩石材质使用的贴图为“T_Ground_Grass_D”“T_CobbleStone_Pebble_D”“T_Rock_Slate_D”，在这3个资源的后面还有3个名为“T_Ground_Grass_N”“T_CobbleStone_Pebble_N”“T_Rock_Slate_N”的法线

贴图资源。将 3 张材质贴图及 3 张法线贴图都选中，拖入到新建的材质编辑器窗口中，按类型和顺序摆放，如图 2-63 所示。

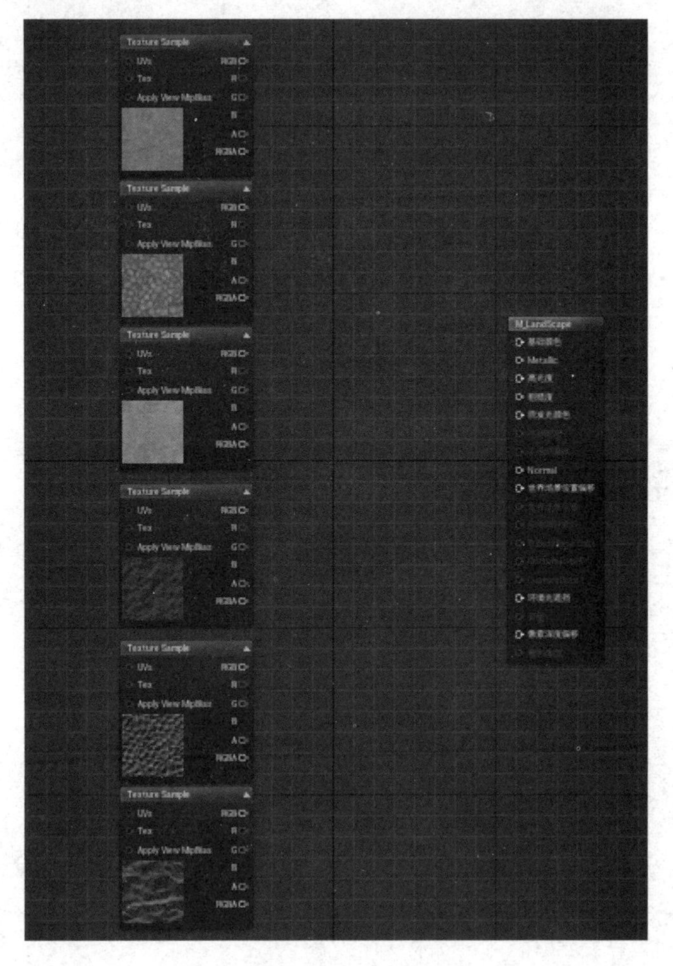

图 2-63　拖入地形材质使用的贴图

对于这个复杂的地形材质来说，主材质节点的“基础颜色”包含草地、鹅卵石、岩石 3 种材质贴图，需要通过“LandscapeLayerBlend”节点将 3 张贴图进行多层混合。

添加此节点时需注意，从贴图的输出端引出连线后的关联菜单中搜索不到该节点。正确方法是在材质编辑器空白处右击，弹出右键关联菜单，输入节点名称“Landscape Layer Blend”，即可找到该节点。

选中“Landscape Layer Blend”节点，在材质编辑器左侧的细节面板对其进行必要的设置。单击“图层”属性数组元素右侧的“+”按钮，如图 2-64 所示，可以添加新的数组元素。默认数组元素为“0”。本案例使用 3 个贴图层，需要添加 3 个数组元素。每个数组元素下有 5 个属性，可以设置图层名称、混合类型、预览权重、常量图层输入及常量高度输入。

将新增加的 3 个数组元素图层名称分别命名为“草地贴图”“鹅卵石贴图”“岩石贴图”，其余属性保持默认。修改后的“Landscape Layer Blend”节点如图 2-65 所示。

鉴于法线也包含 3 张贴图资源，也需要使用“Landscape Layer Blend”节点来进行混合，直接复制之前设置好的“Landscape Layer Blend”节点。

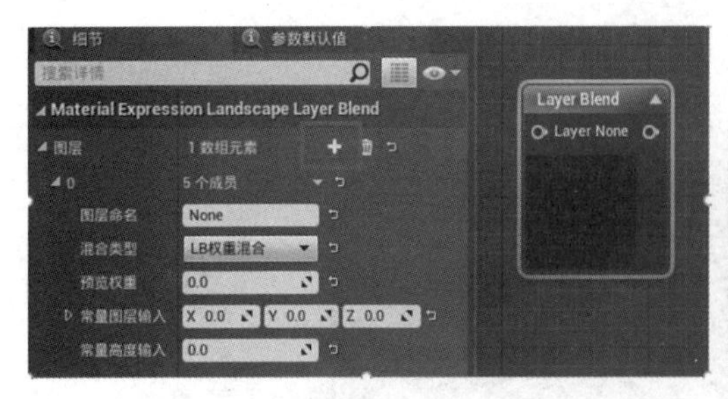

图 2-64　添加新的数组元素

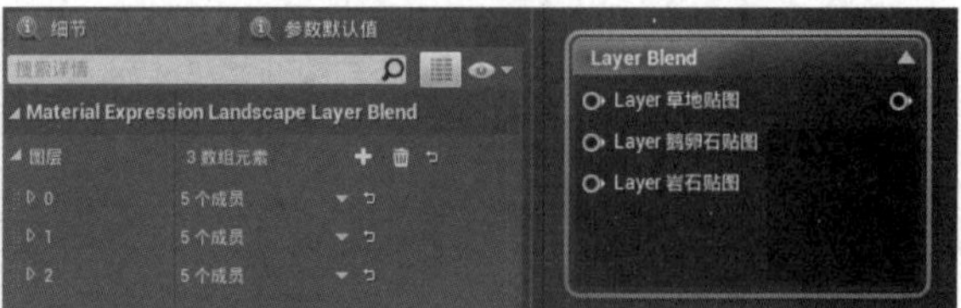

图 2-65　修改后的“Landscape Layer Blend”节点设置

分别将 6 张贴图节点的“RGB”输出端与相应的“Landscape Layer Blend”节点的输入端相连，再将“Landscape Layer Blend”节点的输出端连接到主材质节点的“基础颜色”和“Normal”（法线）端口，如图 2-66 所示。制作完毕后对材质进行保存。特别注意：基础颜色贴图的顺序和法线贴图的顺序及连接节点不能混乱。

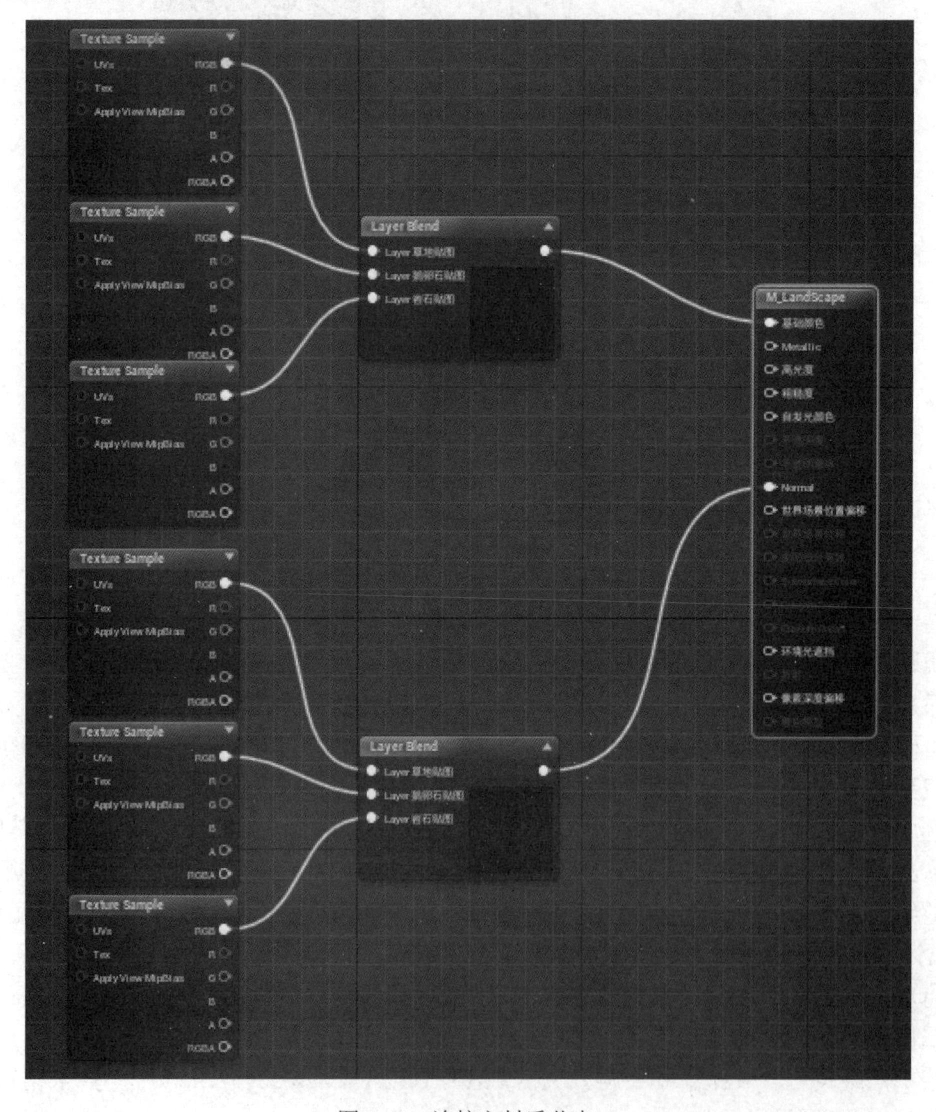

图 2-66　连接主材质节点

2. 应用混合地形材质

打开创建好的地形关卡，将上一步制作好的地形材质生成一个材质实例赋予地形 Actor。因为此时并没有对每层进行权重分配，所以赋予材质后的地形在视口面板中显示为黑色。

单击模式面板地形模式下的“绘制”工具，滑动右侧下拉条，可以看到“Layers”选项中出现了 3 个名为“草地贴图”“鹅卵石贴图”“岩石贴图”的图层，如图 2-67 所示。

单击每个图层右侧的“+”按钮，为该图层添加“权重混合层（法线）”，如图 2-68 所示。添加权重混合层后，会弹出“创建新地形层信息对象”对话框，系统会自动在内容浏览器的“内容”目录下生成一个用于保存地形层信息的文件夹，如图 2-69 所示，单击“确定”按钮。

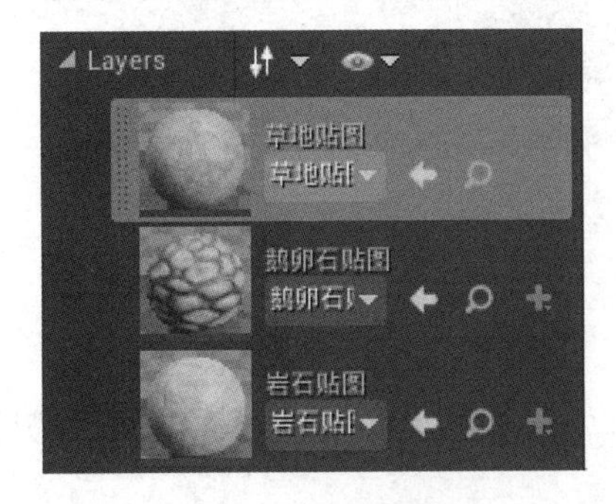

图 2-67　地形材质图层

图 2-68　为图层添加权重混合层

图 2-69　“创建新地形层信息对象”对话框

创建权重混合层后，地形 Actor 整体被默认赋予第一个图层的材质，即被赋予草地材质。单击选中“鹅卵石贴图”图层，调整画刷的尺寸和强度，在草地上可以刷出一条用鹅卵石铺成的小路；选中“岩石贴图”图层，调整画刷的尺寸和强度，将山峰刷成岩石材质。效果如图 2-70 所示。

图 2-70　多材质地形效果

2.6.2　制作潮湿材质效果

此小节内容讲述如何模仿雨后物体表面潮湿的效果。当物体表面吸水后，会使物体表面颜色变深，即潮湿物体的“基础颜色”饱和度会变深。潮湿物体还有一个特点，当水聚集在材质的表面时，材质的表面会变得更为细腻，即粗糙度会降低，并且高光度会有所降低。所以，模拟潮湿效果可以通过调整材质的“基础颜色”“粗糙度”“高光度”输入值来实现。

1. 修改原材质

在内容浏览器中选择一个已有的材质，以“M_Brick_Clay_Old”为例。将此材质复制出一个新的材质用于制作潮湿效果。双击打开新材质，如图 2-71 所示。该材质的主材质节点有“基础颜色”“粗糙度”“Normal”3 个输入数据。下面将对“基础颜色”和“粗糙度”进行调整，“Normal”输入端保持不变。

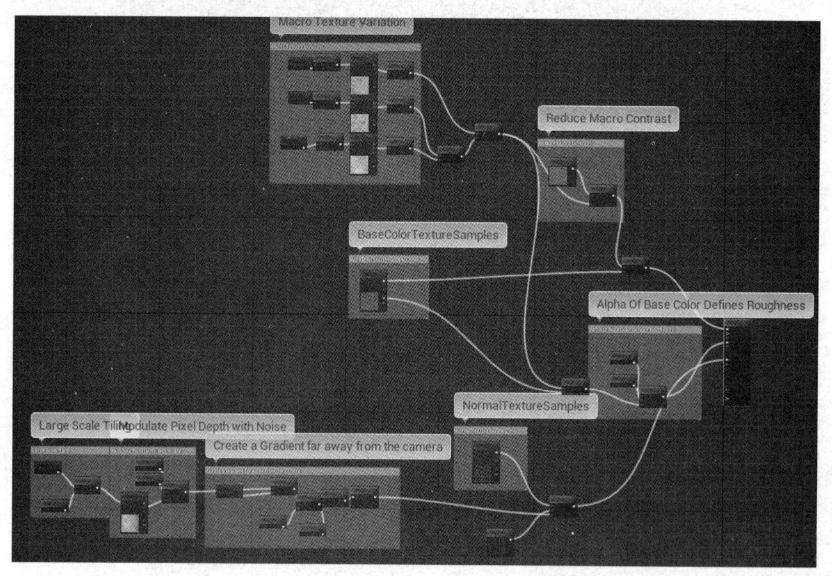

图 2-71　M_Brick_Clay_Old 原材质节点及连接方式

断开主材质节点的“基础颜色”输入端，在“Multiply”节点后连接“Desaturation”（去饱和度）节点，将“基础颜色”变为灰度。在“Desaturation”的另一个输入端给一个负值，再次将灰度值变为饱和度值，之后连接“Saturate”节点，将饱和度输出值钳位在0到1之间，之后与一个数值做乘法让颜色变暗，以实现增加基础颜色饱和度的效果。修改后的“基础颜色”连接如图2-72所示。两个常量节点的值可以根据不同材质的“基础颜色”数值进行调整，以达到最优效果。

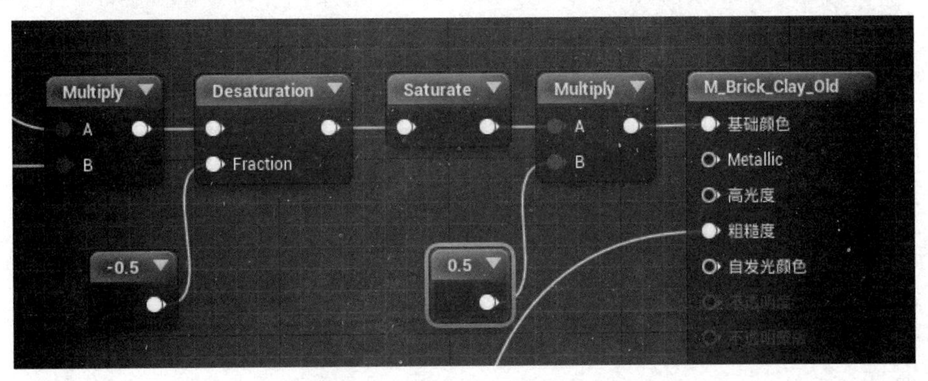

图2-72 修改后的“基础颜色”连接

图2-73和图2-74是基础颜色增加饱和度前后的效果对比，由图可见，增加饱和度后的材质看起来更加湿润。

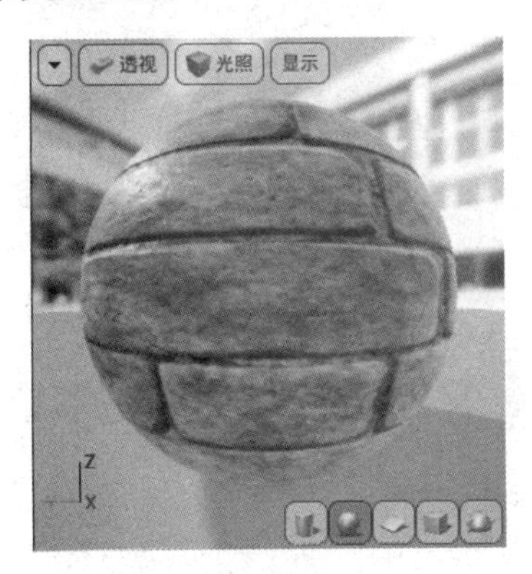

图2-73 增加饱和度前效果图

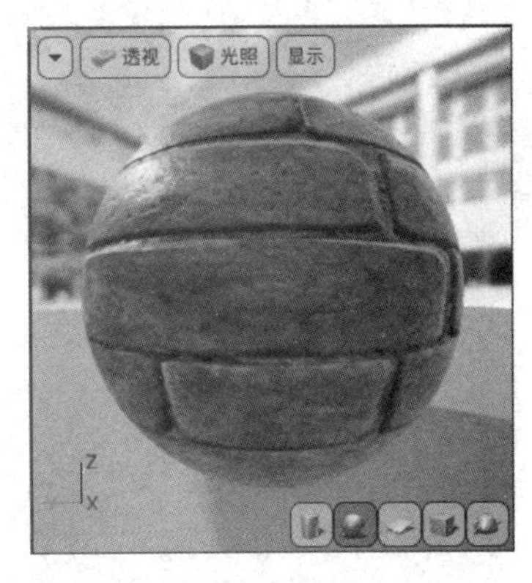

图2-74 增加饱和度后效果图

湿润的材质表面粗糙度会降低，会显得更加细腻。在调整完基础颜色的饱和度后，对材质的粗糙度进行修改。当物体表面聚集水后的粗糙度约为“0.07”，可以直接将主材质节点的“粗糙度”输入设置为一个值为“0.07”的常量，如图2-75所示。修改粗糙度后的材质效果如图2-76所示，材质变得更加湿润。

最后，调整材质的高光度。一般来说，大部分材质具有“0.5”的高光度值，但水的高光度值会稍微小一点，约为“0.3”。“M_Brick_Clay_Old”原材质中无高光度值，可以直接给主材质节点的“高光度”输入端连接一个值为“0.3”的常量，如图2-77所示。修改后的效果图如图2-78所示。

实际应用中，类似这种在已有材质资源的基础上增加效果时，一般不会直接将原材质的各个输入值直接进行替代，可以在原输入值与修改后的输入值之间做插值，通过使用一个潮湿常量值，来控制插值的取值，即控制潮湿的程度。本案例中，用一个常量（图中为“0.9”的常量）分别去插值默认的基础颜色与潮湿颜色、默认的粗糙度与潮湿的粗糙度、默认的高光度与潮湿的高光度，如图2-79所示。插值的Alpha值即为控制潮湿度的常量。

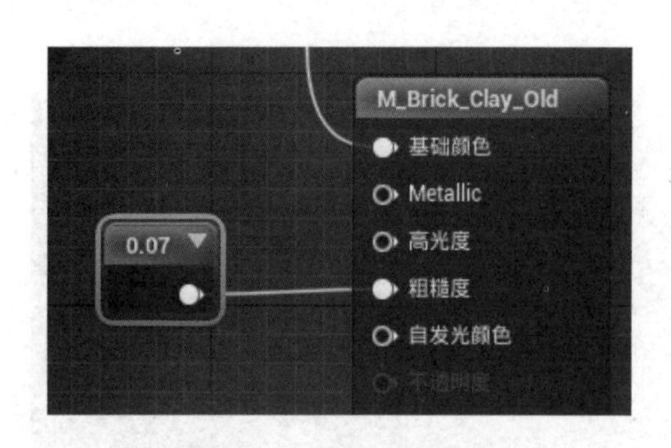

图2-75　粗糙度修改方法

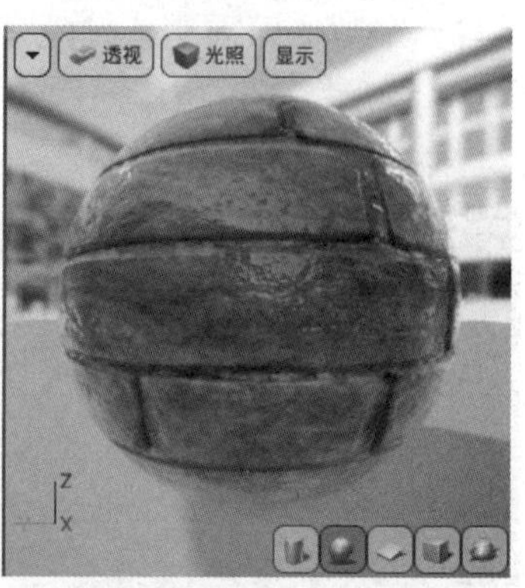

图2-76　修改粗糙度后的效果图

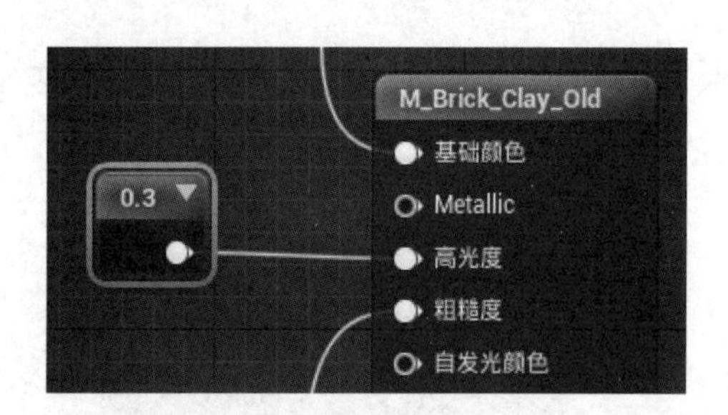

图2-77　高光度修改方法

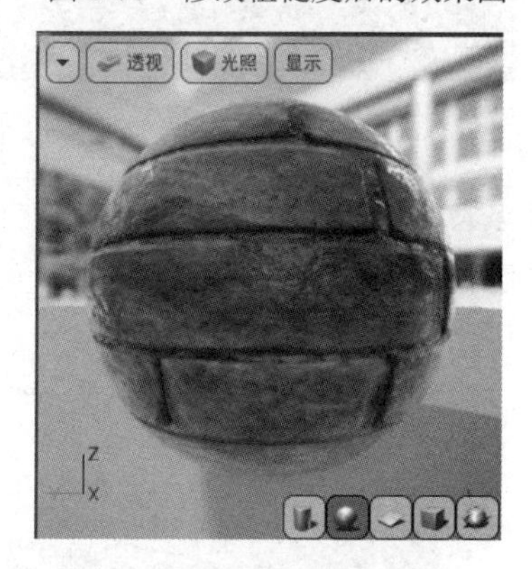

图2-78　修改高光度后的效果图

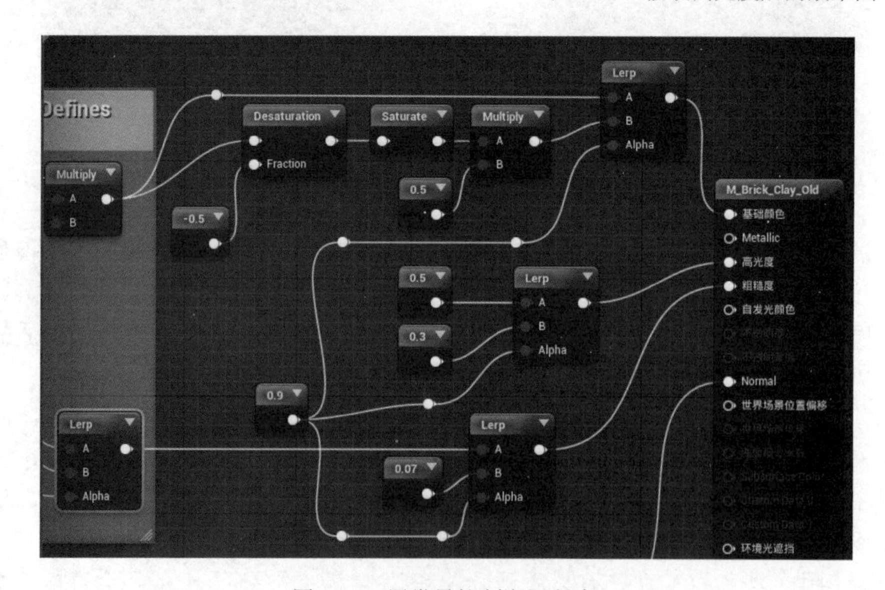

图2-79　用常量控制潮湿程度

图2-80和图2-81分别是潮湿度为“0.1”和潮湿度为“0.9”的效果。

图2-80　潮湿度为“0.1”的效果图

图2-81　潮湿度为“0.9”的效果图

注意：材质编辑中使用的“Lerp”（插值）节点全称为“Linear Interpolate”，其运算结果是，在Alpha值的控制下，输出为A到B之间的值，当Alpha=0时，输出=A；当Alpha=1时，输出=B。

2．应用材质函数

上面对“M_Brick_Clay_Old”这个材质进行了潮湿效果的添加，如果场景中包含很多材质，那么所有的材质在雨后都会产生潮湿的效果，需要对每种材质都进行上面的处理。如果逐一添加以上潮湿效果，工作比较烦琐，可以将生成潮湿效果的材质部分创建成材质函数，一个材质函数就是一个独立的节点，可以重复多次调用，提高工作效率。

在内容浏览器相应的存储位置右击，在弹出的右键关联菜单中选择“材质和纹理”→“材质函数”命令，如图2-82所示，即可创建一个材质函数资源。

图2-82　创建材质函数资源

重命名后双击，打开材质函数界面，对函数进行编辑，添加相应的输入端口和输出端口。因为需要对原材质的基础颜色、高光度和粗糙度进行调整，这3个属性应作为材质函数的3个输入端口，另外还需添加一个控制潮湿程度的常量输入端口。材质函数的输出端口应为调整后的基础颜色、高光度和粗糙度，共3个输出端口。

值得注意的是：输入端口节点全称为“Function Input”，输出端口节点全称为“Function Output”。输入端口的命名及类型可以通过细节面板进行修改，如图2-83所示。输出端口可以重命名，无端口类型选项。

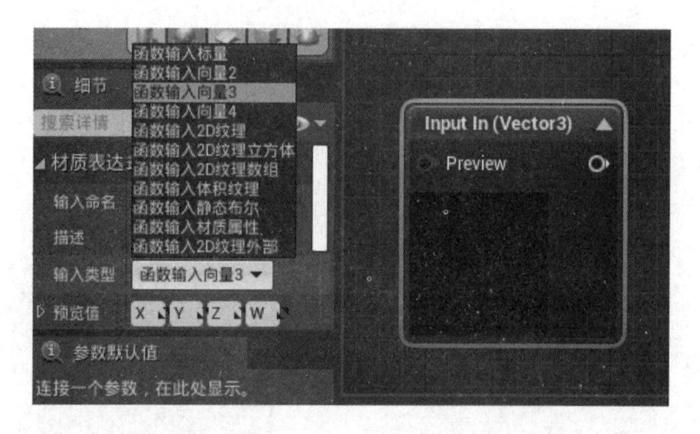

图 2-83　材质函数输入端口类型修改方法

基础颜色输入端使用 3 向量类型，高光度、粗糙度和潮湿程度 3 个输入使用标量类型。本案例的材质函数使用的输入端口、输出端口数量及类型如图 2-84 所示。端口的排列顺序可以在细节面板中通过设置“排序优先级”选项设定，优先顺序为 0、1、2、3……。

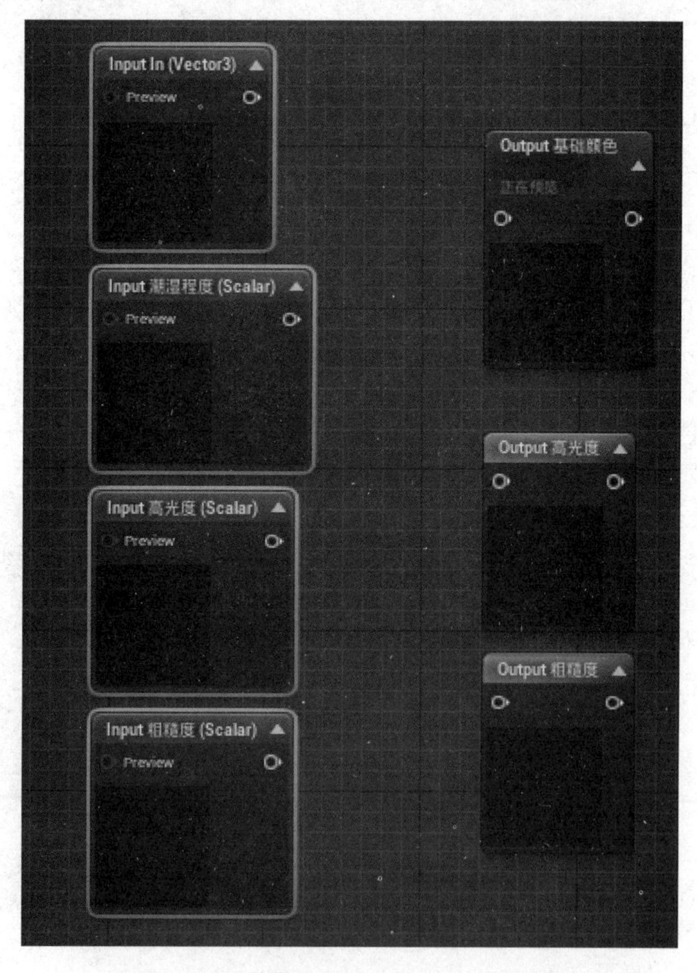

图 2-84　本案例输入端口、输出端口数量及类型

将前面对“M_Brick_Clay_Old”材质添加潮湿效果时用到的节点及连线框选并复制到材质函数图表中，正确连接材质函数的输入端口和输出端口，如图 2-85 所示。

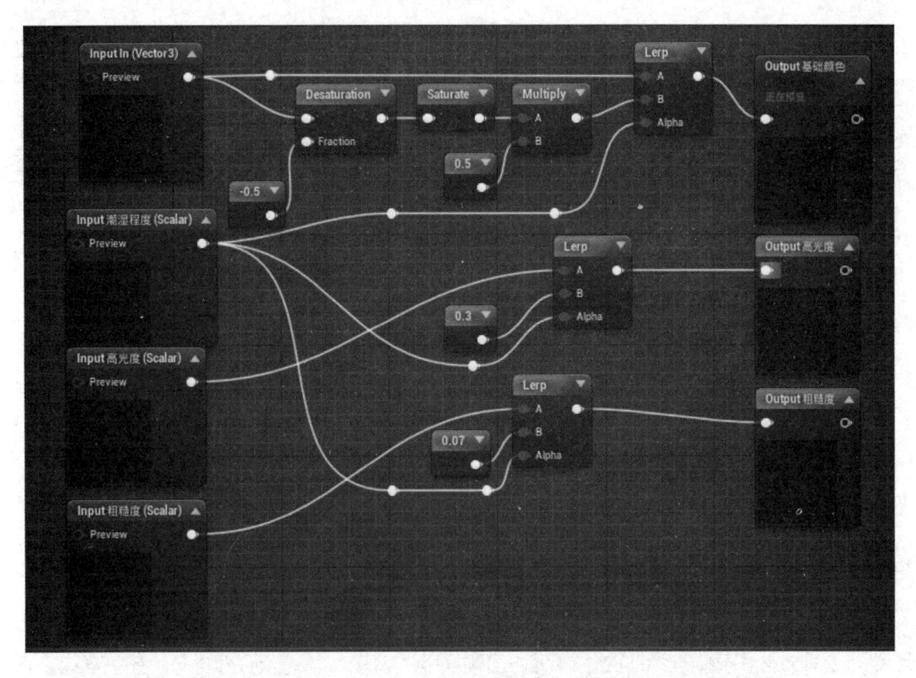

图 2-85　材质函数内部节点的连接

保存后，用于添加潮湿效果的材质函数就创建完毕。下面就可以在其他材质中调用这个材质函数，正确连接后即可实现让材质变得潮湿。

调用材质函数的方法：打开一个准备添加潮湿效果的材质，如 M_CobbleStone_Pebble，将内容浏览器中创建好的材质函数拖曳到打开的材质编辑器中，将原材质的“基础颜色”“高光度”“粗糙度”输入数据对应连接到材质函数相应的输入端。在材质函数的“潮湿程度”输入端给一个“0.9”的常量。将材质函数的各个输出端对应连接到主材质节点的“基础颜色”“高光度”“粗糙度”端口，如图 2-86 所示。

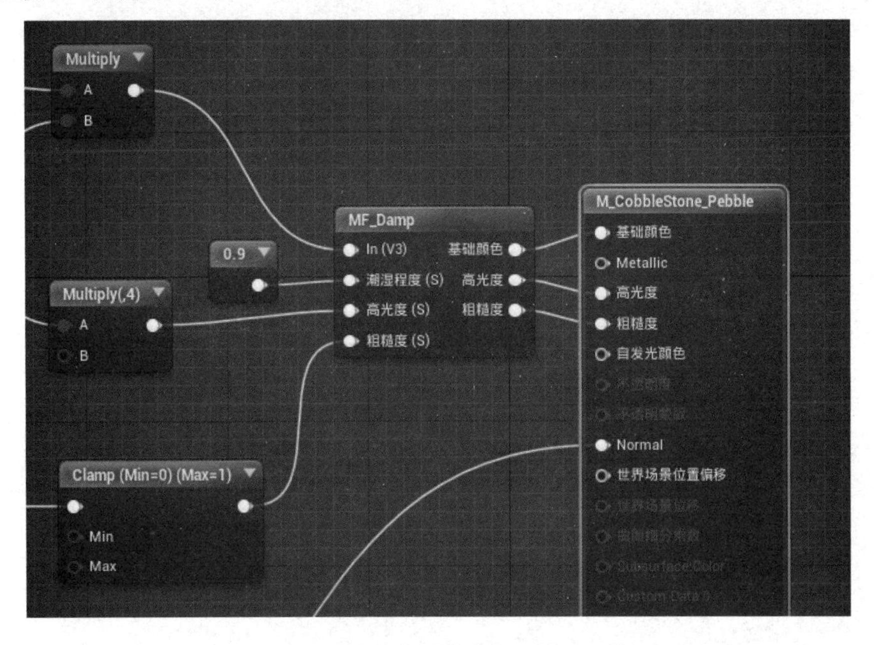

图 2-86　在其他材质中调用材质函数

图 2-87 为添加潮湿材质函数之前的效果图，图 2-88 为添加潮湿材质函数之后的效果图。

图 2-87　未添加潮湿材质函数的效果

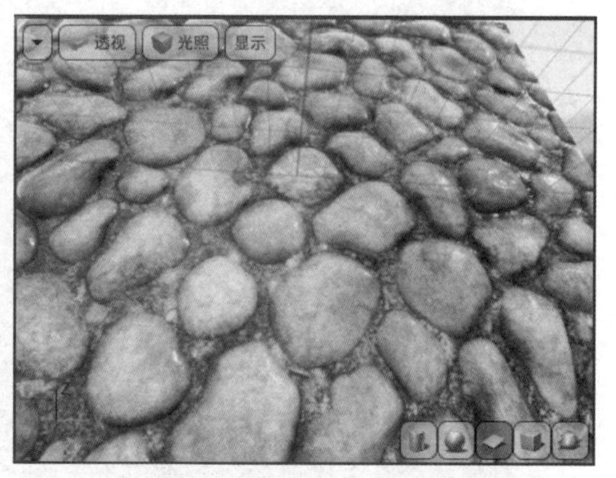

图 2-88　添加潮湿材质函数的效果

小结

材质函数是材质贴图的一些小片段，可以在多个材质之间复用。可以视需要对材质函数添加任意数目的输入和输出。函数的核心是其在这些输入与输出之间执行的操作。材质函数允许将复杂的材质贴图网络保存下来，并快速复用于其他材质，同时又允许将比较复杂的网络抽象成单个节点，从而方便美工创建材质。

项目3 蓝　图

虚幻引擎4提供了两种开发模式：一种是蓝图开发，另一种是C++语言开发模式。蓝图可视化脚本系统是一个贯穿编辑器，功能强大且灵活，为不熟悉程序开发的美工和设计师提供了制作整个游戏、创意原型和修改游戏性元素的能力。

虚幻引擎4蓝图的理念是：在虚幻编辑器中，使用基于节点的界面创建游戏可玩性元素。和其他一些常见的脚本语言一样，蓝图的用法也是通过定义在引擎中面向对象的类或对象实现的，这类对象通常会被直接称为“蓝图”（Blueprint）。

蓝图系统为设计人员提供了供程序员使用的所有概念及工具。在虚幻引擎4的C++实现上也为程序员提供了用于蓝图功能的语法标记，通过这些标记，程序员能够很方便地创建一个基础系统，并交给策划，以便策划进一步在蓝图中对其系统进行扩展。

学习目标

（1）了解蓝图编程基本术语；

（2）掌握蓝图脚本基本操作方法；

（3）掌握组件、变量、事件、函数的基本操作方法；

（4）掌握常用流程控制节点的使用方法；

（5）学会实现碰撞、触发交互功能；

（6）学会使用时间轴制作简单动画控制；

（7）掌握关卡流的作用及其加载、卸载的方法。

微课：认识蓝图

3.1 认识蓝图

任务描述

在了解蓝图编辑器的基本术语和基本操作后，通过学习变量及虚幻引擎系统的流程控制节点，实现简单的流程控制操作。

新建项目时，虚幻引擎 4 提供两种工程类别：一种是蓝图工程，另一种是 C++工程。设计人员可以在蓝图类中添加 C++脚本，也可以在 C++工程中添加蓝图类。本案例选择蓝图工程下的“ThirdPerson”模板（第三人称角色模板），设置项目的存储路径及名称后单击“创建项目”按钮，如图 3-1 所示。

3.1.1 蓝图类型

蓝图可视化脚本系统是虚幻引擎 4 编辑器中的一个关键组件，甚至在基于 C++的项目中也是一个关键组件。

蓝图分为关卡蓝图和蓝图类，关卡蓝图是最常见的蓝图类型，蓝图类中包含了其他各种类别的蓝图，可以通过在内容浏览器中使用右键关联菜单创建。蓝图类型及其描述如表 3-1 所示。蓝图接口是在蓝图之间进行通信的手段，蓝图宏主要提供了一些功能上的支持。

图 3-1　创建虚幻引擎 4 蓝图工程

表 3-1　蓝图类型及其描述

蓝 图 类 型	解　　释
关卡蓝图	用于为一个关卡管理全局事件。每个关卡只有一个关卡蓝图，当关卡被保存时它被自动保存
蓝图类	被用于为放置在关卡中的物体提供编码功能。蓝图类是从一个已有的使用 C++语言编写的类或另一个蓝图类派生的
仅数据蓝图	这种类型的蓝图仅存储一个继承的蓝图修改属性
蓝图接口（BPI）	蓝图接口（Blue Print Interface）被用于存储由一个用户定义的但可以被分配给其他蓝图的函数集合。通过 BPI，蓝图之间可以相互共享和传递数据
蓝图宏	可以在其他蓝图中被重复使用的常见节点序列的自包含代码图表，蓝图宏可以被存储在蓝图宏库中

如表 3-2 所示列出了使用蓝图时的基本术语。

表 3-2　蓝图相关基本术语

术 语 名 称	定 义 解 释
蓝图	指一个存储在内容浏览器中的蓝图类资源
蓝图 Actor	放置在关卡中的一个蓝图类资源的副本
对象	变量和函数的集合，如一个数据结构或存储在内存中的函数
类	用于创建对象的模板
语法	在编程和脚本环境中，语言编译器为了能够将代码编译为机器语言所使用的拼写规则

3.1.2　可视化脚本

要使用 C++进行开发需要一套集成开发环境，虚幻引擎 4 使用了微软的 Visual Studio（简称 VS），可以用于编写从类和游戏性元素到修改核心引擎组件的任何事件。

蓝图利用可视化脚本环境，不使用传统的基于文本的环境，而是为用户提供了更加直观、方便的节点和连接线的方式。

如图 3-2 所示是第三人称项目中的一个蓝图类，其打开方式：单击工具栏中的“蓝图”按钮，选择下拉菜单中的“打开蓝图类”→“ThirdPersonCharacter”蓝图类。

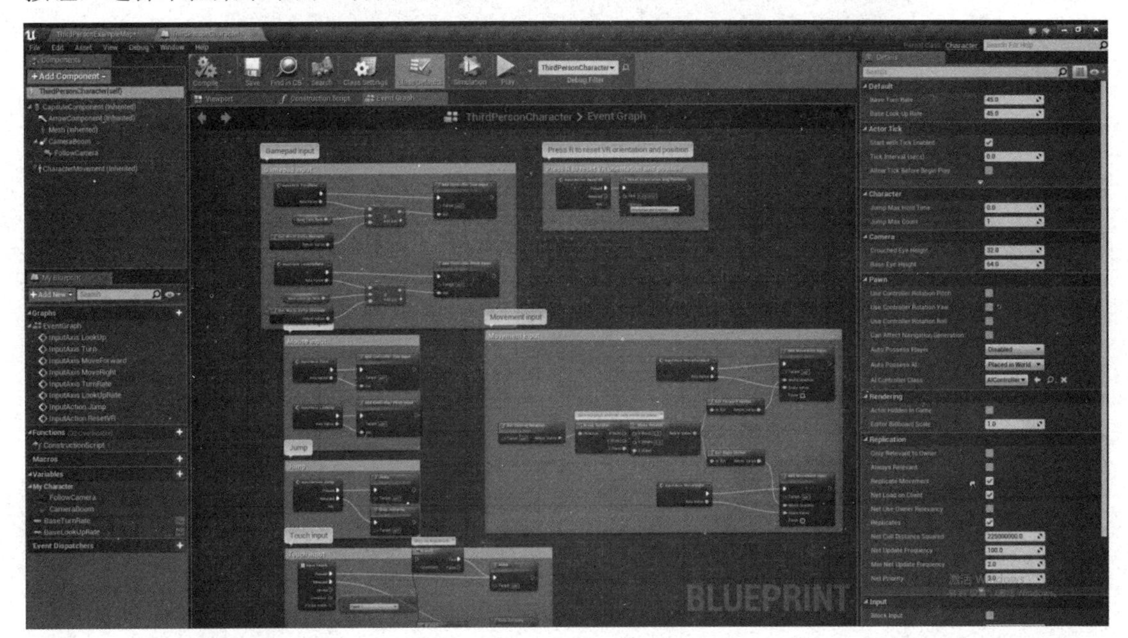

图 3-2　第三人称蓝图类

在打开的蓝图类的事件图表中，可以看到每种事件都是由节点和连接线构成的。

- 节点是函数（执行指定操作的代码片段）、变量（用于存储数据）、运算符（执行数学运算）、逻辑条件（检查和比较变量）的可视化表示。
- 连接线的作用是在节点之间建立关系，创建和设置蓝图流程。这一点很像游戏“连连看”的操作，非常有利于学习和制作。

蓝图编辑器就是制作和编译节点和连接线序列的界面。对于编程新手，在蓝图这样的可视化脚本环境下工作是学习基础编程概念的很好的方法，而且不用担心语法。可视化脚本让美工和设计师可以编写游戏性功能，让程序员可以专心攻克更复杂的任务。

需要注意的是：尽管蓝图是一个可视化环境，蓝图脚本仍然需要被编译。制作好的事件图表会生成一段脚本代码，这段脚本代码通过虚拟机进行翻译，计算机就可以读懂蓝图了。

将蓝图转换为脚本的操作方法如下。

（1）在“ThirdPersonCharacter”蓝图类的事件图表中，用鼠标左键框选“Gamepad input”事件中的所有节点，按“Ctrl + C”组合键复制，如图 3-3 所示。

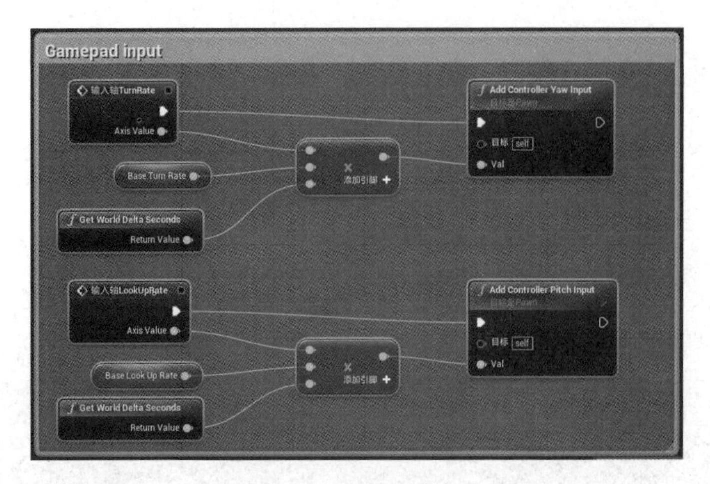

图 3-3　框选节点

（2）打开一个文本文档，按“Ctrl +V”组合键粘贴，效果如图 3-4 所示。

图 3-4　将蓝图转换为脚本

反之，也可以将文本的脚本代码复制到蓝图中，虚幻引擎 4 的蓝图会将代码转换为节点的形式。

3.1.3　关卡蓝图与蓝图类

1．关卡蓝图编辑器

在关卡编辑器的工具栏上单击“蓝图”按钮，选择下拉菜单中“打开关卡蓝图”命令，如图 3-5 所示。

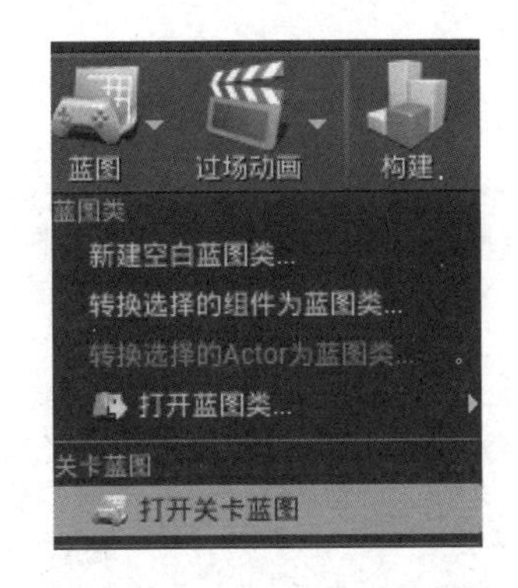

图3-5　“打开关卡蓝图”命令

打开的关卡蓝图编辑器界面如图3-6所示。

图3-6　关卡蓝图编辑器界面

关卡蓝图编辑器界面包含菜单栏、工具栏、事件图表、细节面板和总览面板(我的蓝图)。

(1)关卡蓝图编辑器常用工具按钮及其功能如表3-3所示。

表3-3　关卡蓝图编辑器常用工具按钮及其功能

按钮名称	功　能
编译	编译蓝图
Save	保存蓝图
Search	打开一个查找结果面板，其中有一个搜索框用于在蓝图中定位节点
类设置	在细节面板中显示蓝图的选项（指定继承的父类及添加接口）
类默认值	在细节面板中显示蓝图的属性
播放	预览关卡

(2)事件图表用于编写蓝图脚本，可以为一个或多个。

（3）总览面板即“我的蓝图”面板，用于管理和追踪蓝图的节点，包括图表、函数、宏和局部变量，如图 3-7 所示。

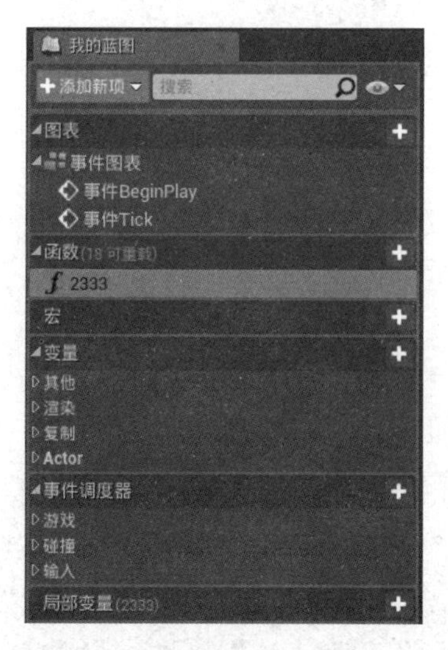

图 3-7　“我的蓝图”面板

当单击“编译”按钮编译脚本后，在事件图表底部的编译结果窗口中可以看到代码错误。需要注意，虽然在可视化脚本环境中工作不用担心语法问题，但仍然需要知晓如何控制逻辑和操作顺序。

2．蓝图类编辑器

蓝图类的编辑器界面与关卡蓝图相比，多了几个面板，包括组件、事件、函数、宏、变量、事件分配器和蓝图接口等内容，如图 3-8 所示。

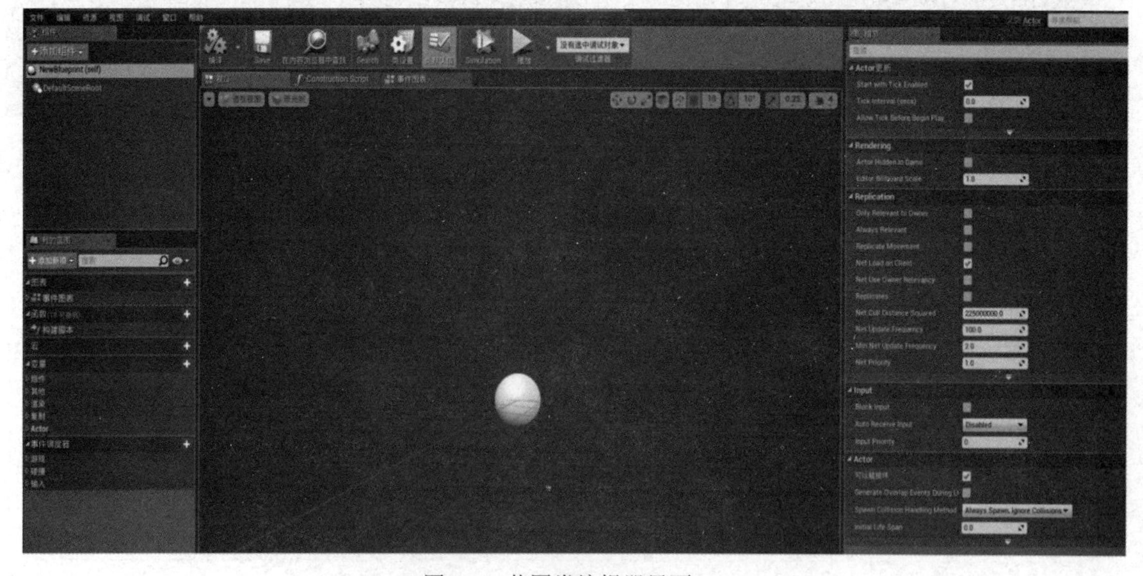

图 3-8　蓝图类编辑器界面

蓝图类编辑器中的特殊功能面板及其作用如表 3-4 所示。

表 3-4　蓝图类编辑器特殊功能面板及其功能

功 能 面 板	功　　能
组件面板	罗列并管理蓝图中的所有组件
视口面板	显示蓝图中的组件，用于设置 Actor 中组件之间的空间位置关系
Construction Script（构造脚本）面板	是一个独特的函数，当蓝图类作为一个实例（一个 Actor）被拖放到关卡中时，这个函数就会运行。当执行函数时，独立于原始蓝图修改每个实例
Simulation（模拟）工具按钮	执行此蓝图并在蓝图类编辑器的视口面板中模拟显示执行结果

3.1.4　蓝图编辑器的常用操作

微课：蓝图编辑器

1．新建第一人称项目模板

在打开的第一人称关卡编辑器中，单击工具栏中的“蓝图”按钮，在“打开蓝图类”菜单下选择“FirstPersonCharacter”蓝图类，打开第一人称角色控制蓝图，在视口面板中可以看到所有构成组件，包括摄像机、手臂、枪，以及碰撞胶囊体，如图 3-9 所示。

图 3-9　第一人称角色控制蓝图视口面板

2．事件图表中的常用操作

事件图表用于编写蓝图代码，是主要工作区域，如图 3-10 所示。用户可以根据需要给一个已有的蓝图事件图表添加更多代码图。

在蓝图编辑过程中，会用到一些快捷键以提高开发效率，如表 3-5 所示为常见快捷键及其功能。

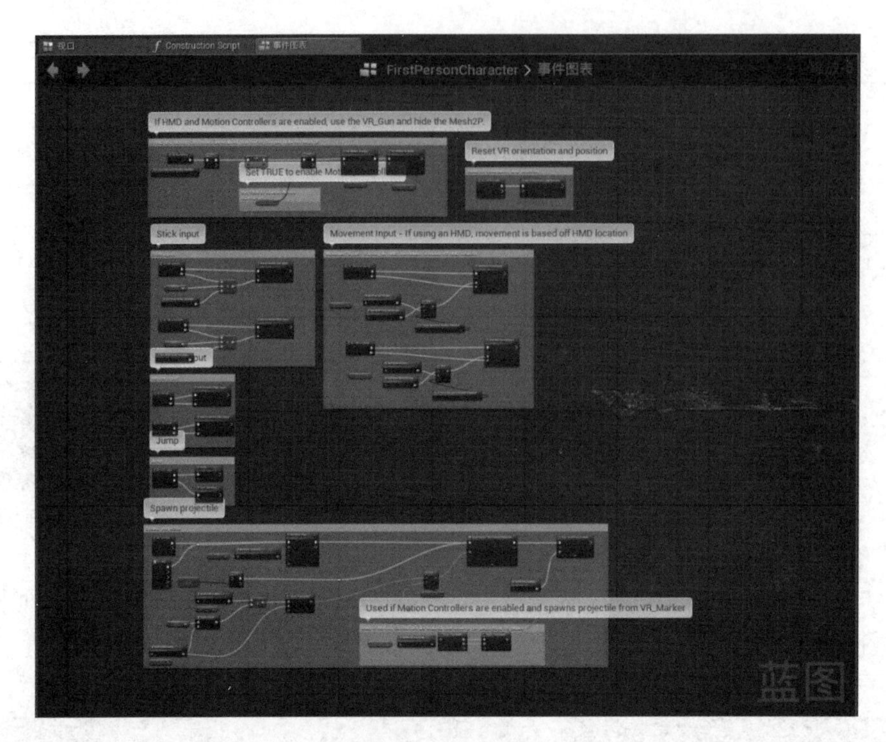

图 3-10　事件图表

表 3-5　常见快捷键及其功能

快　捷　键	命令或者操作
用鼠标右键单击空白区域	打开蓝图上下文菜单
用鼠标右键拖曳空白区域	移动事件图表到指定位置
用鼠标左键按住一个节点引脚并向外拖曳	从该引脚引出连接线
用鼠标左键单击一个节点	选择并高亮显示该节点
用鼠标左键拖曳一个节点	移动该节点
用鼠标左键框选	选择该区域所有节点
Ctrl+鼠标左键单击	多选节点
滚动鼠标滑轮	缩放事件图表
Home 键	居中显示事件图表或将选中节点最大化显示
Delete	删除所选节点
Ctrl+X	剪切所选节点
Ctrl+C	复制所选节点
Ctrl+V	粘贴所选节点
Ctrl+W	复制并粘贴所选节点

在事件图表空白区域右击可以弹出右键关联菜单，此菜单默认是勾选“情境关联”单选项的，这意味着菜单仅显示与当前选中节点和拖曳出的引脚有关系的操作。如图 3-11 所示为上下文函数列表。

节点是事件、函数和变量的可视化表示，不同颜色的着色表示不同的使用方式。红色节点代表事件节点，蓝色节点和绿色节点代表不同类型的函数节点。红色的事件节点发送信号，沿着连接线传递，经过的节点就会按顺序执行。当一个节点收到信号时，会通过左侧的数据引脚读取到需要的数据，然后执行操作，通过右侧的数据引脚返回数据结果。

节点引脚是根据需要的数据类型进行着色的。白色的线连接输入和输出引脚，彩色的线连接数据引脚。每种颜色的线表示它传递的数据类型。

按住“Alt”键的同时单击节点的引脚可以断开该引脚的连接线。

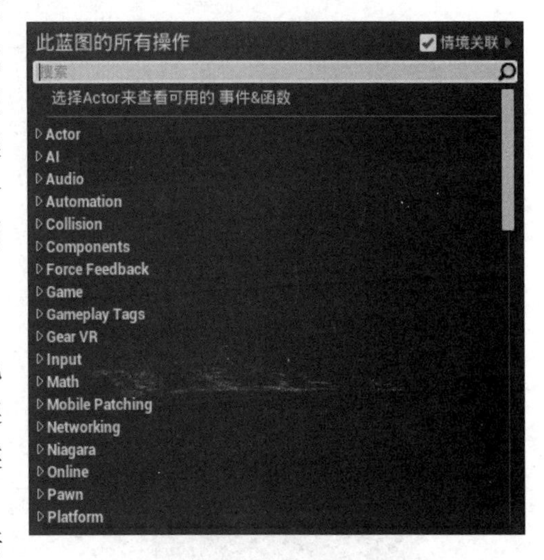

图3-11　上下文函数列表

3.2 使用变量

任务描述

微课：变量

熟悉不同的变量类型，对特殊类型的变量进行拆分，根据需求定义、获取和设置变量，将数据存储成不同类型的形式。

变量来源于数学，在计算机语言中，变量能够存储计算结果或能表示某些数值的抽象概念。变量可以通过变量名对其进行访问。由于变量能够把程序中准备使用的每一段数据都赋予一个简短、易于记忆的名字，因此变量在编程过程中十分有用。变量可以保存程序运行时用户输入的数据、特定运算的结果，以及要在窗体上显示的一段数据等。简而言之，变量是用于跟踪几乎所有类型信息的简单工具。

变量在使用前，必须要先进行声明，即创建该变量，事先告诉编译器在程序中使用了哪些变量，以及这些变量的数据类型及变量的长度。这是因为在编译程序执行代码之前，编译器需要知道如何给语句变量开辟存储区，这样可以优化程序的执行。声明变量包括创建新变量、命名、定义变量类型及赋予默认值等操作。

3.2.1　创建变量

在项目的关卡蓝图的事件图表中的“我的蓝图”面板中单击“变量”选项右侧的“+”按钮，会创建一个新的变量，将其命名为“Num”，如图3-12所示。

变量的名称应该清晰、明确且具有描述性。名称的作用域越大，取一个符合标准的具有描述性的名称的重要性便越强，特别要注意不要使用过度缩写的名称。通常情况下，变量的命名规则如下。

（1）变量名只能由字母（A～Z、a～z）和数字（0～9）或下画线（_）组成。

（2）变量名称必须由字母或下画线开头。

（3）变量名区分大小写。

（4）变量名的长度不得超过255个字符。

当一个变量被声明（创建）时，计算机会根据数据类型留出一定量的内存，用于存储或接收信息。不同的变量类型，使用不同的内存量。创建变量的时候，用户需要根据变量的用途，设定变量的类型。

操作技巧

在细节面板中，单击“变量类型”搜索框，在弹出的选项中选择变量类型，例如“整型”，如图3-13所示。某些变量类型需要展开来查看所属的子菜单项，比如对象类型或结构体。

图3-12　创建变量

图3-13　变量类型

不同类型的变量，存储不同类型的数据，使用不同的颜色标注，常用的几种变量类型的应用如表3-6所示。

表3-6　不同类型的变量类型应用

变量类型	标注颜色	示　例	应　用
布尔型（Boolean）	红色	Boolean Variable / Condition	代表布尔型（True/False）数据
整型（Integer）	蓝绿色	Integer Variable / 0	代表整型数据或者没有小数位的数值，比如0、15或 -226
浮点型（Float）	绿色	Float Variable / 0.0	代表浮点型数据或具有小数位的数值，比如0.05、101.2887或 -78.3
字符串（String）	洋红色	String Variable / In Strin / Print to / Print to	代表字符串型数据或者一组字母数字字符，比如Hello World
文本（Text）	粉色	Text Variable	代表显示的文本数据，尤其是在文本需要进行本地化的场合

续表

变量类型	标注颜色	示　例	应　用
向量（Vector）	金黄色		代表向量型数据、坐标轴构成的数值或 3 个浮点型数值元素，如 *X*、*Y*、*Z* 坐标轴或 RGB 信息
旋转量（Rotator）	紫色		代表旋转量数据，这是一组在三维空间中定义了旋转度的数值
变换（Transform）	橙色		代表变换数据，包括平移、旋转及缩放
对象（Object）	蓝色		代表对象，包括 Lights 、Actors、StaticMeshes、Cameras 及 SoundCues

提示：在虚幻引擎中，变量需要执行一次编译过程才能设置其默认值，编译后，系统将“Num”变量默认值设置为 1。

3.2.2　变量的使用

变量常用的两种操作方式是获取和设置，通过“Get”和“Set”节点来完成。获取操作是要获得存储在这个变量中的值，设置操作是将一个值存储到该变量中。在项目中，经常需要对各种变量进行获取与设置的操作。

获取“Num”变量：用鼠标左键拖曳“Num”变量到图表空白处，会出现变量的获得和设置菜单，如图 3-14 所示。选择“获得”命令，添加一个变量获取节点。再执行一次拖曳变量，则添加了一个设置变量节点。变量在图表中显示为圆角方框，方框内包含了变量的名称。

通过右键关联菜单添加一个变量自增 1 节点（++）和一个打印字符“Print String”节点，按如图 3-15 所示连线，即可完成变量值自增 1 并打印输出到屏幕上的操作。开始播放关卡时屏幕左上角会显示数字“2”。

图 3-14　变量获得和设置菜单

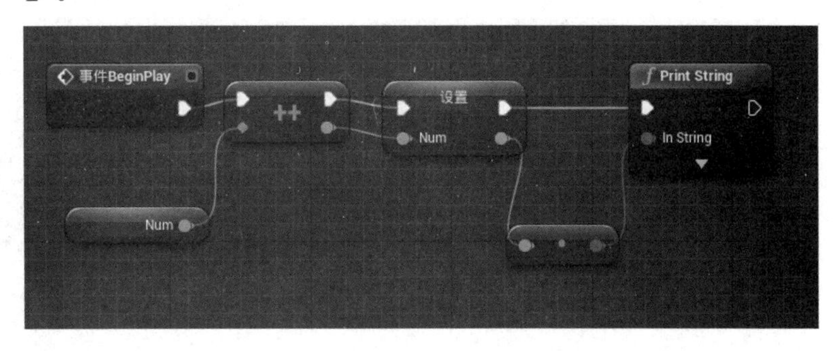

图 3-15　变量值自增 1 与打印输出

3.2.3　特殊类型变量的拆分

在虚幻引擎 4 中，有些类型的变量是可以拆开展示的。例如，创建一个变量并命名为“Position”，指定为“Transform”类型。

Transform 类型属于结构体分类，在里面封装了多重属性。从获得 Position 节点引脚引出连线的关联菜单中选择“Break Transform”选项，如图 3-16 所示。可以看到 Transform 类型中封装了 Location、Rotation 和 Scale 属性，如图 3-17 所示。

图 3-16　拆分 Transform 节点

图 3-17　Transform 结构类型中封装的 3 个属性

3.3　实现流程控制

微课：分支系列节点

微课：循环系列节点

微课：其他系列节点

任务描述

使用 Branch、FlipFlop、Do Once、Do N、DoOnce-MultiInput、ForLoop、Gate、MultiGate、Sequence 与 Delay 等流程控制的节点，制作按照常用逻辑顺序执行的事件，并在屏幕上打印出不同显示内容。

流程控制是计算机运算领域的用语，是指在程序运行时，约束个别指令的运行顺序。通常有顺序、选择、循环等几种流程控制类型。在虚幻引擎中，这些流程控制通过相应功能的节点来实现。

3.3.1　Branch节点

Branch 为分支结构节点，在程序语言中相当于 if...else...语句（快捷键是“B”+单击）。Branch 分支结构示例使用节点及连接如图 3-18 所示。

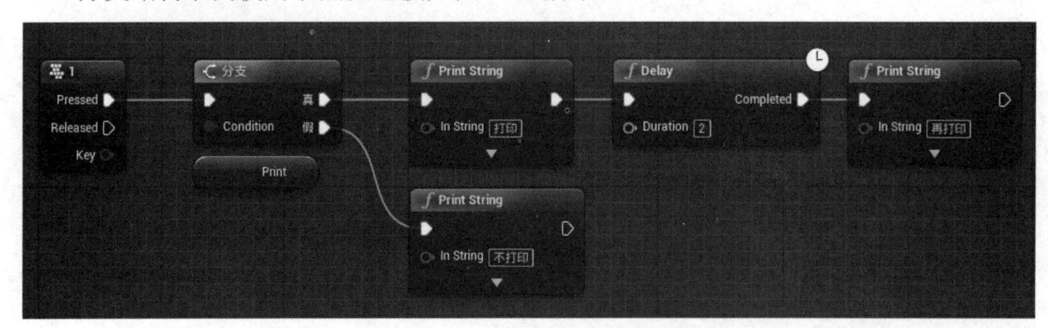

图 3-18　Branch 分支结构示例

红色的“1”节点为键盘上“1”数字按键触发的输入事件。变量“Print”是布尔类型的变量条件，如果为真，则输出“打印”；如果为假，则输出“不打印”。即输出“打印”或者“不打印”是根据“Print”变量的真假值来决定的。通过 Delay 节点，程序会持续等待设定的 2 秒钟，2 秒钟后，程序继续执行输出“再打印”。

3.3.2　FlipFlop节点

FlipFlop 节点用来实现在两个事件之间进行切换的操作。该节点有 A 和 B 两个输出引脚，每一个输出引脚连接一个事件。FlipFlop 分支结构示例使用节点及连线如图 3-19 所示。

红色“2”节点为键盘上“2”数字按键的输入事件。当连续按“2”数字按键时，程序在经过 FlipFlop 节点时会交替执行 A 与 B 引脚命令，即交替打印“打印 A”和“打印 B”。输出结果如图 3-20 所示。

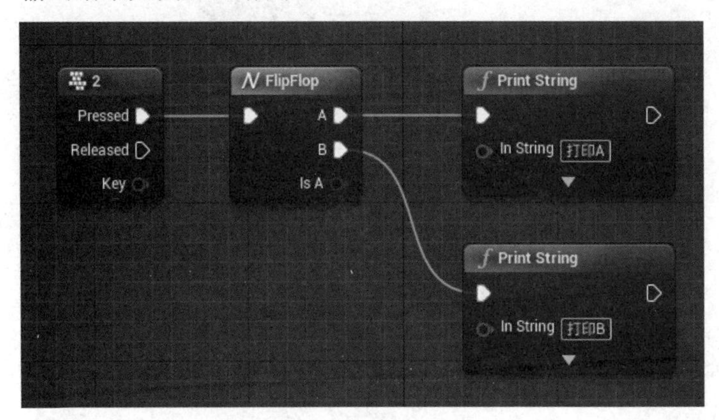

图 3-19　FlipFlop 分支结构示例

图 3-20　FlipFlop 分支结构示例输出结果

3.3.3　Do Once节点

Do Once 节点只会执行一次任务操作。按如图 3-21 所示连接，红色“3”节点为键盘上“3”数字按键的输入事件。第一次按下“3”数字按键，屏幕输出“只执行了一次，按 R 键重置”。再次按下“3”数字按键，将不执行打印操作。如果想重新执行打印操作，可以通过键盘输入事件（如 R 键）进行重置，“Reset”为重置端，重置后可以再一次执行 Do Once 节点。

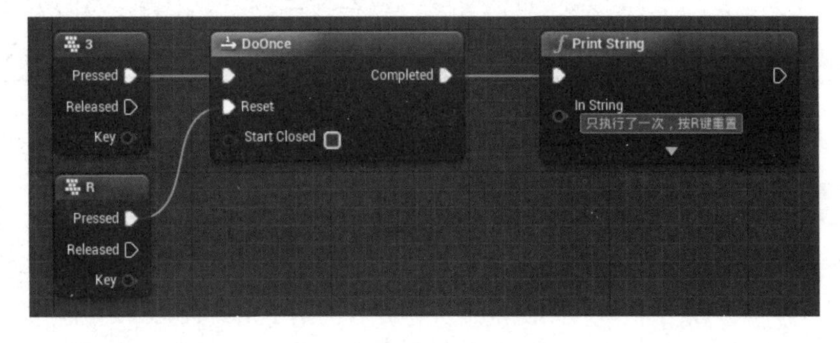

图 3-21　Do Once 节点示例

3.3.4 Do N节点

Do N 节点可以执行 N 次任务操作。如图 3-22 所示，红色节点“4”为键盘上“4”数字按键的输入事件。相对于 Do Once 只能执行一次，Do N 则可以执行指定次数。数据节点“Counter”是个计数器，记录已经执行了多少次任务操作。图 3-22 中任务是指定输出 10 次，并将计数器中的数值 1～10 依次打印到屏幕。

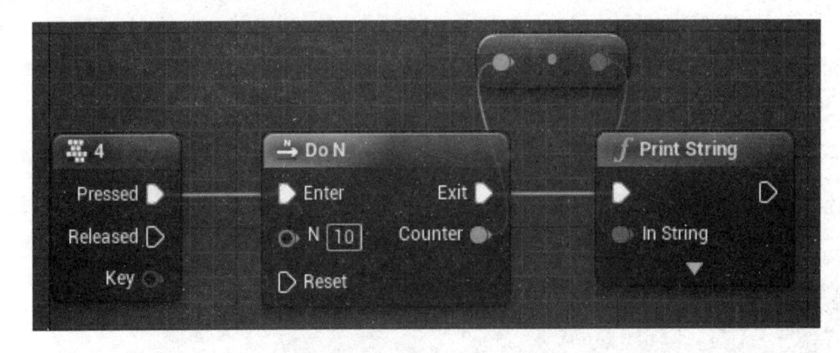

图 3-22　Do N 节点示例

3.3.5 DoOnce_MultiInput节点

DoOnce_MultiInput 节点可以允许使用多个输入控制事件，每个输入控制事件对应一个输出事件操作。“MultiInput”表示允许有多个输入，可以通过 DoOnce_MultiInput 节点上的“添加引脚”命令添加更多输入执行引脚。如图 3-23 所示，按下“5”数字按键，输出“A 的输出”，此时按下“6”数字按键，将不会执行“B 的输出”的任务。需要按一次“R”键重置，才能继续执行按键“6”连接的操作。

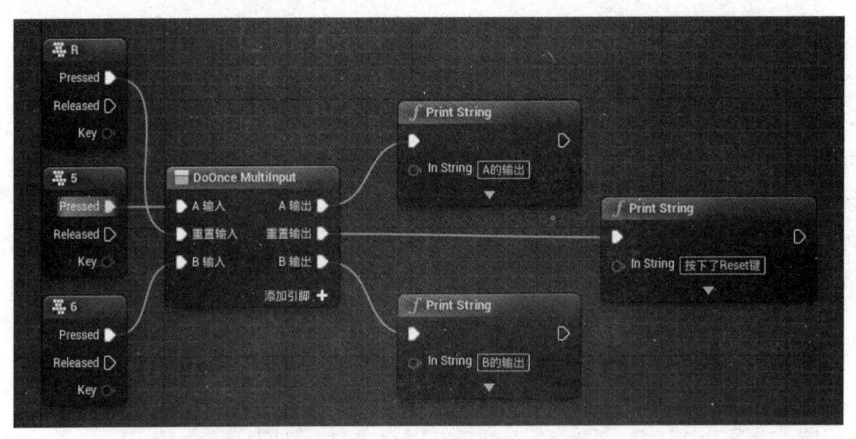

图 3-23　DoOnce_MultiInput 节点示例

3.3.6 ForLoop节点

ForLoop 节点与程序中的 for 循环语句类似，是执行有条件循环的语句。如图 3-24 所示，“First Index”为开始的索引值，“Last Index”为结束的索引值，“Index”为在执行此节点语句时执行的索引次数，并将“Index”数值打印输出。ForLoop 常用于循环遍历数组。此示例中，按下“7”数字按键，屏幕输出 1～5 数值。

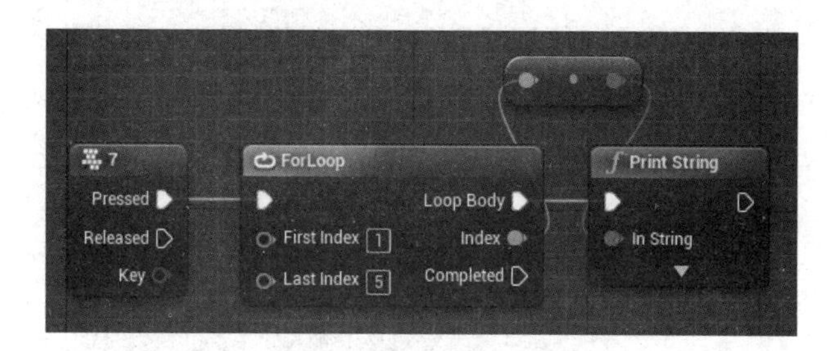

图 3-24　RorLoop 节点示例

3.3.7　Gate节点

Gate（门）节点的使用和门的开关原理类似。门节点有“Open”“Close”“Toggle”3 种状态。如图 3-25 所示，“O”“C”“T”3 个键盘输入事件分别对应 Gate 节点的“Open”“Close”“Toggle”3 个输入的执行引脚。如果输入事件“O”（按“O”键），则表示门打开，此时按下“8”数字按键，则可以执行后面的输出语句。按“C”键，则执行“Close”引脚，表示门被关闭，此时按“8”数字按键，将不能执行后面的输出语句。“Toggle”引脚对门执行交替打开、关闭。数据引脚“Start Closed”被勾选，表示在项目运行时，门的状态是关闭的。

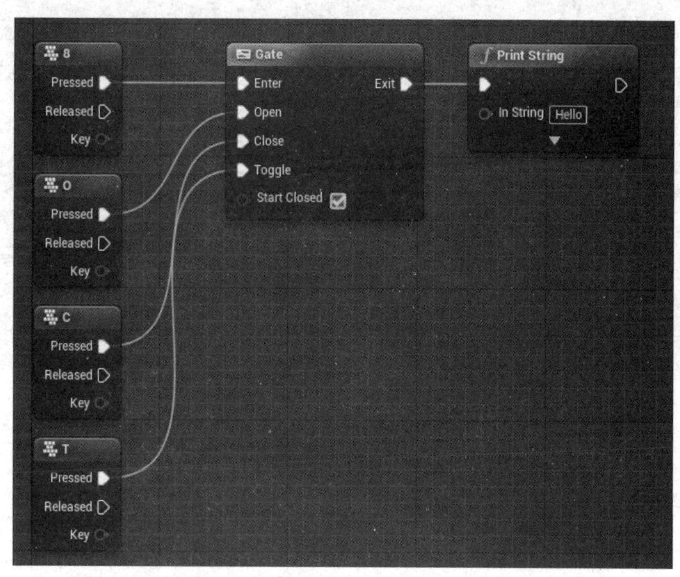

图 3-25　Gate 节点示例

3.3.8　MultiGate节点

MultiGate（多门）节点具有多个输出引脚，对应多个输出事件。如图 3-26 所示，每次按下“9”数字按键，将依次执行“Out 0”“Out 1”“Out 2”引脚的打印任务，当最后一个输出节点打印完毕时，再次按下“9”数字按键，将不再执行输出。如果需要继续从“Out 0”开始执行，则需要按“R”键重置一次。

数据引脚中，如果“Is Random”被勾选，3 个输出的顺序将会被随机打乱。如果“Loop”被勾选，则输出完毕后仍可以继续从头输出，而不必重置。

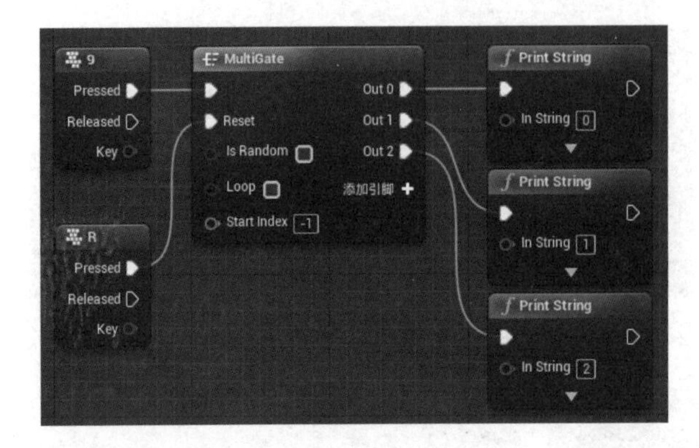

图 3-26　MuiliGate 节点示例

3.3.9　Sequence与Delay节点

Sequence（序列）节点按顺序依次执行，Delay（延迟）节点实现等待指定时间后执行操作。如图 3-27 所示，按下“0”数字按键，屏幕将依次延迟 1 秒、2 秒、3 秒输出“1”“2”“3”。

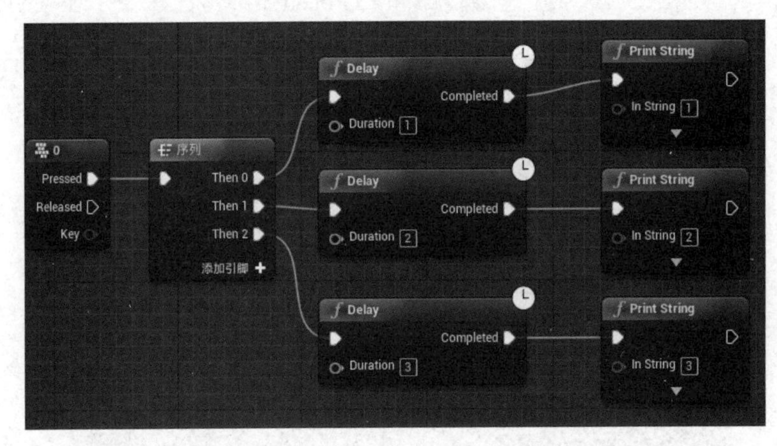

图 3-27　Sequence 节点与 Delay 节点示例

3.4　使用函数与宏实现距离计算

任务描述

微课：函数

通过构造函数、宏的应用来实现计算两个物体之间的距离。在此过程中，了解函数的功能、用法，掌握函数与宏之间的区别与关系。

3.4.1　构造函数

打开一个蓝图类，系统默认提供了一个“Construction Script”构造函数节点。构造函数是一种特殊的应用方法，主要用来在创建对象时初始化对象，即为对象成员变量赋初始值，且没有返回值。蓝图类的构造函数，运行原理类似传统 C++语言的构造函数。当它被添加到关卡或当前蓝图更新的时候，会自动运行。在“我的蓝图”面板下的“函数”选项中可以找到“构造脚本”选项。

如图 3-28 所示，连接输出节点，并把该蓝图类拖放到场景中，则不必运行项目，就会打印输出。

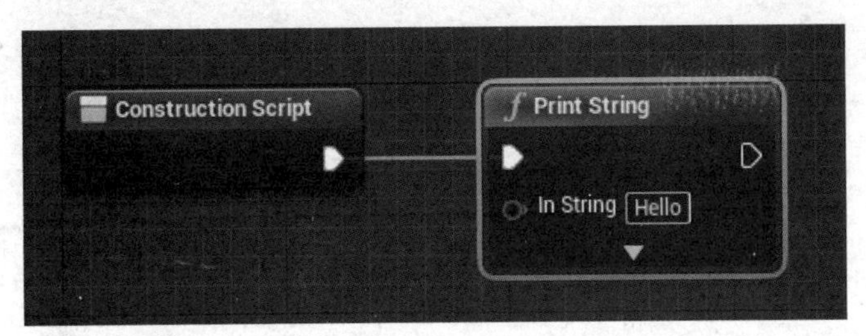

图 3-28 “Construction Script”构造函数节点

3.4.2 函数的应用

（1）创建函数。在“我的蓝图”面板的“函数”选项中，单击“+函数”按钮，创建蓝图的常规函数，命名为“Make Distance”，如图 3-29 所示。

选择此函数，可以在右侧的细节面板中设定相关属性，如对其进行描述和分类，以及规定其访问修饰符等，如图 3-30 所示。

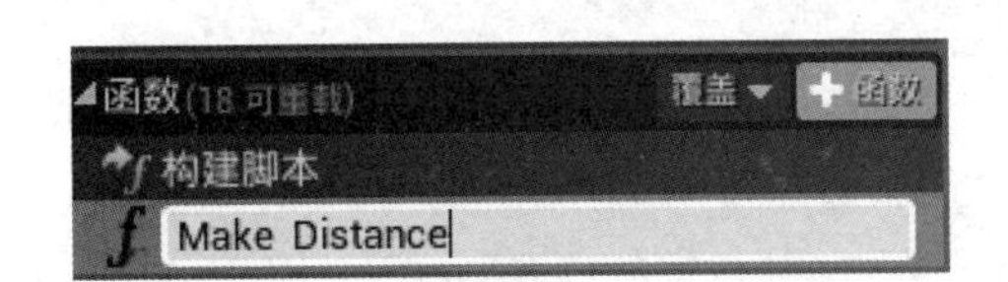

图 3-29 创建常规函数

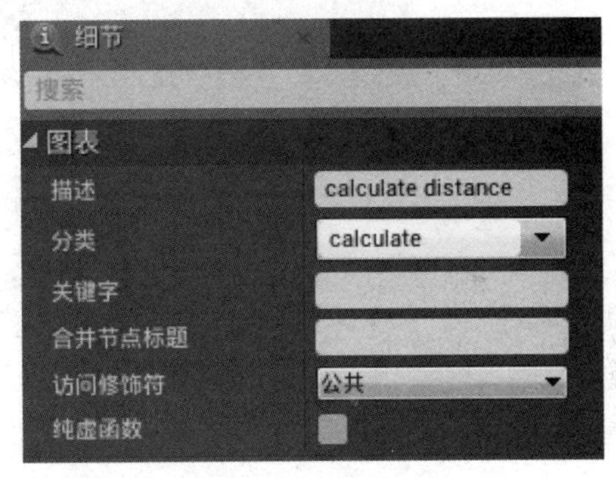

图 3-30 函数细节设定

（2）设置输入/输出参数。计算两个物体之间的距离，需要提供两个物体对象 Actor，在细节面板的“输入值”选项右侧单击“+”按钮，添加两个“Actor”类型参数，如图 3-31 所示。返回的输出参数是浮点型数值。

完成输入/输出参数设置后，函数节点上会自动增加相应的输入/输出端，如图 3-32 所示。

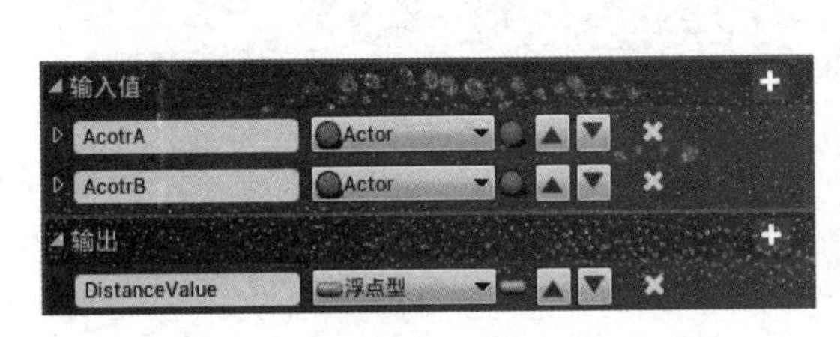

图 3-31 函数的输入/输出参数设定

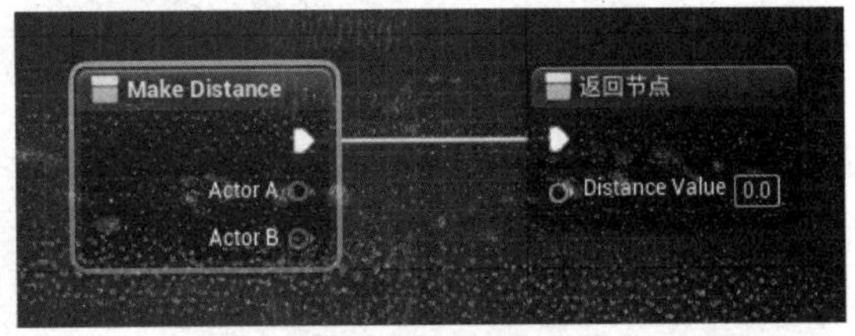

图 3-32 输入/输出参数设置后函数节点

（3）计算距离。两个物体之间的距离计算公式为两个物体在 3 个轴向的数值差的平方相加后开平方，计算距离蓝图如图 3-33 所示。

（4）执行函数。选择事件图表选项卡，在“Tick”事件（每一帧执行一次）中执行“Make Distance”函数，并添加输出节点，接收此函数的返回值，打印到屏幕上，如图 3-34 所示。

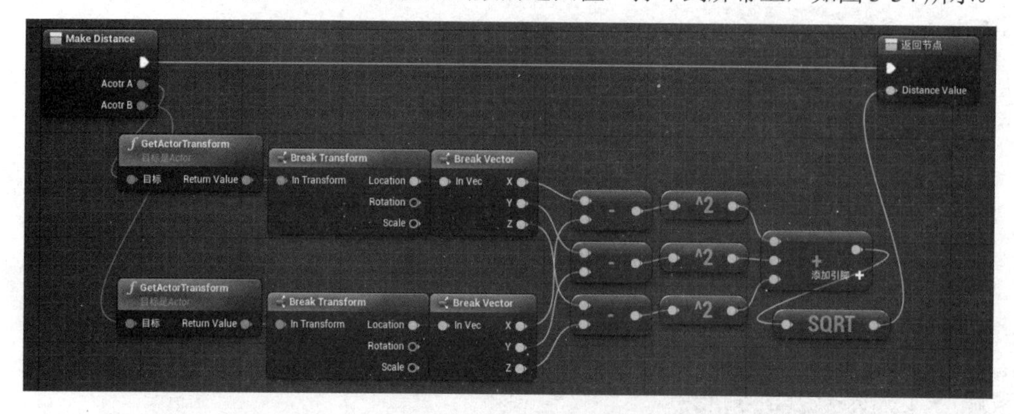

图 3-33 计算距离蓝图

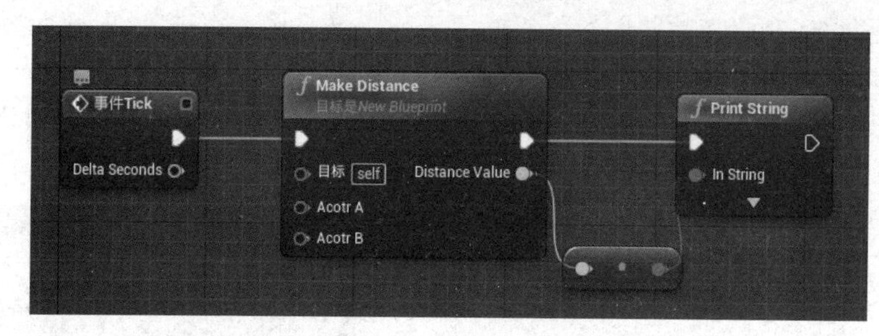

图 3-34 执行函数

（5）为函数提供输入参数。函数需要两个 Actor 类型的输入参数，在“我的蓝图”面板添加两个“Actor”类型的变量，如图 3-35 所示。单击变量右侧的“小眼睛”图标，以便在引擎中指定具体的 Actor 物体。

将变量与事件图表中的“Make Distance”函数节点的输入相连，如图 3-36 所示。

图 3-35 添加变量

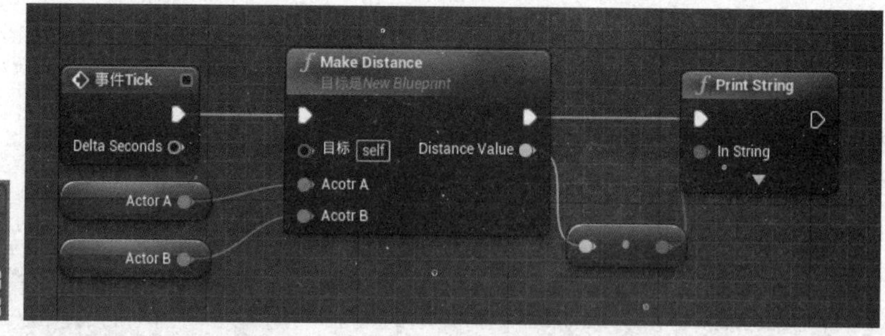

图 3-36 变量与函数节点的输入相连

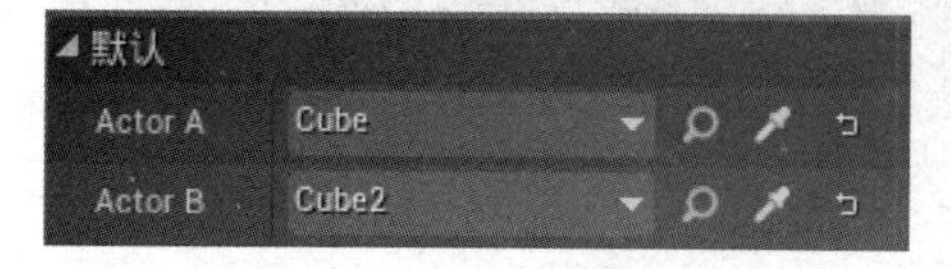

图 3-37 为变量指定对象

（6）在场景中拖放两个 Cube 物体，将写有“Make Distance”函数的蓝图类添加到关卡场景中，选中该蓝图类，在关卡编辑器的细节面板中可以看到“ActorA”和“ActorB”两个变量，为这两个变量进行对象指定，如图 3-37 所示。

运行项目，在屏幕中会打印出两个 Cube 物体之间的距离。

3.4.3　宏的应用

在前面案例中，如果要求当两个物体之间的距离大于5米或者小于等于5米的时候，分别打印结果，需要在之前的函数之外，做进一步的逻辑处理，即增加距离判断，如图3-38所示。

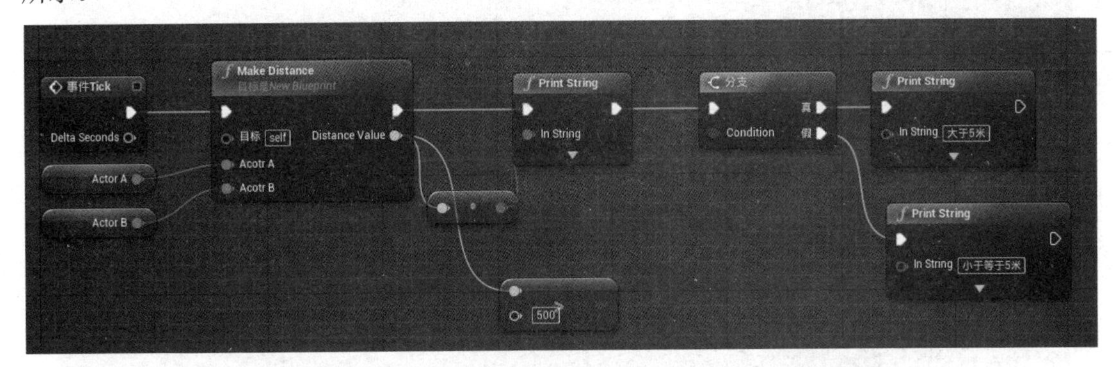

图3-38　增加距离判断

但是，把距离判断放在“Make Distance”函数之外，不利于功能的封装。理论上，如果将距离判断逻辑也放在函数中，意味着函数需要有两个输出执行，既要输出两个物体的距离，又要输出此距离的数值是否大于5米。而函数只能有一个输入执行和一个输出执行引脚，因此就可以考虑使用宏。

宏允许用户将一系列操作（一般是最常使用到的操作）自定义为一个步骤，即用户执行一系列操作，让宏这个应用程序来“记住”这些操作及其顺序。

在“我的蓝图”面板的“宏”选项下创建宏，并命名为“MacroDistance”，如图3-39所示。在细节面板中为该宏添加3个输入值、2个输出值，输入/输出的数据类型如图3-40所示。

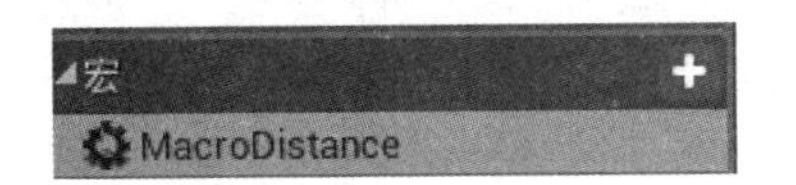

图3-39　创建宏

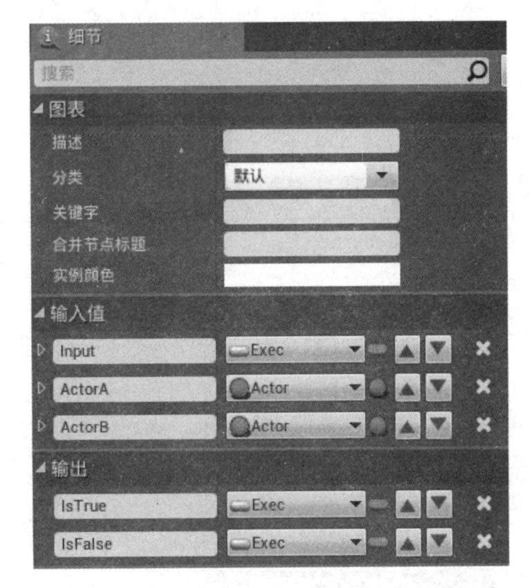

图3-40　设定宏的输入/输出的数据类型

宏里面的逻辑与之前的函数类似，如图3-41所示。

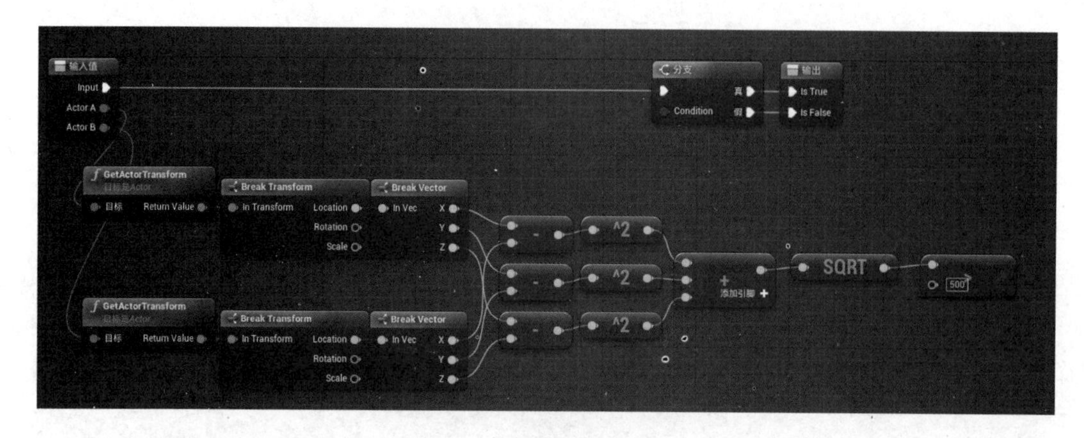

图 3-41　编辑宏内的函数

在蓝图类的事件图表中，断开“Tick”事件的节点连线，新增“事件 BeginPlay”（运行项目时执行一次的事件），在该事件中调用宏，如图 3-42 所示。

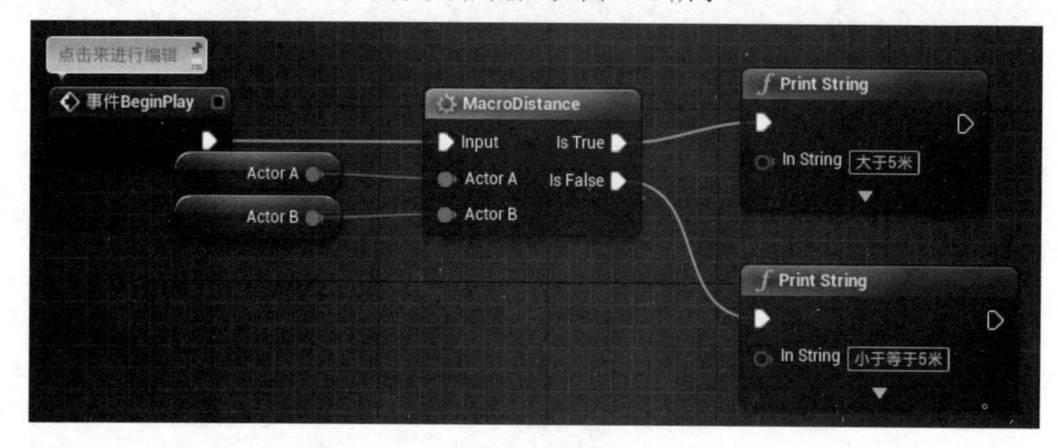

图 3-42　调用宏

通过示例可知，函数只能有一个输出执行，而宏可以有多个输入、输出执行，更便于对代码的封装。

3.5 实现碰撞、触发事件

任务描述

微课：碰撞、触发事件

使用虚幻引擎 4 中的资源，在关卡中设置触发交互区域，实现触发岩石爆炸破碎的任务。学习为关卡中放置的 Actor 添加碰撞事件、触发事件的方法，并能够通过关卡蓝图编辑器使用一个触发事件改变一个 Actor 的属性。

本案例使用第三人称项目类型，新建项目时请选择“具有初学者内容”选项。另外，本案例使用了一个盒体触发器和岩石静态网格物体。

3.5.1 可毁坏网格物体

如果要实现触发物体爆炸破碎的任务，需要事先将该物体转换成可毁坏的网格物体，并对爆炸产生的碎片、声音及位置进行相应的设置。本案例中，使用了初学者内容包中的

“SM_Rock”岩石作为被碰撞爆炸的物体。

（1）在内容浏览器中的“StarterContent/Props”目录下，找到“SM_Rock”岩石静态网格物体，在该物体上右击，在弹出的右键关联菜单中选择“创建可毁坏的网格物体”选项，如图 3-43 所示。虚幻引擎 4 版本更新后，默认将此插件禁用了，启用方法：选择“编辑”菜单下的“插件”命令，找到“Physics”选项，勾选“Apex Destruction”插件即可启用。

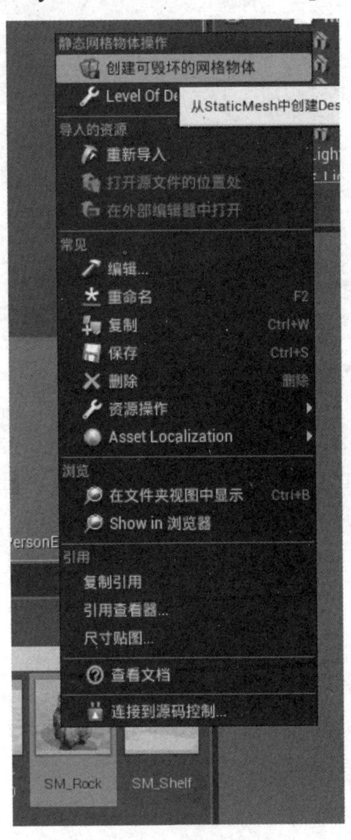

图 3-43 创建可毁坏网格物体

（2）创建完毕后，会打开可毁坏网格物体编辑窗口，单击工具栏中的“破裂网格物体”按钮，如图 3-44 所示，岩石即被破裂。

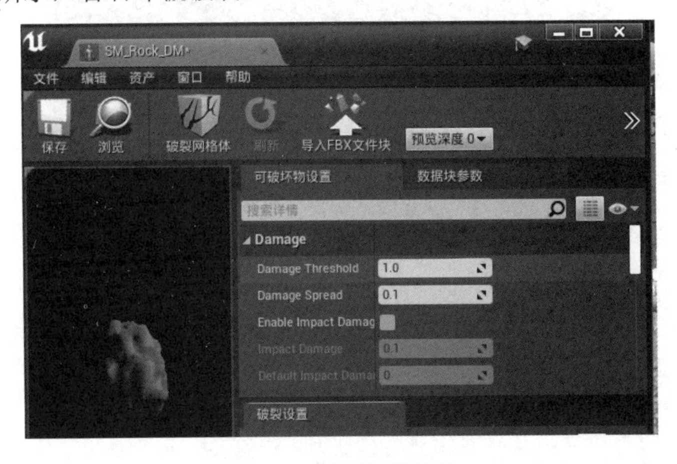

图 3-44 破裂网格物体

（3）在编辑窗口右侧的“可破坏物品设置”面板的“Effects”选项中，选择“Fracture Effects”→“0”→“Particle System”选项，单击下拉菜单选择“P_Explosion”选项，在“Particle System”选项下方，单击“Sound”下拉菜单并选择“Explosion01”资源选项，如图3-45所示。

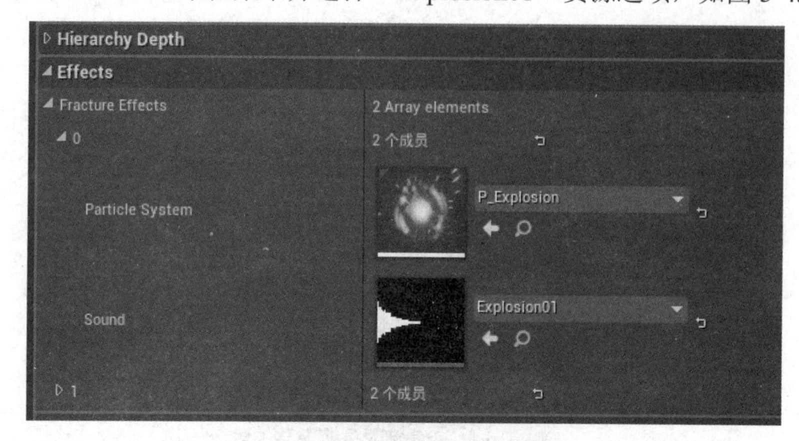

图3-45　设置破裂的粒子效果和音效

（4）在窗口的工具栏中，单击“SAVE”按钮对设置进行保存，然后关闭窗口。此时在内容浏览器中会出现一个名为“SM_Rock_DM”的可破坏网格物体，将其拖至关卡的适当位置。

3.5.2　触发器

1. 触发器及交互区域

虚幻引擎4为开发者提供了多种触发方式，以适应用户对触发事件的需求，最简单常用的触发方式是使用引擎中提供的触发器。不同的触发器类型具有不同的交互区域。常见的形状触发器包括：盒体触发器、胶囊型触发器、球体型触发器和使用碰撞事件的Trigger Volume。这些触发器可以在关卡编辑器的放置模式面板下找到，或者直接在搜索栏中输入“trigger”关键字即可，如图3-46所示。

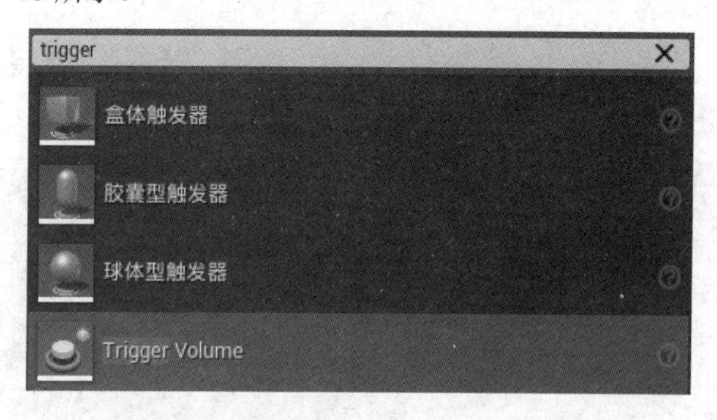

图3-46　触发器类型

本案例使用盒体触发器进行触发，从关卡编辑器的放置模式面板中拖曳一个盒体触发器到关卡的适当位置，如图3-47所示。

在触发器被选中的情况下，在细节面板中会显示盒体触发器的详细参数及属性。在“Shape”选项下，通过设置“Box Extent”选项可以改变交互区域的大小。将“X”“Y”“Z”轴分别设置为“100.0”，来扩大触发器的交互区域，如图3-48所示。

图 3-47　放置盒体触发器

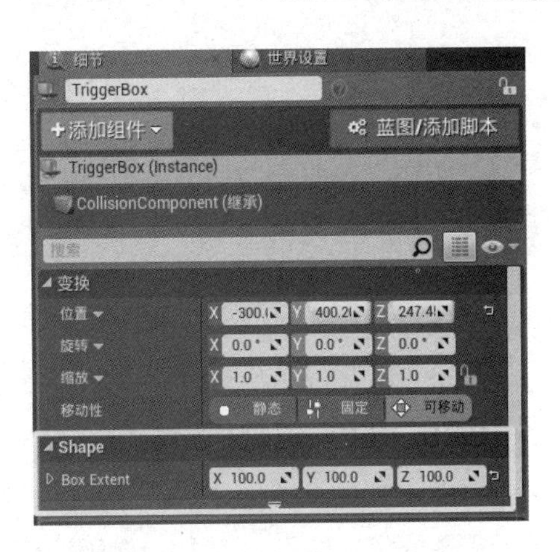

图 3-48　设置盒体触发器交互区域

每个被放置到关卡中的 Actor 都有渲染属性，比如常用的可见性属性。可见性可以控制该物体在游戏过程中是否对用户可见。通常，为了不破坏沉浸性体验，触发器类的 Actor 在运行过程中应设置为不可见，其设置方法是通过细节面板的“Rendering”渲染属性下的“Visible”选项和“Actor Hidden In Game”选项。

- “Visible”选项控制触发器的交互区域的显示与隐藏。
- “Actor Hidden in Game”选项控制触发器在游戏运行过程中是否被隐藏。但是，在制作过程中，为了方便开发者设置和调试，会将这两项先设置为可见。在项目制作完成后，再通过勾选将可见性关闭。

取消勾选“Actor Hidden In Game”复选框，使其在运行过程中可见，如图 3-49 所示。

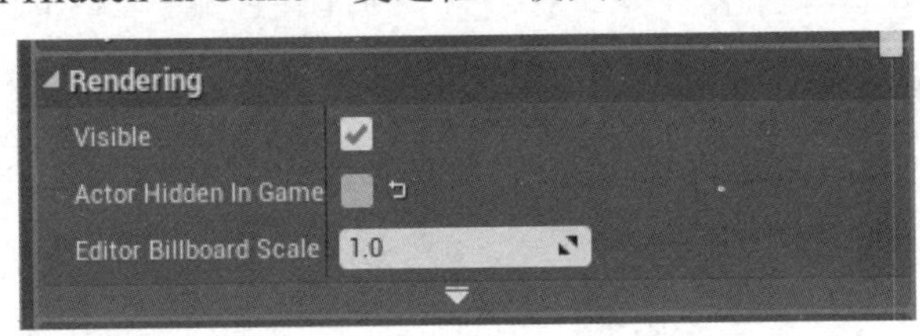

图 3-49　取消游戏中隐藏选项

2. 触发器的碰撞属性

在触发器被选中的状态下，关卡蓝图的细节面板的“Collision”选项中有两个非常重要的选项设置：“Simulation Generates Hit Events”和“Generate Overlap Events”。当这两个复选框被勾选时，会发生相应的碰撞事件，如图 3-50 所示。

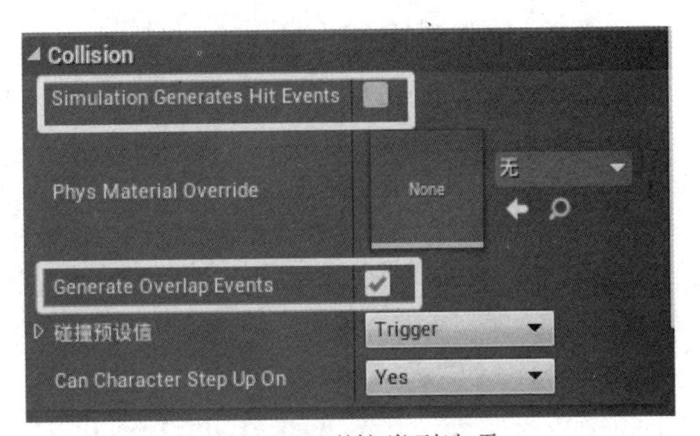

图 3-50　碰撞类型选项

Hit 和 Overlap 事件直接与每个 Actor 的碰撞预设相关。Hit 事件发生在当 Actor 的碰撞体接触但未相交的时候。Overlap 事件直接发生在两个 Actor 的碰撞壳重叠相交或停止重叠相交的时候。

在蓝图中，负责接收来自 Actor 的 Hit 和 Overlap 信号的事件节点有以下几种类型。

① On Actor Begin Overlap 事件：当 Actor 的碰撞体与另一个满足所需碰撞响应类型的 Actor 的碰撞壳重叠时启动一次。如果这个 Actor 离开碰撞交互区域，然后再次进入，这个事件将会再次触发。

② On Actor End Overlap 事件：当 Actor 离开碰撞区域时启动。

③ On Actor Hit 事件：Actor 碰撞壳接触即可触发。

本案例中使用默认设置即可，即勾选“Generate Overlap Events”选项。

3. 触发器的触发事件

在关卡中选中盒体触发器 Actor，通过关卡工具栏中的“蓝图”按钮打开关卡蓝图。在关卡蓝图的事件图表中右击，弹出上下文关联菜单，确保勾选“情景关联”复选框，可以看到对盒体触发器相关的操作。展开“为 Trigger Box 1 添加事件”操作下的“碰撞”选项，选择“添加 On Actor Begin Overlap”事件，如图 3-51 所示。

图 3-51　选择碰撞事件

3.5.3 碰撞事件

1. 为网格物体设置引用

回到关卡编辑器中，选中关卡中的岩石 Actor。然后在关卡蓝图的事件图表中右击，弹出右键关联菜单，选择“在 SM Rock DM2 上调用函数”下的“创建一个到 SM_Rock_DM 的引用”命令，如图 3-52 所示。这样既可以在蓝图中创建一个对 Actor 的引用，还可以通过对 Actor 的引用进而修改该 Actor 的其他属性。

2. 制作碰撞事件

（1）单击并拖动“SM_Rock_DM”节点的输出引脚，右击，在弹出的关联菜单的搜索栏中输入文本“Apply”，会出现与之相关的节点选项，选择“Apply Radial Damage”选项，即实现在蓝图中为岩石添加了一个放射性毁坏操作的节点。

（2）将“Base Damage”和“Damage Radius”毁坏参数的值都设置为“10000”，如图 3-53 所示。

（3）再次单击并拖动“SM_Rock_DM”节点的输出引脚，在出现的窗口中输入文本“Location”，然后选择“Get Actor Location”命令，添加获得岩石位置信息的节点。单击并拖动“Get Actor Location”节点的“Return Value”输出引脚，将其和“Apply Radial Damage”节点的“Origin”输入引脚连接，如图 3-54 所示。

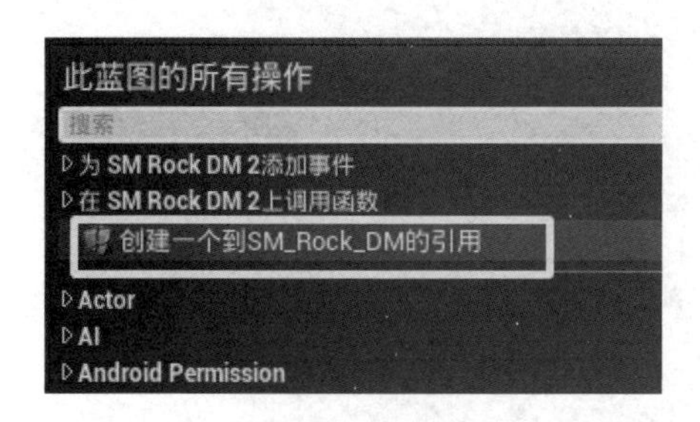

图 3-52　为岩石创建引用

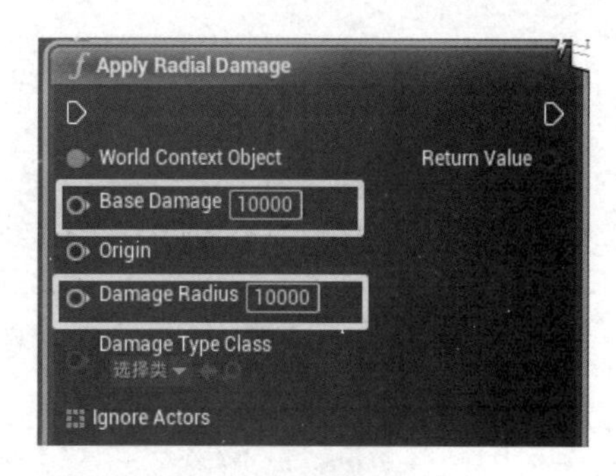

图 3-53　设置毁坏参数

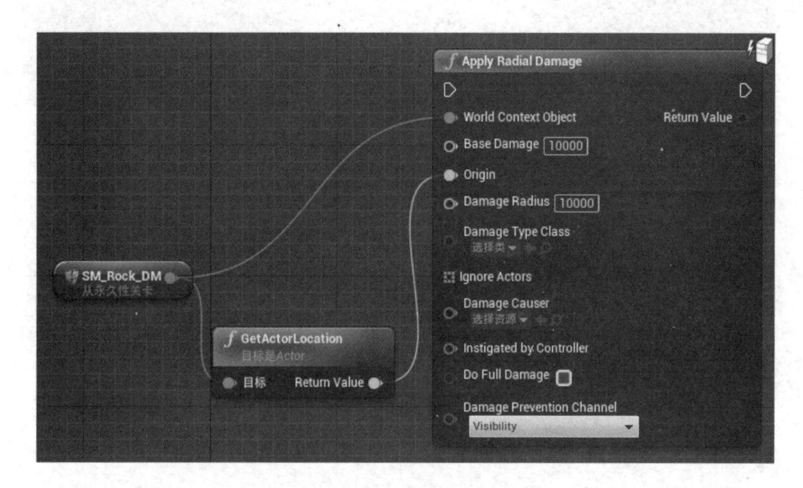

图 3-54　设定毁坏的位置信息

（4）最后，将“On Actor Begin Overlap”节点的白色引脚与“Apply Radial Damage”节点左端的白色引脚相连。蓝图使用节点及连接如图 3-55 所示。

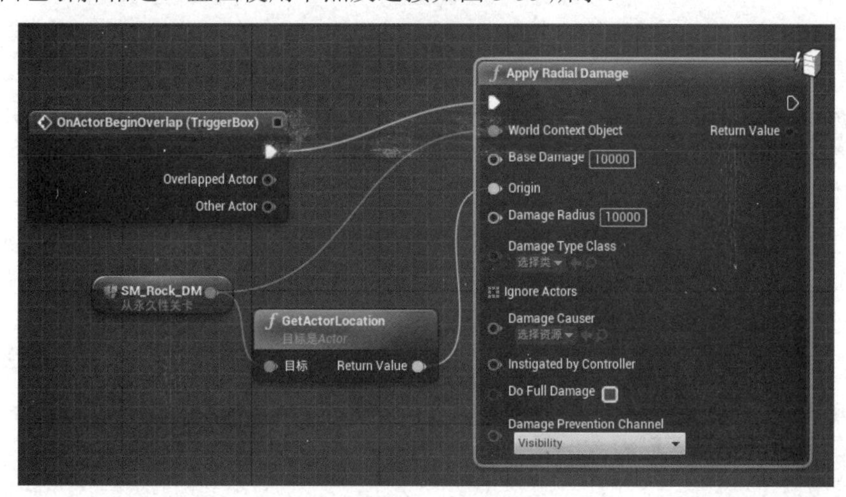

图 3-55　蓝图使用节点及连接

蓝图编辑完成后，单击关卡蓝图编辑器工具栏中的“编译”按钮，对蓝图脚本进行编译。编译后，单击工具栏中“播放”按钮，进入游戏运行状态。使用“WASD”漫游键，控制第三人称主角进入触发器的碰撞交互区域，会引发岩石爆裂，效果如图 3-56 所示。

图 3-56　岩石爆裂效果

小结

制作触发类项目时，需要进行选择触发器种类、设定触发的交互区域、分配触发事件、对触发要改变的 Actor 的属性进行设置几个步骤。

3.6 认识Actor的组件

任务描述

了解 Actor 组件的概念，学会获取、设置、使用组建的相关操作。

放置在关卡中的所有 Actor 都具备一些通用设置，例如变换（Transform）和渲染（Rendering）设置。这些属性是 Actor 级别的，同时还有一些属性在组件级别影响着 Actor。一个组件是一个 Actor 的子对象元素。有些 Actor 只有一个组件，而大部分 Actor 可能会有许多组件。

3.6.1 Actor组件的获取与设置

从放置模式面板的“基本”选项中添加一个“Cube”物体到场景中，并保持其被选中状态，打开关卡蓝图，右击，在弹出的关联菜单中选择“创建一个到 Cube 的引用”命令。这个操作在前面的任务中已经提到，可以将关卡中存在的物体对象作为一个引用直接加载到蓝图中，以便进行进一步的逻辑处理。

例如，一个物体会包含一个静态网格组件（Static Mesh Component），用来展现其在世界中的外形。从“Cube”节点中引出连线，可以找到其材质属性，并对其进行设置，如图 3-57 所示。通过选择资源，可以设置其期望的材质效果。

就像使用其他变量类型一样，组件中的变量也可以获取 Actor 的属性，并创建一个变量节点返回该属性的数据类型。例如，获取一个 Actor 的位置并返回其位置值，如图 3-58 所示的“GetActorLocation”节点；也可以对其位置进行设置，如图 3-58 所示的“SetActorLocation”节点。

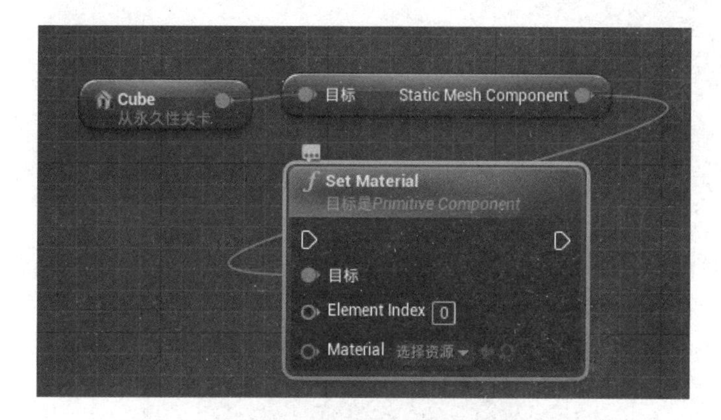

图 3-57　静态网格组件中的设置材质函数

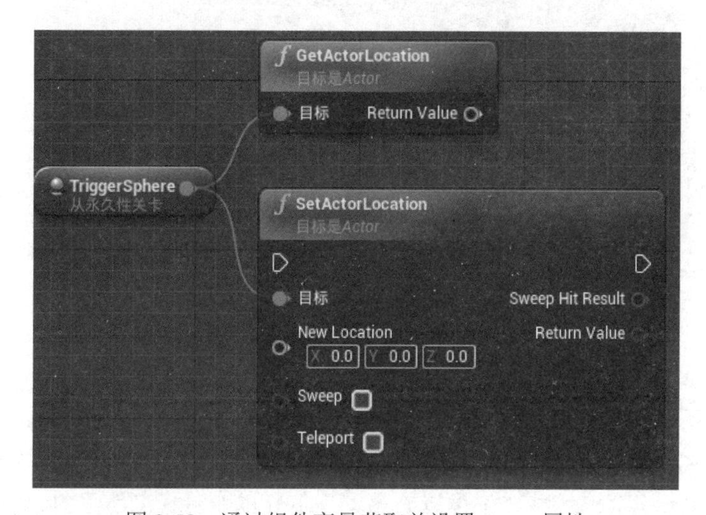

图 3-58　通过组件变量获取并设置 Actor 属性

3.6.2　函数的目标

函数的目标决定了这个函数对谁起作用。一个函数要能够正确地被执行，必须设定该函数影响的目标。这由“目标”数据输入引脚决定，如图 3-59 所示。

蓝色的“目标”引脚告诉函数应该影响哪个 Actor 或 Actor 的哪个组件。有些函数作用于 Actor 级别，目标就是 Actor；而另一些函数作用于组件级别，目标就是某个组件。函数的目标类型会在使用的节点上方显示，将鼠标移动到“目标”引脚时也会给出提示，如图 3-60 所示。

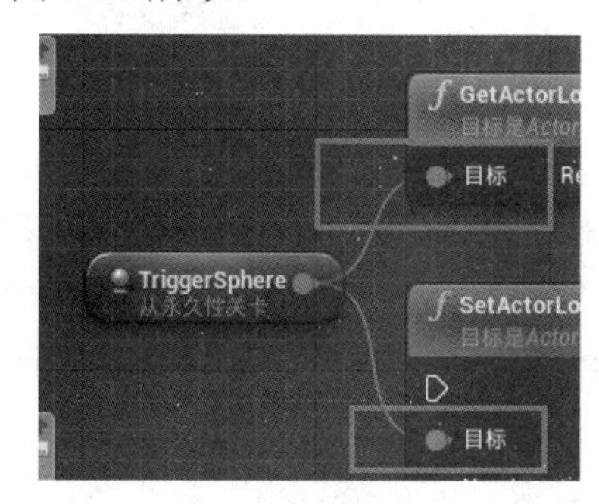

图 3-59　函数的目标

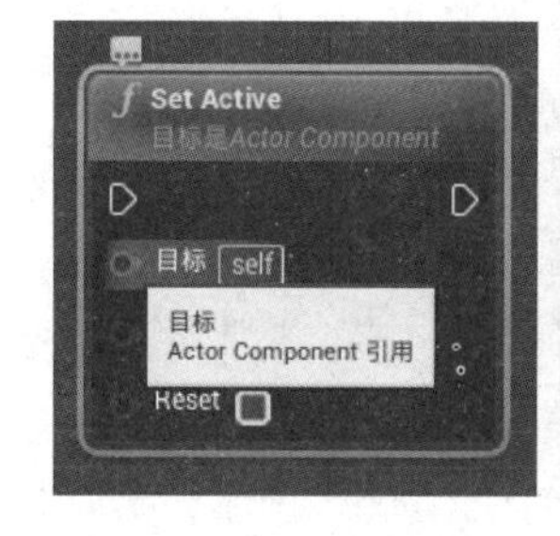

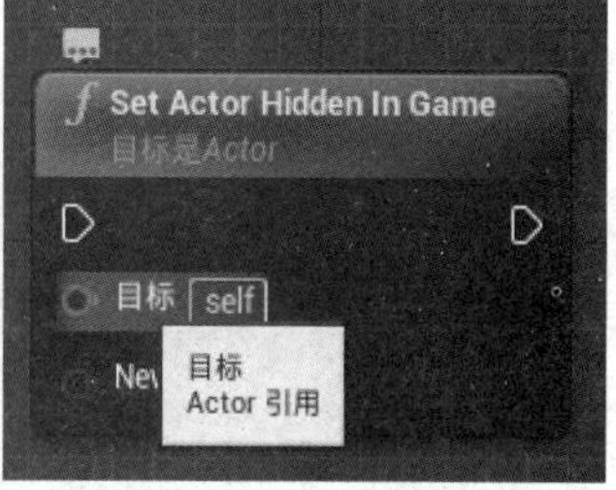

图 3-60　目标对象提示

3.6.3 组件的应用

组件的应用是使用蓝图类过程中非常重要的操作。蓝图类编辑器的组件面板负责管理蓝图中的所有组件，可以在其中添加、删除、重命名组件，或通过将一个组件拖曳到另一个组件上来组织层次关系。

通过单击组件面板左上角的“添加组件”按钮，可以添加需要使用的组件，如图 3-61 所示。不同类型的组件可以被添加到一个蓝图类中，即一个蓝图类可以包含许多组件。

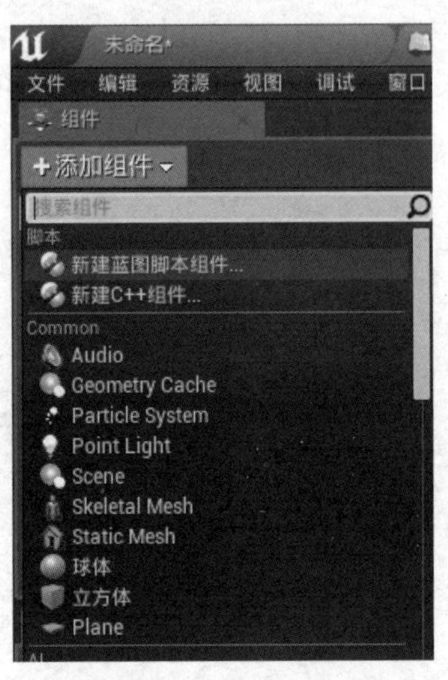

图 3-61 添加组件

虽然一个蓝图类可以包含许多组件，但是这些组件只能有一个根组件。蓝图的根组件是唯一有变换限制的组件，也是唯一不可以被移动或旋转的组件，它是蓝图中所有其他组件的父级。当 Actor 被放到关卡中，根组件的位置和旋转就被决定了。所有其他组件的变换默认情况是相对于根组件的。一个组件被添加到一个蓝图类后，可以在蓝图编辑器的细节面板中编辑它的属性。

3.7 使用TimeLine时间轴控制物体移动

任务描述

使用 TimeLine 时间轴，实现物体反复上下移动的效果。

微课：时间轴

3.7.1 TimeLine节点

Timeline（时间轴）节点是蓝图中比较特殊的节点，利用时间轴可以快速地设计基于时间的简单动画，并基于游戏中的事件进行播放，能够实现随时间变化来激活事件。通过在“我的蓝图”面板中双击该时间轴，可以直接在蓝图编辑器中编辑其节点。这些节点可以用于处理简单的、非过场动画式的任务，比如开门、改变光源或对场景中的 Actor 执行其他基于时间的操作。

从放置模式面板中拖放一个“Cube”物体到场景中。因为任务的目标是让“Cube”物体实现上下移动的效果，需要将“Cube”物体的移动性设置为可移动。选中“Cube”物体，在细节面板

的“变换”组件下可以查看移动性，选择“可移动”选项，如图3-62所示。

图3-62　设置物体移动性

打开项目的关卡蓝图，添加一个“事件BeginPlay”节点，在节点输出引线关联菜单，利用关键词，添加时间轴节点，如图3-63所示。

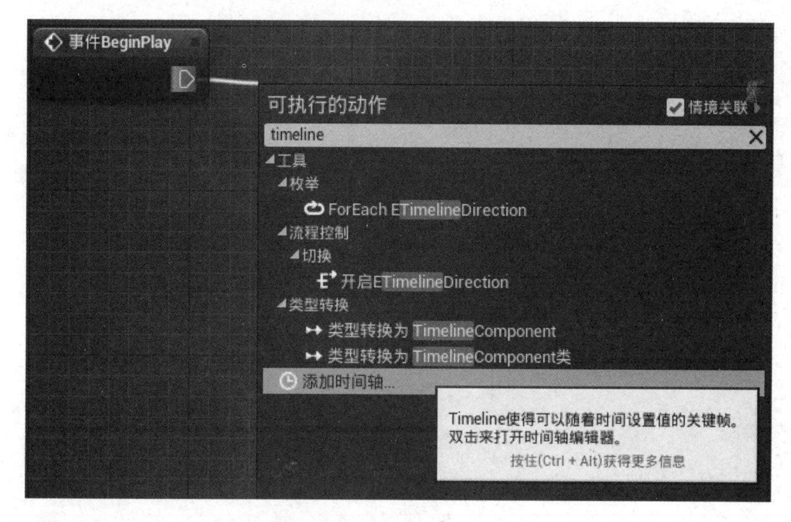

图3-63　添加时间轴节点

3.7.2　TimeLine的数据曲线

双击TimeLine节点，打开TimeLine编辑器，如图3-64所示。

此时，时间轴无任何事件轨迹，需要用户根据需求进行添加。TimeLine使用的轨迹分为4种类型，包括浮点型轨迹、向量型轨迹、事件型轨迹和颜色轨迹。它们的添加按钮在编辑器的左上角，如图3-65所示。

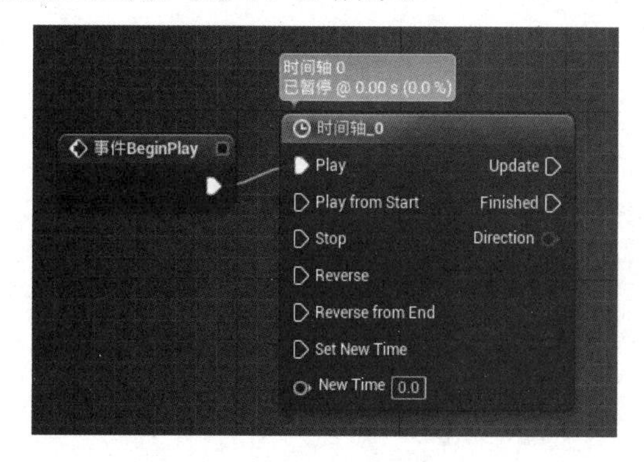

图3-64　TimeLine编辑器

图3-65　时间轴轨迹编辑按钮

根据需求添加一条浮点型轨迹，并给曲线命名为“CubeMoveLine”，将长度设置为“1”，勾选“循环”复选框，如图 3-66 所示。

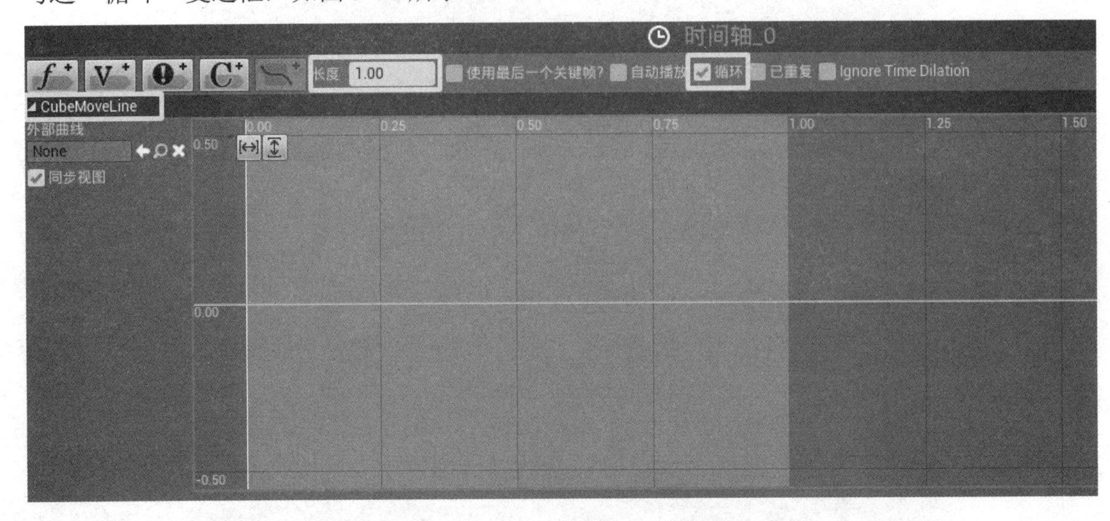

图 3-66　添加浮点型轨迹并设置参数

在曲线编辑器上面添加曲线节点，在任意位置上右击，在弹出的右键关联菜单中选择“添加关键帧到 CurveFloat_1”命令，如图 3-67 所示。

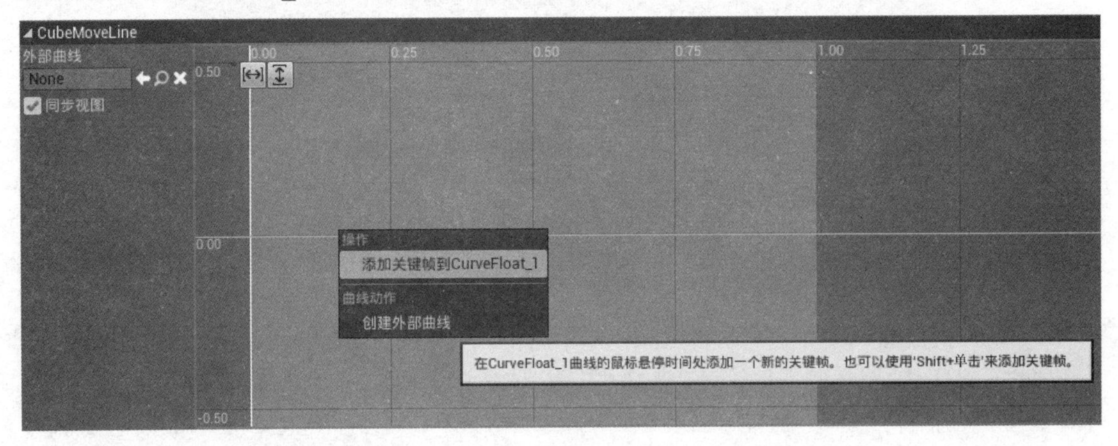

图 3-67　添加关键帧

不必担心关键帧的位置与数值，在添加关键帧之后，会出现时间与数值的设置选框。根据需求对时间和数值进行修改即可。第一个关键帧，将时间设置为“0.0”秒（起始时刻），值设置为“50”，如图 3-68 所示。

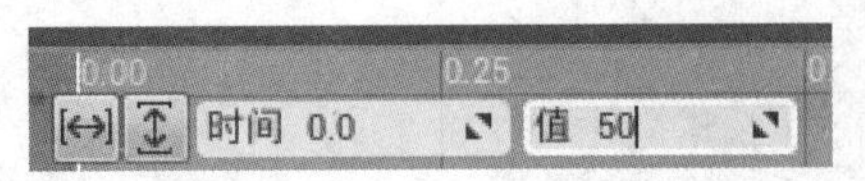

图 3-68　设置关键帧参数

以此类推，添加第二个关键帧，时间设置为“0.5”秒，值设置为“200”；第三个关键帧，时间设置为“1.0”秒，值回归到“50”。

使用鼠标滑轮，可以缩放时间轴。通过左上角的横向、纵向双向箭头可以看到整个曲线的全貌，如图 3-69 所示。

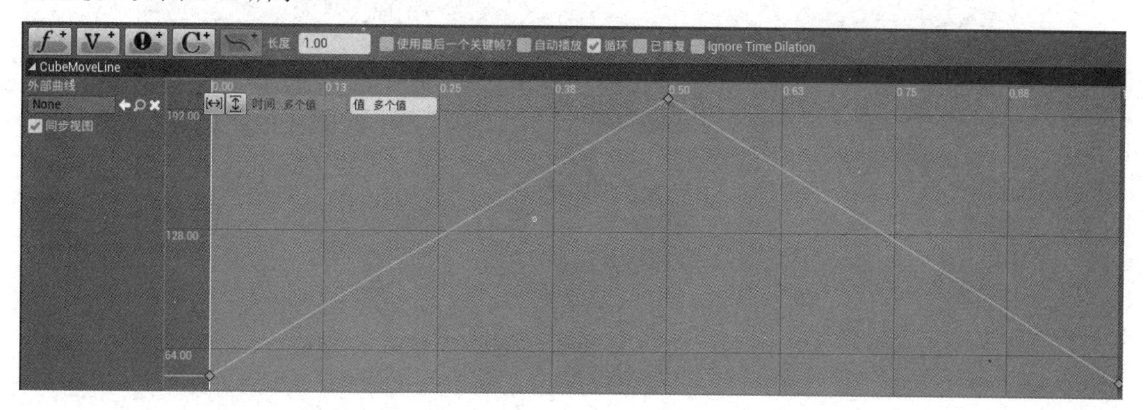

图 3-69 查看曲线全貌

3.7.3 设置移动逻辑

回到事件图表，会发现时间轴节点中多了“CubeMoveLine”的数据引脚，通过该引脚，可以实现后面的逻辑。

本案例的目标是让 Cube 发生位移变化，则需要调用对 Cube 的引用。在场景中选中 Cube 物体，然后在事件图表中右击，在弹出的右键关联菜单中选择“创建一个到 Cube 的引用”命令。

Cube 的位移，本质是让 Cube 的位置发生变化，所以获得 Cube 的引用后，可以使用“SetRelativeLocation”节点设置 Cube 的位置，如图 3-70 所示。

Cube 的位移需要由 TimeLine 节点时刻控制 *Z* 轴的数值，而不仅仅是为其设置一个固定的数值，这需要将“SetRelativeLocation”节点的“New Location”位置转换为数据引脚，在“New Location”上右击，在弹出的右键关联菜单中选择“Split Struct Pin”命令，如图 3-71 所示。

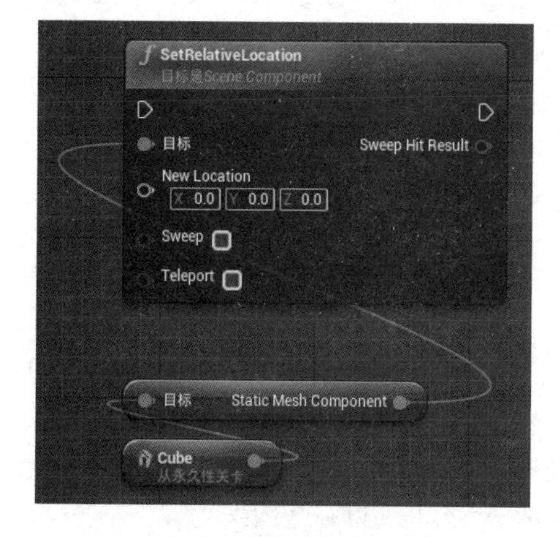

图 3-70 设置位置信息

图 3-71 拆分数据引脚

将时间轴节点的“Cube Move Line”引脚与 Cube 的设置位置节点的“New Location Z”引脚相连，如图 3-72 所示。

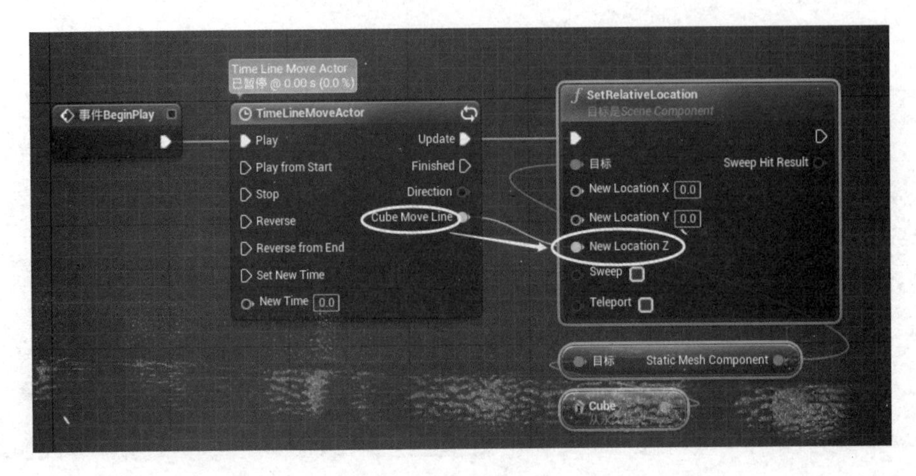

图 3-72　连接节点

对蓝图进行编译之后，运行项目，Cube 随着时间的推移，会沿着 Z 轴上下反复移动。这在项目开发中经常会用到，比如在游戏中，物体的上下移动可以引起玩家的注意，吸引玩家上前拾取。

3.8 关卡流

任务描述

学习、理解关卡流的含义及用途，利用已有关卡案例创建关卡流，并实现关卡流的加载与卸载。

3.8.1 关卡流的创建

在制作大型项目的过程中，设计师会遇到很宏大的场景或地形，这不仅增加了设计师的设计难度，同时，在运行项目的过程中，由于场景宏大，需要加载的数据量非常庞大，会消耗机器内存，影响运行的速度。对于这种情况，虚幻引擎引入了关卡流的概念。

关卡流，就是把不同的关卡以流文件的形式放置于一个永久关卡中，通过手动或自动的方式来加载或卸载这些不同的关卡，从而实现在游戏运行时控制不同的关卡是否可见的目的，这种管理形式被称为关卡流，关卡流中的每一个关卡被称为流关卡。

通过关卡流的管理方式，可以把一个大的游戏世界拆分成多个小的区域，并可以随心所欲地在任意时刻加载任意区域。在场景运行过程中，对于那些暂时不需要看到的区域，引擎可不必对其进行渲染，这样提高了游戏的可操作性。

流关卡通过关卡管理窗口进行管理。调用关卡管理窗口的方法是：在关卡编辑器的“窗口”菜单中选择“关卡”命令。

流关卡可与固定关卡重叠或偏移以创建更大的世界场景。使用流关卡的流送类型可设为 Always Loaded 或 Blueprint。在关卡上右击分段即可在 Levels 窗口中开启此设置。

虚幻引擎 4 提供了以下两种创建关卡流的方式。

第一种，先制作一个大的关卡，作为永久关卡，再将这个大的关卡进行区域划分，不同的区域直接生成不同的流关卡。

第二种，先新建关卡，然后把新建的关卡以关卡流的形式添加到永久关卡里面。

无论用哪种方法创建关卡流，首先，都需要先拥有一个永久关卡。下面以“Third Person”模板为例，分别讲述这两种创建关卡流的操作方法。

准备工作：创建“Third Person”模板的项目，查看关卡流的信息，单击“窗口”菜单，选择“关卡”命令，调出关卡管理窗口，会显示关卡信息列表，如图 3-73 所示。

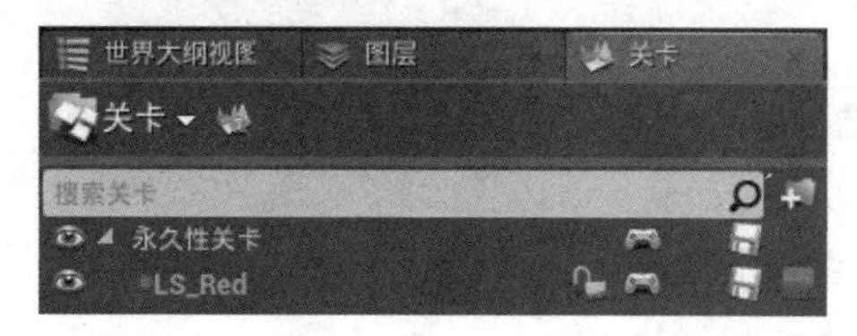

图 3-73 关卡管理窗口

1. 第一种创建关卡流的方式

（1）对关卡进行拓展。将整个场景全选后，复制出额外的两个场景，将三个场景拼接，相邻两个场景中间使用“Geometry”下的“盒体”添加一个过道，如图 3-74 所示。

图 3-74 复制场景并拼接

（2）制作两个门洞，使得角色可以在三个区域内穿行。删除掉夹住两条过道的四面墙。再添加两个“Geometry”下的“盒体”用作门洞，调整大小，使之与过道相交，如图 3-75 所示。

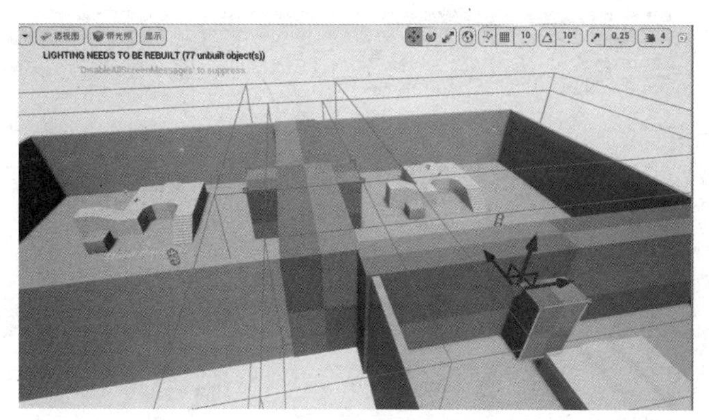

图 3-75 制作门洞

（3）选择用于挖门洞的两个盒体，在细节面板的“Brush Settings”属性中，将“Brush Type”设置为“Subtractive”，如图 3-76 所示。

（4）创建三色材质球，并指定给三个场景的地面，以示区分。效果如图 3-77 所示。

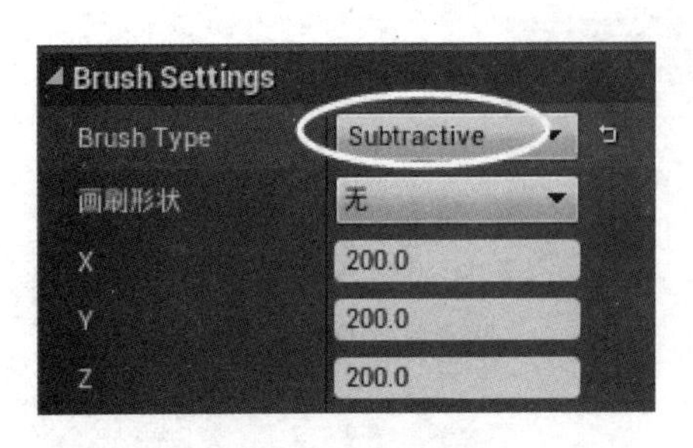

图 3-76　设置笔刷类型

图 3-77　区分场景

（5）创建关卡流。选中红色地面场景中所有 Actor，在关卡面板单击“关卡”按钮，选择“Create New with Selected Actors”命令，如图 3-78 所示，通过选中的 Actors 来创建一个流关卡。

将新生成的关卡保存到“Maps”文件夹下，命名为“LS_Red”，即生成一个流关卡。使用同样的方法将绿色和蓝色地面场景也生成流关卡，关卡面板如图 3-79 所示。此时，拥有三个流关卡的关卡流就生成了。“Maps”文件夹内容如图 3-80 所示。

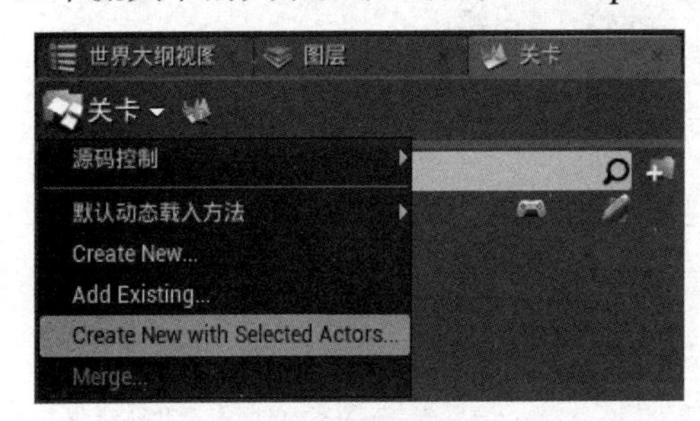

图 3-78　创建流关卡

图 3-79　关卡面板

图 3-80　Maps 文件夹内容

2. 第二种创建关卡流的方式

先制作关卡，然后再把关卡添加到当前的关卡流中。首先，制作一个空关卡，命名为“LS_Custom”。然后，在关卡面板中单击“关卡”按钮，选择“Add Existing”命令，选择刚刚新创建的“LS_Custom”关卡，如图 3-81 所示。最后，将“ThirdPersonExampleMap”关卡添加到已存在的关卡中，即完成关卡流的创建。

值得注意的是：在永久关卡里对流关卡进行编辑，会直接应用到当前的关卡里；也可以在当前的关卡里进行编辑，也会直接同步应用到永久关卡里。

在关卡管理窗口中，有一个锁和一个手柄的图标，分别代表不同的操作。

- 锁标记。如果锁住某个流关卡，如图 3-82 所示，则被锁住的流关卡中的 Actor 物体也会被锁住，不能进行选择和编辑。

图 3-81　添加到已有关卡

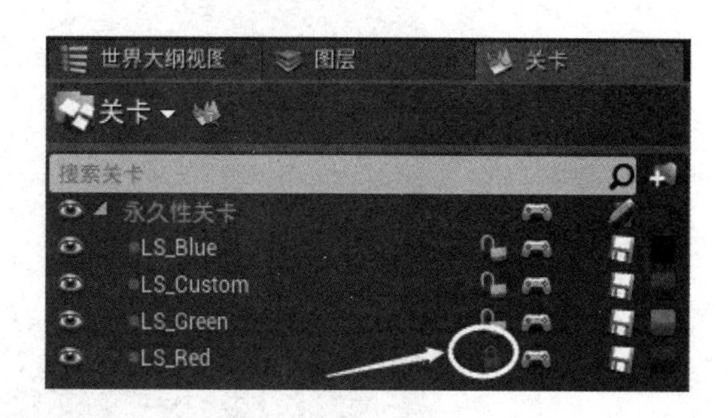

图 3-82　锁标记

- 手柄标记。对应相应流关卡的关卡蓝图，如图 3-83 所示。

图 3-83　手柄标记

3.8.2　关卡流的加载与卸载

关卡流制作完成后，如果想在运行中控制各个关卡场景的显示或隐藏，还需要对关卡流中的流关卡进行加载或卸载的设定。加载和卸载关卡流有手动和自动两种方式。

1．手动加载与卸载关卡流

（1）打开“ThirdPersonExampleMap”关卡，进入到其关卡蓝图中，如图 3-84 所示。

蓝图说明如下。

- “Load Stream Level”节点：含义是加载流关卡。
- “Unload Stream Level”节点：含义是卸载流关卡。
- “BeginPlay”事件：在项目运行的时候，加载“LS_Red”流关卡；按下“G”键，加载“LS_Green”流关卡，再次按下“G”键，关闭“LS_Green”流关卡；按下“B”键，加载“LS_Blue”流关卡，再次按下“B”键，关闭“LS_Blue”流关卡。

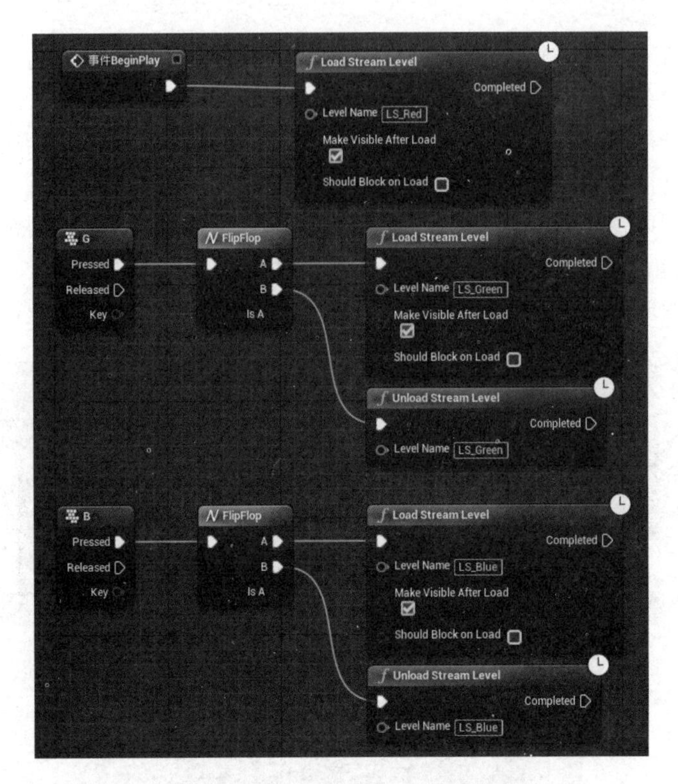

图 3-84　关卡流的关卡蓝图

注意：勾选“Make Visible After Load”复选框，会使加载的流关卡在场景中可见。

（2）运行项目，在按键的控制下，可以控制其他关卡的加载与卸载，角色可以在多个关卡中活动。如果此时，设计师在其中一个流关卡内新增加了一些 Actor，这些新增的 Actor 被称为动态生成 Actor。实验得知：动态生成的 Actor 会一直存在，不会随着关卡的加载与卸载而显示或剔除，因为在制作关卡流的时候，相应的流关卡中并没有包含这些新生成的 Actor，所以动态生成 Actor 并不受控。

下面通过一个案例来讲解如何解决这个问题。

首先，在内容浏览器中相应的位置创建一个 Actor，命名为“BP_GreenCube”，为其指定一个醒目的绿色材质，如图 3-85 所示，将其放置在绿色地面的流关卡内。

图 3-85　创建 Actor

其次，在场景中，添加一个盒体触发器，将其大小设置为“100.0, 100.0, 100.0”，如图 3-86 所示。为了便于项目测试，允许触发器在项目运行的时候不隐藏，设置如图 3-87 所示，取消勾选“Actor Hidden In Game”复选框。

图 3-86 触发器大小的设置

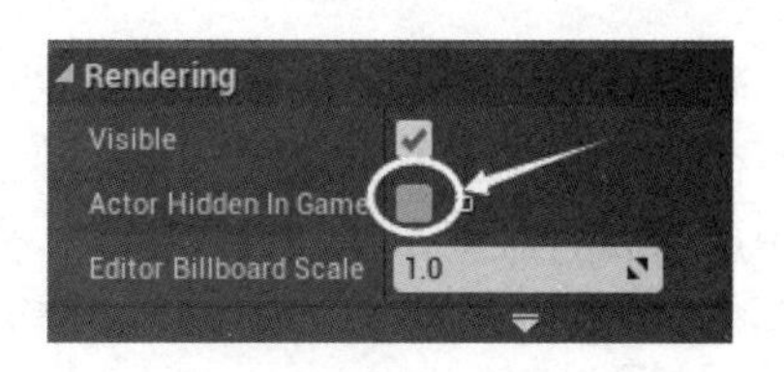

图 3-87 触发器显示设置

再次，在关卡面板中，打开流关卡“LS_Green”的关卡蓝图，单击手柄标记即可。在“LS_Green”关卡蓝图中，增加触发事件，生成“Cube”这个 Actor。蓝图编写如图 3-88 所示。

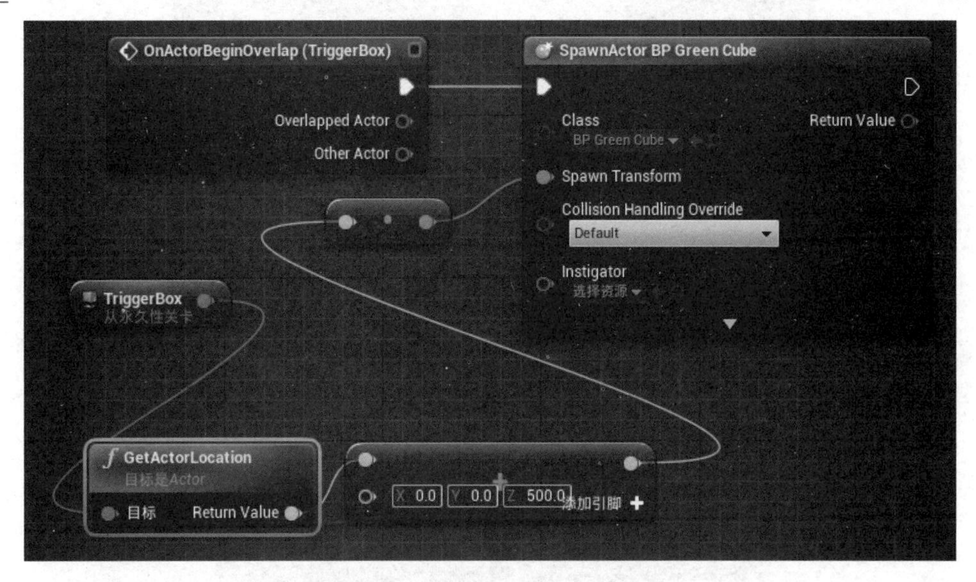

图 3-88 动态 Actor 触发事件蓝图

最后，运行项目，发现动态生成的“Cube”一直存在，并不会随着关卡的加载和卸载而显示或剔除，不受按键“G”的控制，如图 3-89 所示。

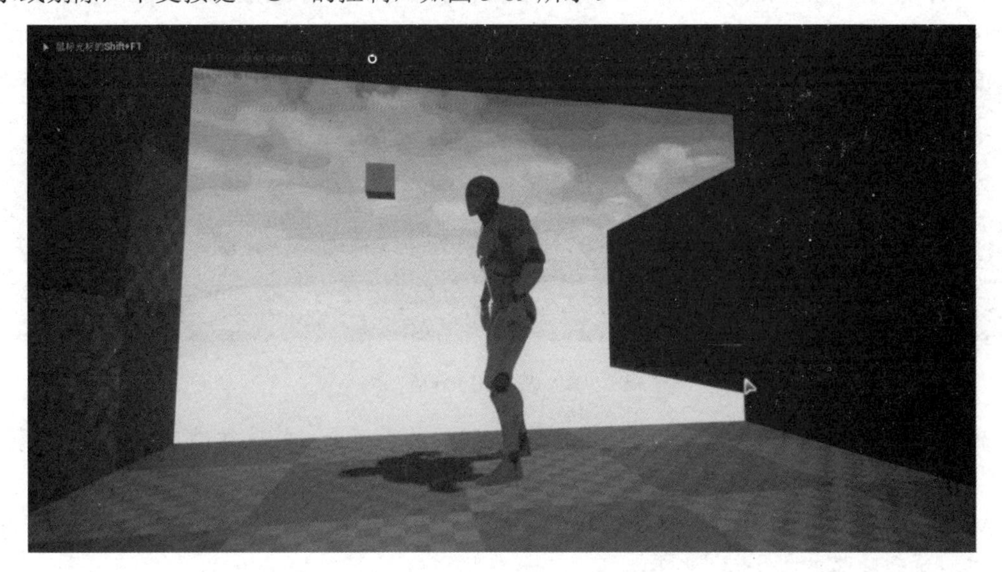

图 3-89 动态 Actor 演示效果

解决方法：在游戏运行的时候动态生成的对象，它实际上只存在于当前的永久关卡中，并不在相应的流关卡内。如果希望动态生成的对象随着某个流关卡的卸载而卸载的话，需要把动态生成的对象存到某个数组中，然后，在卸载流关卡之前，读取数组，进行遍历，将流关卡中新添加的对象都销毁掉，之后再卸载流关卡。

操作技巧

① 打开“ThirdPersonCharacter”的角色蓝图，位置如图3-90所示。

图3-90　角色蓝图位置

② 在角色蓝图中创建一个名为“SpawActorArray”的变量，变量类型为“Actor”，单击变量类型选项右侧的蓝色图标，在弹出的选项中选择“Array”数组类型，如图3-91所示。

图3-91　选择Actor变量为数组类型

③ 打开“BP_GreenCube”的蓝图，获取在角色蓝图中声明的数组变量“SpawActorArray”，将“BP_GreenCube”的自身引用放置到“SpawActorArray”数组中。蓝图编写如图3-92所示。

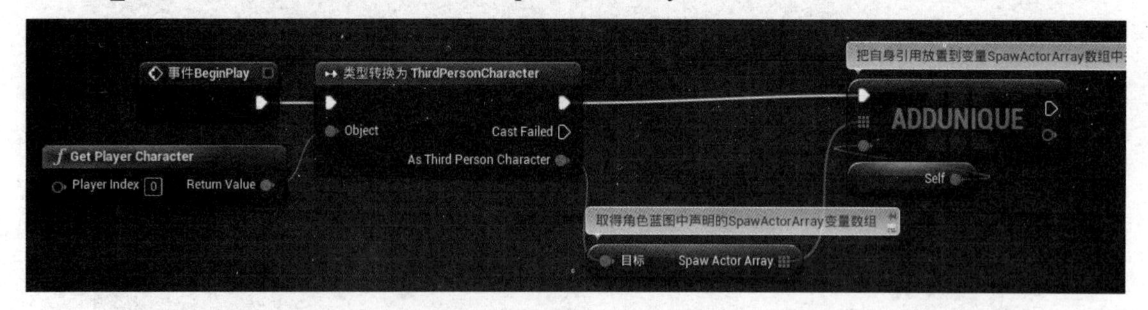

图3-92　BP_GreenCube蓝图编写

④ 打开永久关卡“ThirdPersonExampleMap”的关卡蓝图，修改按键“G”的输入事件，再次按下“G”键，获取角色引用，转换为第三人称角色蓝图，从角色蓝图中调用“SpawActorArray”变量，遍历该数组的值，并销毁遍历到的对象，之后卸载“LS_Green”流关卡。蓝图修改如图3-93所示。

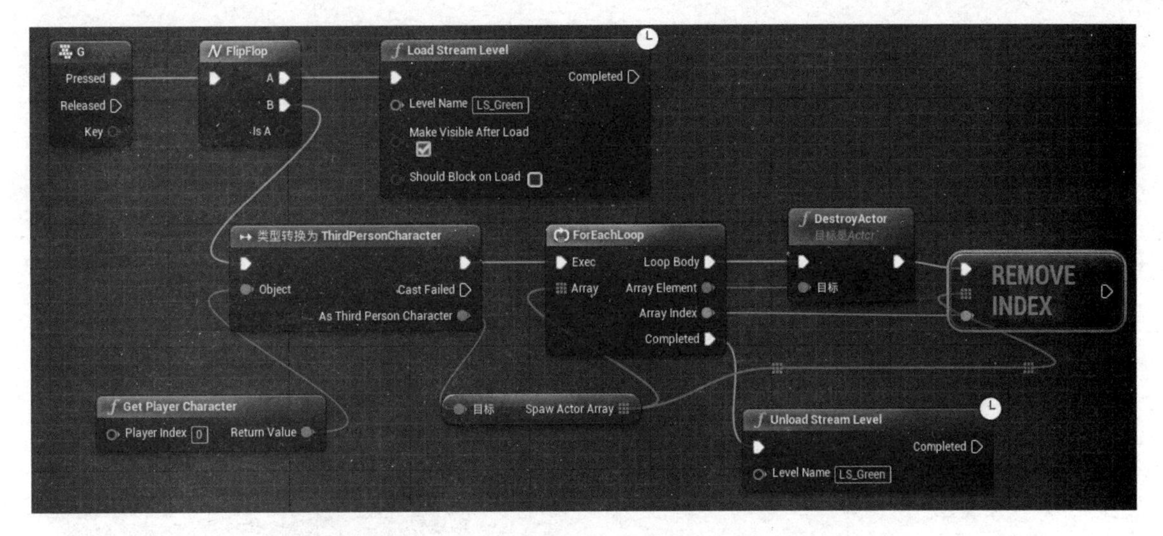

图 3-93 ThirdPersonExampleMap 蓝图修改

⑤ 运行项目，控制角色运动，按下输入事件测试，实现预期效果。

2. 自动加载与卸载关卡流

自动加载与卸载关卡流，是通过关卡流体积“Level Streaming Volume”来实现的。其实现原理为：将所有流关卡分配到不同的关卡流体积内，每个关卡流体积至少包含两个毗邻的流关卡区域，每两个相邻的关卡流体积会共用一个流关卡区域。运行场景的时候，角色从一个关卡流体积进入到另一个关卡流体积时会自动加载第二个关卡流体积中的内容，而离开的关卡流体积中的内容也会被自动剔除。

本案例有三个流关卡，所以，需要创建两个关卡流体积。值得注意的是：如果学习者是在延续前项内容“手动加载和卸载关卡流”的设置基础上操作的，请先删除手动加载及卸载关卡流的设置。

操作技巧

① 打开“ThirdPersonExampleMap”关卡，在模式面板中，搜索“Level Streaming Volume”，如图 3-94 所示，并拖曳两个“Level Streaming Volume”体积到场景中。

② 放置关卡流体积，使得第一个关卡流体积“Level Streaming Volume”包含红色和绿色区域，第二个关卡流体积“Level Streaming Volume2”包含蓝色和绿色区域，这样，绿色区域是被重复包括的，如图 3-95 所示。

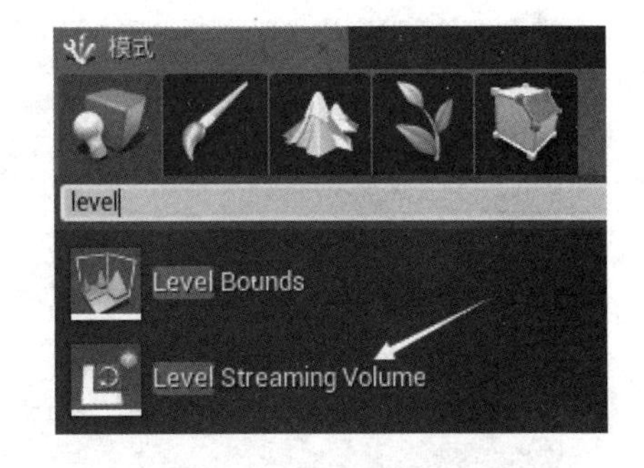

图 3-94 搜索“Level Streaming Volume”

③ 通过正交视图观察，可以将体积大小设置为如图 3-96 所示。效果如图 3-97 所示。

④ 虽然使用了关卡流体积将流关卡框了起来，但是关卡流并不知道现在所处的位置是在哪一个关卡流体积中，还需要对流关卡进行指向设置。所以现在运行项目，是不能实现关卡流的自动加载与卸载功能的。

⑤ 为关卡流体积进行指向的操作方法：在关卡面板中，单击“关卡”选项右侧的图标，

如图3-98所示，调出关卡详细信息。在弹出的关卡详细信息面板中，单击“Inspect Level”下拉按钮，所有的流关卡都会被罗列在下拉菜单中。选择“LS_Red”流关卡，窗口中会列出该流关卡的详细信息。在“Streaming Volumes”选项中默认状态为“0 Array elemen”，如图3-99所示，说明“LS_Red”流关卡还未被指定关卡流体积。

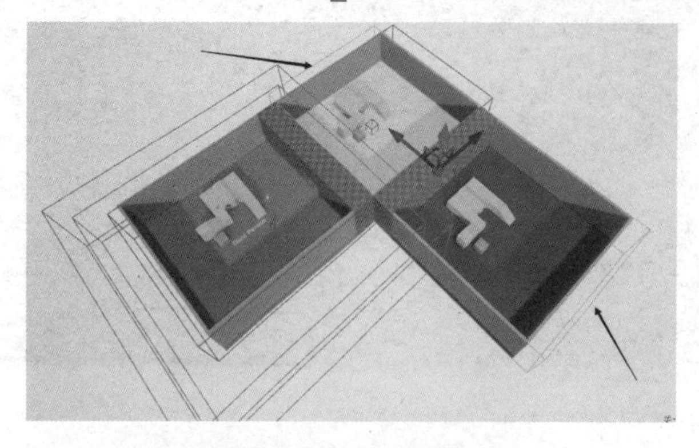

图3-95　放置关卡流体积

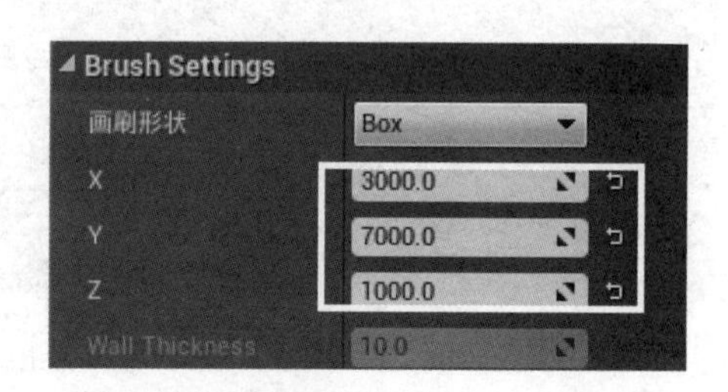

图3-96　设置关卡流体积大小

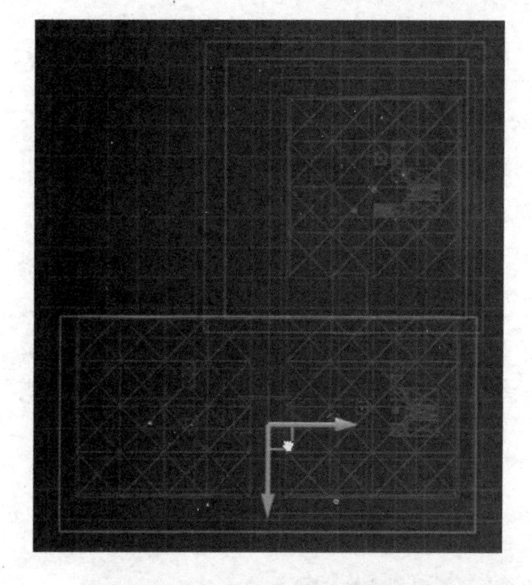

图3-97　设置关卡流体积效果图

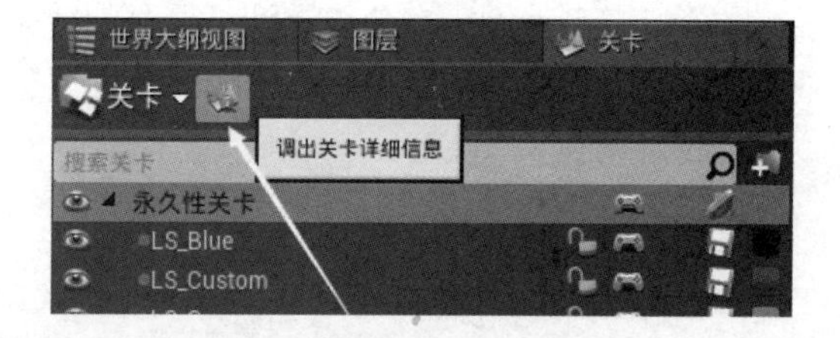

图3-98　调出关卡详细信息

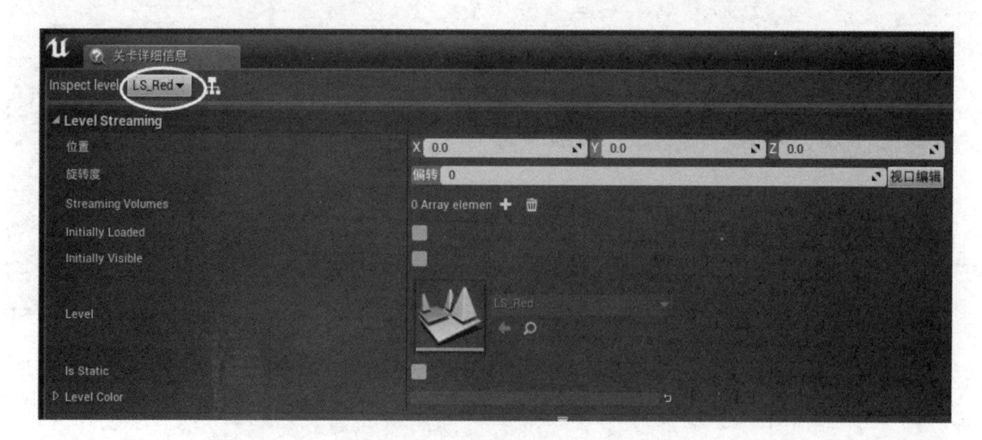

图3-99　无关卡流体积指定

⑥ 单击“1 Array elemen”右侧的“+”按钮为其添加一个关卡流体积选项，并在弹出的选项栏选择“LevelStreamingVolume”关卡流体积，如图 3-100 所示。

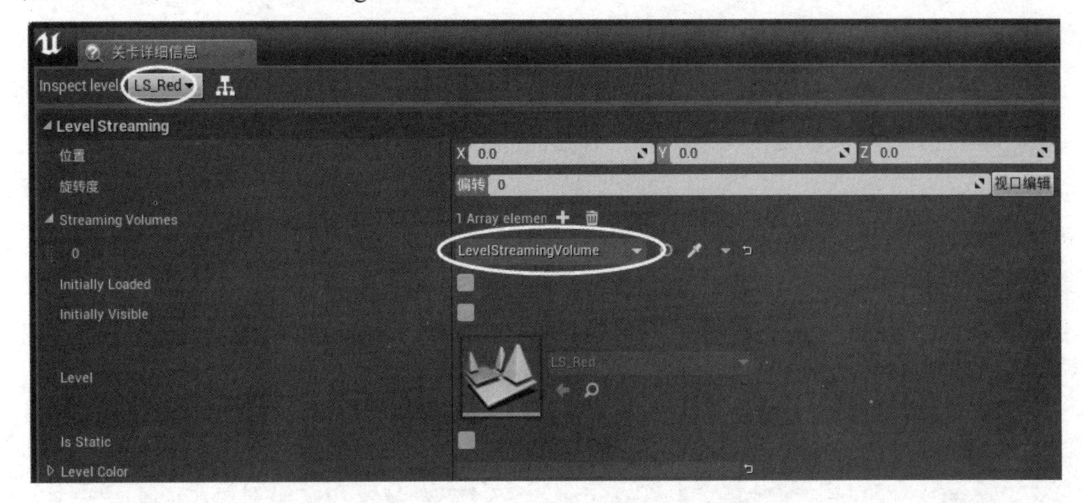

图 3-100 “LS_Red”流关卡的关卡流体积指定

使用相同方法，对“LS_Green”流关卡和“LS_Blue”流关卡进行关卡流体积的指定。需要注意的是，“LS_Green”流关卡对应两个流体积，即需要指定两个“Streaming Volumes”选项，分别设置为“LevelStreaming Volume”和“LevelStreaming Volume2”。蓝色的“LS_Blue”流关卡对应的关卡流体积为“LevelStreaming Volume2”。

设置完毕后，运行永久关卡，显示第一个关卡流体积内的两个流关卡场景，当角色活动到“LS_Green”流关卡区域，会自动加载“LS_Blue”场景内容；当角色活动到“LS_Blue”场景内时，“LS_Green”流关卡会自动被卸载。

项目4 粒子系统

粒子系统，是三维计算机图形学中用于模拟一些特定的模糊现象的技术，而这些现象用其他传统的渲染技术难以实现真实感。粒子系统可以模拟的现象有火、爆炸、烟、水流、火花、落叶、云、雾、雪、尘、流星尾迹，或者像发光轨迹这样的抽象视觉效果等。粒子系统是场景中视觉效果的构成部分。

粒子系统的制作原理：通常粒子系统在三维空间中的位置与运动是由发射器控制的。发射器主要由一组粒子行为参数及在三维空间中的位置所表示。粒子行为参数可以包括粒子生成速度（即单位时间内粒子生成的数目）、粒子初始速度向量（例如什么时间向什么方向运动）、粒子寿命（经过多长时间粒子湮灭）、粒子颜色、在粒子生命周期中的变化及其他参数等。

学习目标

（1）知晓粒子系统的作用；
（2）知晓粒子系统常用术语的含义；
（3）认识粒子系统编辑器；
（4）学会使用粒子系统制作常用粒子效果。

4.1 熟悉粒子系统使用的术语

任务描述

通过虚幻引擎及实例展示，学习粒子系统中使用的术语，如模块、初始状态、生命周期、粒子发射器等，理解粒子系统的工作模式。

4.1.1 模块

在一些软件的特效功能中，创建一个粒子效果需要先定义很多行为的属性，然后对这些属性进行修改来获得希望中的效果。在虚幻引擎 4 中，采用了级联的概念，即对粒子系统进行模块化设计以简化粒子特效的制作过程。在级联中，一个粒子系统创建后只有很少的基础属性，以及一些行为模块。

每个模块代表了粒子行为的一个特定方面，并只对该行为提供属性参数，比如颜色、生成的位置、移动行为、缩放行为等。用户可以在需要的时候添加或者删除模块，以定义粒子的整体行为。由于只有必要的模块才会被添加，因此并没有额外的计算，也没有不需要的属性变量的参与。

模块易于被执行添加、删除、复制等操作，甚至可以实现由其他发射器实例化生成新的粒子特效。

1. 默认模块

有些模块在粒子发射器中是默认存在的。当一个新的面片发射器被添加到粒子系统中，有几个模块是默认随之创建的，如图 4-1 所示。

- **Required 模块：**包含的属性是粒子系统绝对需要用到的属性，比如粒子使用的材质、发射器发射粒子的时间等。
- **Spawn 模块：**控制粒子从发射器中生成的速度，以及其他和粒子发生时机有关的属性。
- **Lifetime 模块：**定义每个粒子在生成后存在的时间，如果没有定义这个模块，则粒子会一直持续下去。
- **Initial Size 模块：**控制粒子生成时的缩放比例。
- **Initial Velocity 模块：**控制粒子生成时的移动行为。
- **Color Over Life 模块：**控制每个粒子的颜色在过程的变化。

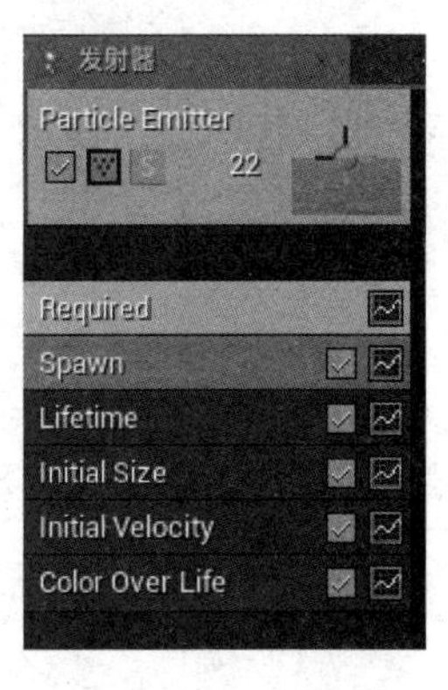

图 4-1　默认模块

Required 模块和 Spawn 模块是永久模块，无法从发射器内移除，而其他一些模块都可以按需删除。

粒子发射器用到的模块及其功能描述如表 4-1 所示。

表 4-1　粒子发射器用到的模块及其功能描述

模　块	功 能 描 述
Acceleration	用于处理粒子加速行为的模块，比如通过定义阻力等
Attraction	通过不同位置放置引力点来控制粒子移动的模块
Camera	用于管理如何在摄像机空间中移动粒子的模块，能够处理粒子是靠近还是远离摄像机
Collision	用于管理粒子如何和其他几何体碰撞的模块
Color	该分类模块用于改变粒子的颜色
Event	该分类模块用于控制粒子的事件触发，这可以用来在游戏中做各种响应
Kill	该分类模块用于处理单个粒子的删除行为
Lifetime	该分类模块用于处理粒子存在的时间
Light	这些模块管理粒子的光照特性
Location	这些模块定义了相对于发射器位置的粒子生成位置的信息
Orbit	这些模块能够定义屏幕空间的行为轨迹，为效果添加额外的运动特性
Orientation	这些模块能够锁定粒子的旋转轴
Parameter	这些模块能够被参数化，可以使用外部系统来对粒子进行控制，比如蓝图和 Matinee
Rotation	这些模块用于控制粒子的旋转
Rotation Rate	这些模块用于管理旋转速度的变化
Size	这些模块用于控制粒子的缩放行为
Spawn	这些模块用于给粒子生成速率添加额外定义，比如根据距离的改变来调整粒子的生成
SubUV	这些模块能够让粒子使用序列帧动画贴图数据
Velocity	这些模块用于处理每个粒子的移动速度

2. 初始状态与生命周期

初始状态模块用于管理粒子被生成那一刻的各方面属性。生命周期模块对粒子生命过程中的属性进行修改。

例如，“初始颜色”为粒子生成那一刻指定颜色属性；而“生命周期颜色”属性则是用于在粒子生成后，直到消亡前的这段过程中颜色的行为。

如果将一个属性设置为 Distribution 的类型，那么它就会在时间过程上发生变化。有些模块使用“相对时间”而有些模块使用“绝对时间”。“绝对时间”是指外部发射器的计时。如果发射器的设置是每个粒子循环 2 秒，3 次循环，那么在这个发射器内的模块的绝对时间将是从 0 到 2，运行 3 次。“相对时间”在 0 到 1 之间，表示每个粒子在生命周期中的时间。

3. 模块、发射器、粒子系统、发射器 Actor

总的来说，粒子系统的组件包括模块、发射器、粒子系统，以及发射器 Actor。

（1）模块：定义粒子的行为，被放置在一个发射器中。

（2）发射器：为展示效果发射特定行为的粒子，多个发射器可以被同时放置在一个粒子系统内。

（3）粒子系统：作为内容浏览器中的一个资源，可以被一个发射器 Actor 来引用。

（4）发射器 Actor：是一个放置在关卡中的物体，用于定义粒子在场景中如何使用。

正如特效本身有各种不同的类型一样，发射器也分为不同的类型，用来制作各种特效。常用的发射器类型如下。

- **Sprite Emitters：**基本发射器类型，也是使用最广泛的类型。使用始终朝向摄像机的多边形的面片作为单个粒子发射，可以用来做烟雾、火焰特效，以及其他各种效果。
- **Anim Trail Data：**用于创建动画的拖尾效果的发射器。
- **Beam Data：**用于创建光束效果的发射器，比如激光、闪电等类似的效果。
- **GPU Sprites：**这是特殊类型的粒子发射器，在运行时大量计算交给 GPU 执行。这将 CPU 的粒子特效计算从几千的数量级提高到 GPU 计算特效的几十万的数量级。
- **Mesh Data：**这个类型的发射器将会发射多边形模型，而不再发射一系列的面片，主要用于创建岩石块、废墟等类似的效果。
- **Ribbon Data：**这个发射器会产生一串粒子附属到一个点上，能在一个移动的发射器后形成一个色带，可以用于创建机车或弹丸尾迹。

4.1.2 参数

参数是指一种能够将数据发送给其他系统，并从其他系统中接受数据的属性，其他系统包括蓝图、Matinee、材质或者其他来源。在级联中，几乎任何一个给定的属性都能够被设定到一个参数上，也就意味着属性能够从粒子系统外部来控制。

例如，将一个火焰特效的 Spawn Rate 设置为一个参数，并在游戏中实时地根据玩家情况来增加或减小该数值，就能让玩家控制火焰特效的强度。

在粒子系统中添加到模块中的参数，也能用来驱动其他系统，比如驱动一个在关卡中放置的给定材质的颜色。

4.1.3　细节级别

粒子系统非常消耗性能。即使是使用 GPU 粒子时，仍然需要考虑不同的粒子离玩家的远近及它们产生的实际效果。

例如，一堆营火，如果靠近来看的话，可能会看见火焰的余烬和火花在烟雾中显现。如果观察点在几百米远处，余烬的效果会小到比任何显示器一个像素的尺寸还小，那么这些细节就没有必要展现了。这时就需要细节级别（LODs）的介入。LOD 系统能够自定义距离范围，超过一定距离后粒子系统就会自动简化。每个距离范围对应一个 LOD。简化的介入就是使用较低的数值禁用一些模块，甚至禁用一些发射器。以营火为例，一旦玩家远离一定距离后就彻底禁用创建火花的发射器。

粒子系统可以有任意数量的 LODs，并且可以为每个 LOD 设定距离范围。

4.1.4　Distribution数据类型

Distribution 是一组数据类型，能够以特殊的方式处理数据，例如，为一个数值应用一个范围，或者使用曲线来对数值做插值操作。如果粒子系统需要任何随机属性，或者粒子需要随着时间进行变化时，就需要使用一个 Distribution 来控制属性。

在级联中的很多模块的属性中都可以使用各种不同的 Distribution，属性的实际数值就是通过 Distribution 来设置的。

虚幻引擎 4 有如下五种主要的 Distribution 数据类型。

- ✓ Constant：表示一个静态不变的常量。
- ✓ Uniform：一个 Uniform Distribution 提供一个最小值和一个最大值，可以输出这两个值之间（包含这两个值）的随机数值。
- ✓ Constant Curve：提供一个数值的简单曲线。在此数据类型中，时间通常是指一个粒子从生成到消失的过程，或者说是粒子的起始时间和结束时间。
- ✓ Uniform Curve：Uniform Curve Distribution 提供了最小曲线和最大曲线，最终数值在这两个曲线中间来选取。
- ✓ Parameter：这种类型的 Distribution 可以使得该属性参数化，以便于它能够被外部系统，如蓝图、Matinee 或者其他系统读取或改写。

4.2　认识粒子编辑器

任务描述

使用“Third Person”项目模板创建一个包含初学者内容的新项目，在内容浏览器中找到存储粒子系统的目录，打开一个粒子系统，认识粒子编辑器各部分功能。

4.2.1　粒子系统资源案例

虚幻引擎 4 的“初学者工具包”为用户提供了六种粒子系统资源的案例，用户可以直接调用这些案例，也可以对案例中的参数进行修改。同时，用户可以复制案例的模块及参数，将其应用到新建的粒子系统中。

新建一个“Third Person”项目，勾选包含初学者内容选项。在内容浏览器中找到“Starter Content”目录，双击打开“Particles”文件夹，该文件夹用于存储粒子系统资源，如图 4-2 所示。

图 4-2　火焰粒子系统资源

4.2.2　粒子编辑器

虚幻引擎 4 中有一个名为“Cascade”的强大粒子编辑器。粒子编辑器可以通过打开一个已有粒子资源的方法进入，也可以通过新建粒子资源的方法进入。选择虚幻引擎 4 提供的默认粒子资源“P_Fire”，双击打开该粒子编辑器，界面如图 4-3 所示。

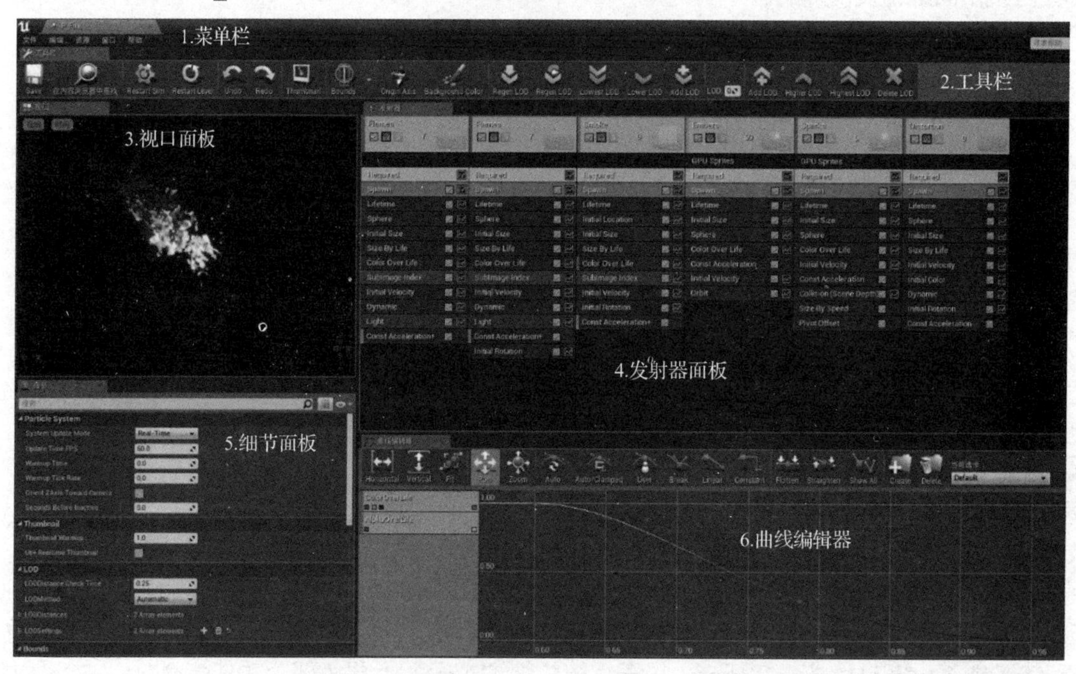

图 4-3　粒子编辑器界面

（1）菜单栏：包含“文件”“编辑”“资源”“窗口”“帮助”常用菜单。

（2）工具栏：罗列常用的可视化、导航工具。

工具栏各图标功能描述如表 4-2 所示。

表 4-2　粒子编辑器工具栏图标功能描述

图　标	功能描述
Save	保存当前粒子系统资源
在内容浏览器中查找	在内容浏览器中找到当前的粒子系统资源
Restart Sim	此按钮用于重设视口窗口中的模拟，按下“空格键”可执行相同操作
Restart Level	此按钮用于重设粒子系统，以及关卡中任何类型的系统
Undo	撤销上步操作，按“Ctrl+Z”组合键可执行相同操作
Redo	重新执行未完成的上步操作，按“Ctrl+Y”组合键可执行相同操作
Thumbnail	将视口面板的摄像机画面存为内容浏览器中粒子系统的缩略图
Bounds	在视口面板中切换粒子系统当前边界的显示
	单击该按钮可对 GPU Sprite 粒子系统的固定边界进行设置，固定边界对 GPU Sprite 粒子可到达的范围进行限定
Origin Axis	在粒子视口窗口中显示或隐藏原点轴
Regen LOD	复制最高 LOD，以重新生成最低 LOD
Regen LOD	使用最高 LOD 数值预设百分比的数值重新生成最低 LOD
Highest LOD	加载最高的 LOD
Add LOD	在当前加载的 LOD 前添加一个新 LOD
Higher LOD	加载下一个较高的 LOD
Lower LOD	加载下一个较低的 LOD

续表

图　标	功 能 描 述
Lowest LOD	加载最低的 LOD
Delete LOD	删除当前加载的 LOD
LOD: 0	此按钮用于选择需要预览的当前 LOD，可手动输入数值或拖动鼠标选取数字

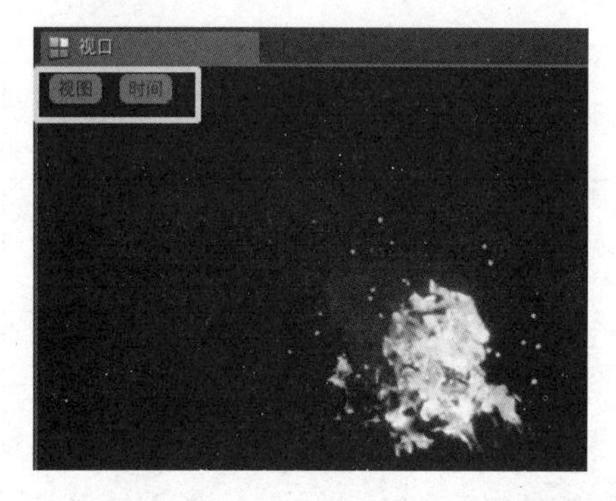

图 4-4　视口面板的“视图”和“时间”菜单

（3）视口面板：显示当前粒子系统的效果。窗格的左上角有“视图”和“时间”两个菜单，如图 4-4 所示，以控制显示和隐藏面板的功能，并对视口进行必要的设置。“视图”用于显示和隐藏视口窗格的诸多诊断和可视化功能，“时间”菜单可对视口窗格的播放速度进行调整。

（4）发射器面板：该窗格包含当前粒子系统中所有发射器的列表，以及这些发射器中所有模块的列表。在此面板中可对掌控粒子系统外观和行为的诸多粒子模块进行添加、选择和使用。

当前粒子系统中的所有发射器在发射器列表中呈水平排列，如图 4-5 所示。在单个粒子系统中可能存在任意数量的发射器，每个发射器负责处理粒子效果的不同方面。

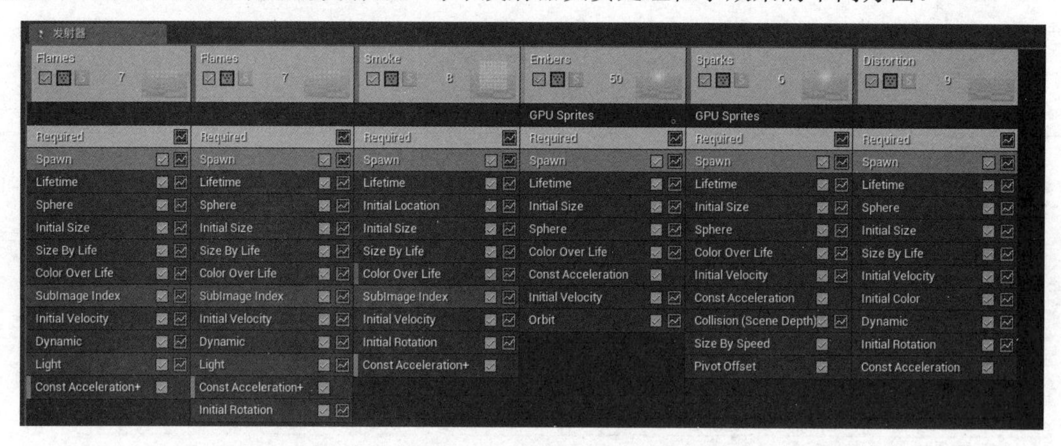

图 4-5　发射器面板

在空白位置右击，可以弹出“新建 Particle Sprite Emitter”命令，如图 4-6 所示，单击选择该命令可以新建一个粒子发射器。

发射器面板每列代表一个粒子发射器，每列顶部为发射器段，下方为任意数量的模块。发射器段包含发射器的主要属性，如发射器的名称和类型；下方的每个模块对粒子行为的各个方面进行单独控制。每行显示一个模块名称，名称后面有一个复选框，用来控制启用或禁用该模块，如图 4-7 所示。

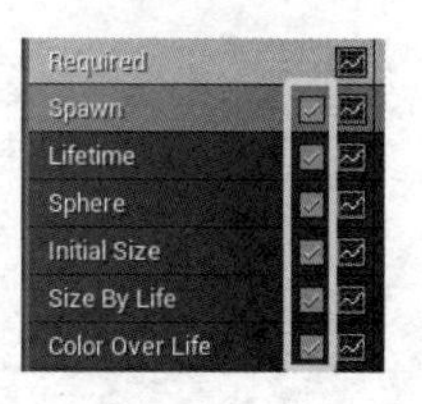

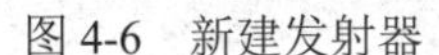

图 4-6　新建发射器　　　　图 4-7　启用或禁用模块

发射器列表界面直观易读，还包含右键访问的快捷菜单。在一个粒子系统中的发射器将按发射器列表中从左至右的顺序进行计算。如表 4-3 所示是发射器列表中应用的功能键和命令。

表 4-3　发射器列表功能键介绍

功　能　键	操　　作
单击	选择一个发射器或模块
用鼠标左键拖动模块	将模块从一个发射器移动至另一个发射器
Shift+鼠标左键拖动模块	在发射器之间将一个模块举为实例，此时该模块名旁将出现一个“+”符号，其他模块颜色与该模块相同
Ctrl+鼠标左键拖动模块	将一个模块从源发射器复制到目标发射器
右击	打开快捷菜单。在空白栏中右击，可创建一个新发射器。在发射器上右击可对其执行多种操作，以及添加新模块
左右方向键	在选中一个发射器的情况下，将发射器在列表中的位置向左或向右调

（5）细节面板：在该窗格中可查看和编辑当前粒子系统、粒子发射器或粒子模块，如图 4-8 所示。

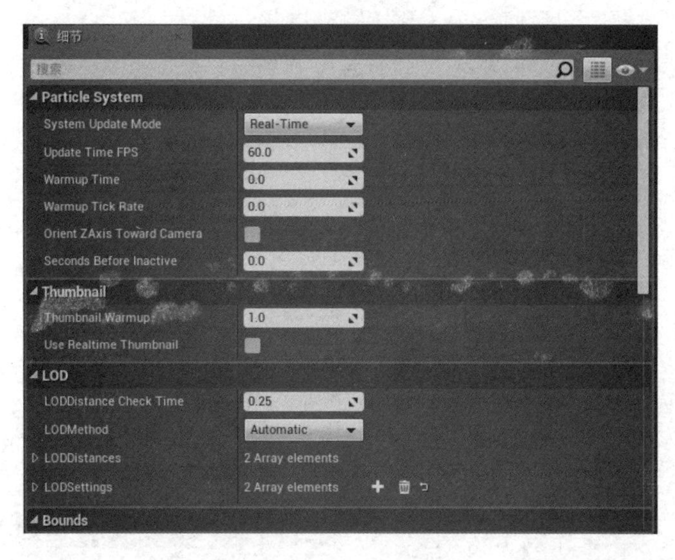

图 4-8　细节面板

（6）曲线编辑器：该编辑器中显示在相对或绝对时间中被修改的所有属性。曲线编辑器可以调整在粒子或发射器生命周期中进行改变的数值，比较常用的是制作淡入或淡出粒子。通过单击单个模块上的图表图标在曲线编辑器中查看模块的曲线，如图 4-9 所示。

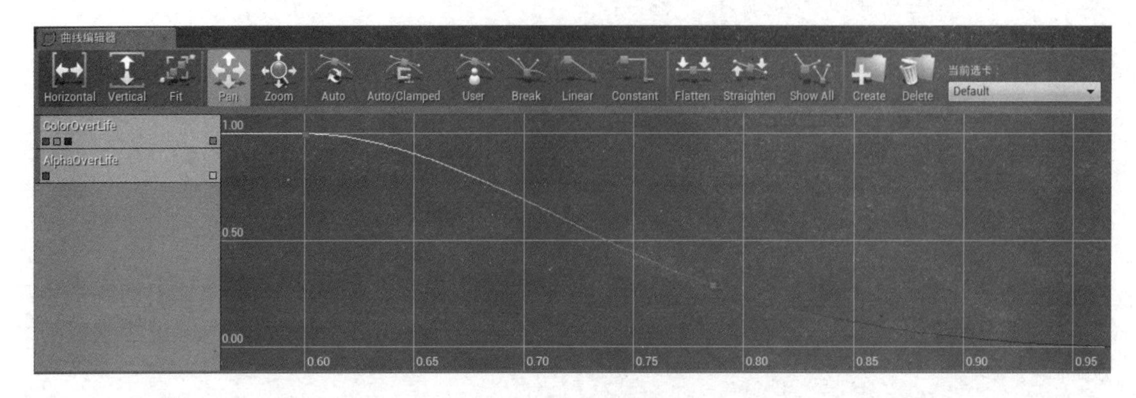

图 4-9　曲线编辑器

小结

一个粒子系统是由一个或多个不同类型的粒子发射器形成一个特效集合。每个粒子发射器负责产生任意数量的粒子，并控制它们的行为和表现。

4.3 制作下雨粒子特效

任务描述

微课：下雨粒子特效

利用虚幻引擎 4 的粒子系统，为场景制作下雨特效。通过制作过程，进一步掌握虚幻引擎 4 粒子系统的制作步骤，理解相关参数的含义及设置方法。

4.3.1 制作粒子的材质

在粒子系统中，粒子的材质决定了粒子特效的显示外观。

（1）在内容浏览器中相应的目录下，新建雨滴材质，打开材质编辑器。

（2）按住键盘上的“3”数字按键，并在材质图表空白处单击，添加一个“常量 3 矢量”材质表达式节点，调整颜色为淡蓝色，取值如图 4-10 所示。将其连接到主材质节点的“基础颜色”输入端。

（3）添加粒子颜色节点。在材质图表空白处右击，弹出搜索菜单，输入“particle”，引擎会自动列出与之相关的选项，如图 4-11 所示，选择“Particle Color”选项，即可添加该节点。

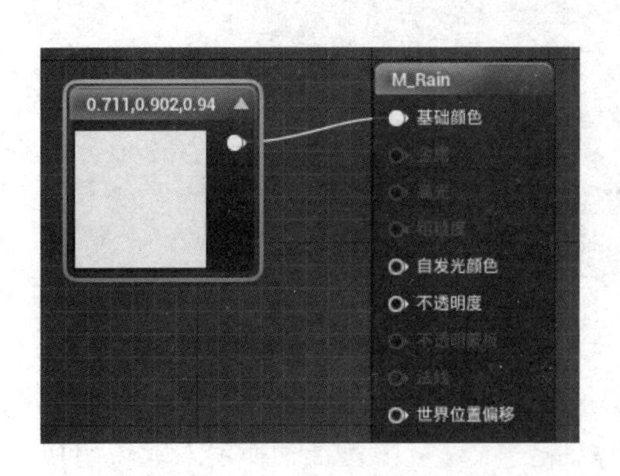

图 4-10　设置雨滴基础颜色

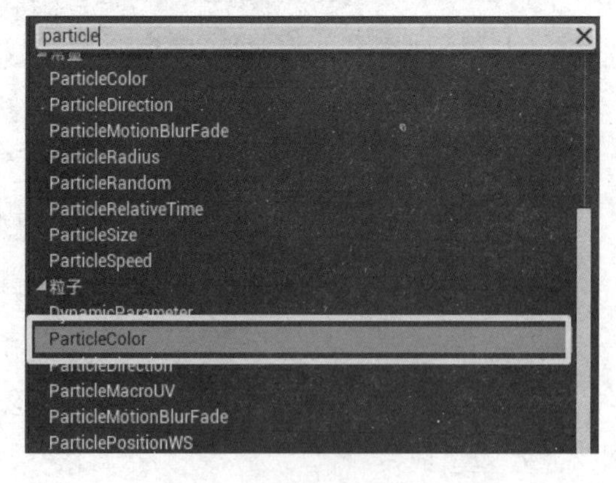

图 4-11　搜索粒子颜色节点

（4）使用同样方法添加一个径向梯度指数节点“Radial Gradient Exponential”和两个乘法“Multiply”节点，如图 4-12 所示。

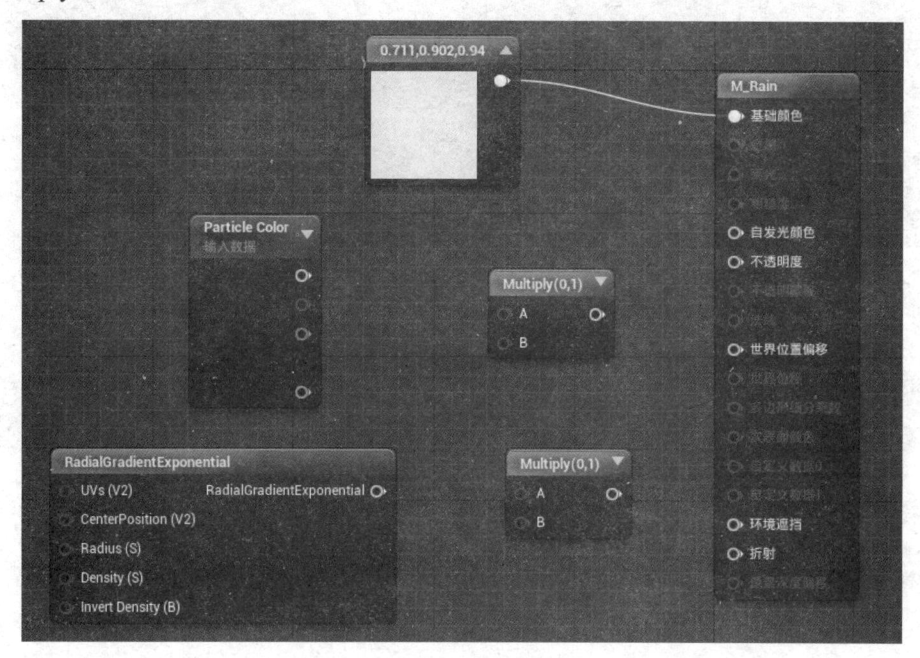

图 4-12　添加雨滴材质使用的节点

（5）按照如图 4-13 所示，将剩余所有节点与主材质的“自发光颜色”和“不透明度”输入端相连。

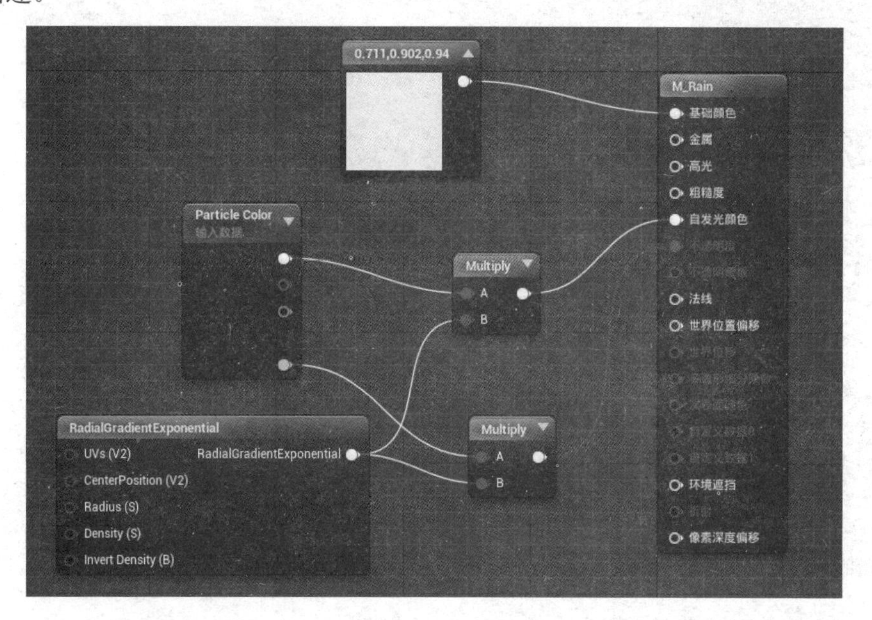

图 4-13　节点连接

（6）修改材质的混合模式。在细节面板的“Material”选项卡下，找到“BlendMode”选项，将其模式修改为“Translucent”，以启用“不透明度”输入端，如图 4-14 所示。最后保存材质。

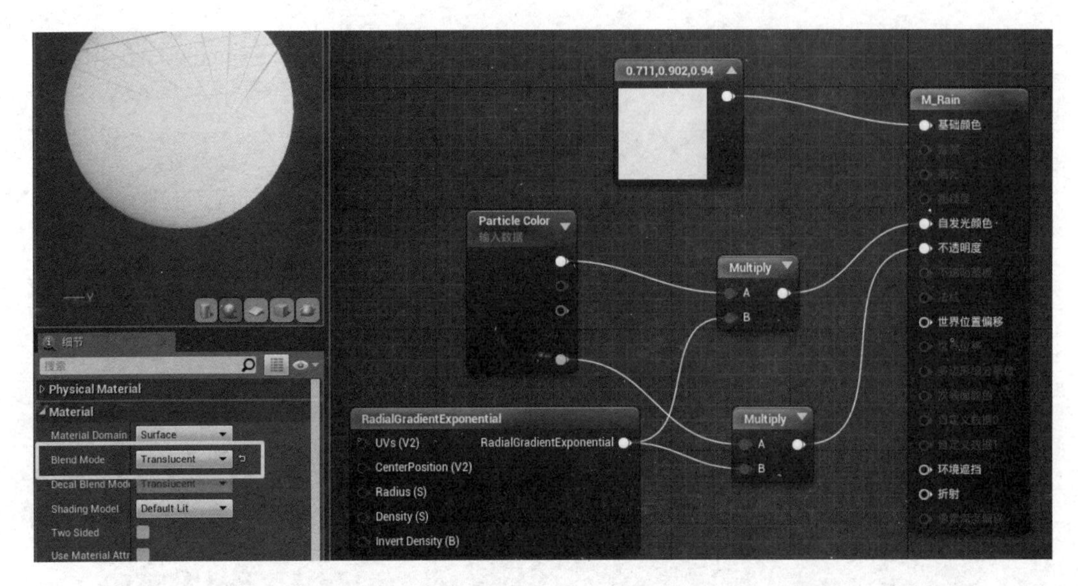

图 4-14　修改混合模式

4.3.2　创建GPU粒子发射器

在内容浏览器中用于存储粒子系统资源的目录下右击，在弹出的右键关联菜单中选择“粒子系统”命令，如图 4-15 所示，即可新建一个粒子系统的资源。也可以在内容浏览器工具栏中单击“添加新项”按钮，打开下拉菜单，如图 4-16 所示。

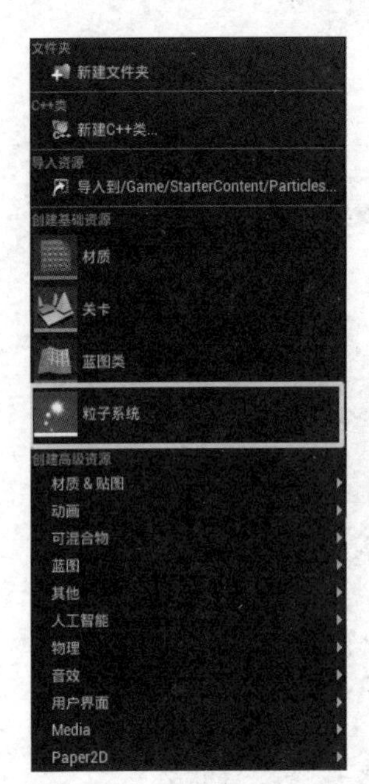

图 4-15　新建粒子系统

图 4-16　“添加新项”按钮

对新建的粒子系统进行重命名后，双击打开粒子编辑器，如图 4-17 所示。

在粒子编辑器的发射器面板中右击，在发射器右键关联菜单中选择“类型数据”下的“新建 GPU Sprites”命令，如图 4-18 所示。

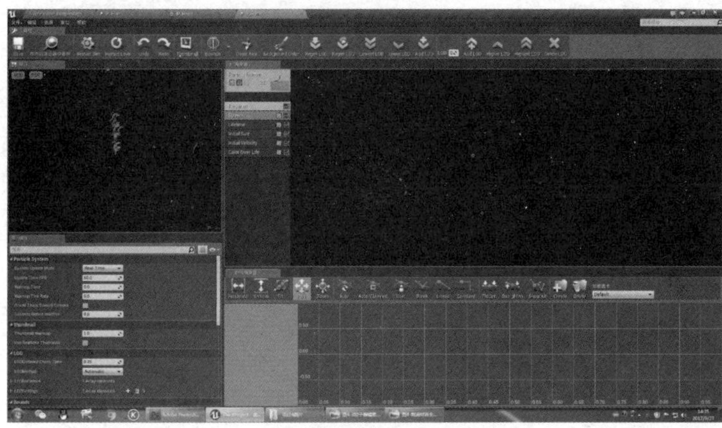

图 4-17　粒子编辑器

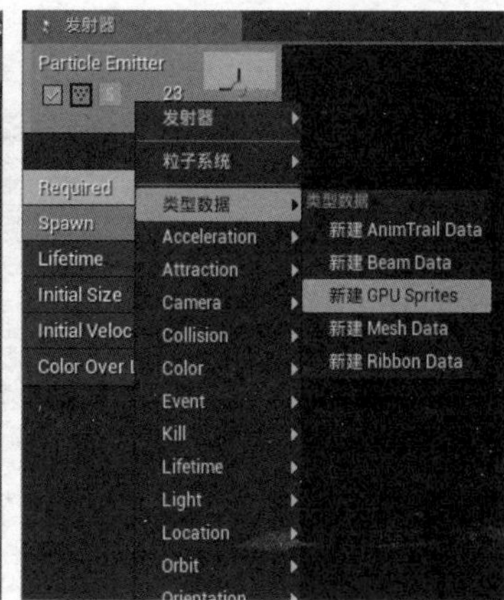

图 4-18　创建 GPU 粒子发射器

4.3.3　编辑粒子系统模块及参数

1. 赋予粒子材质

单击发射器面板中的“Required”模块，在细节面板会显示发射器的各项参数。单击材质下拉菜单，将材质“Material”选项设置为前面步骤中创建的雨滴材质，如图 4-19 所示。

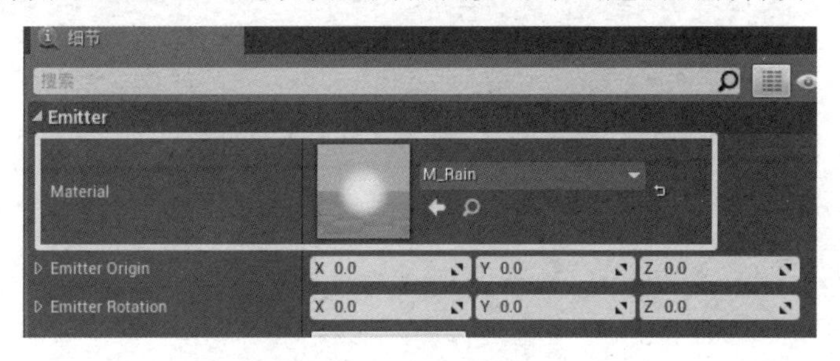

图 4-19　编辑粒子材质

2. 设置每秒粒子发射数量

单击发射器面板中的“Spawn”模块，在细节面板“Spawn”参数下找到“Rate”参数，单击“Distribution”选项，将“Constant”设置为“5000.0”，如图 4-20 所示。

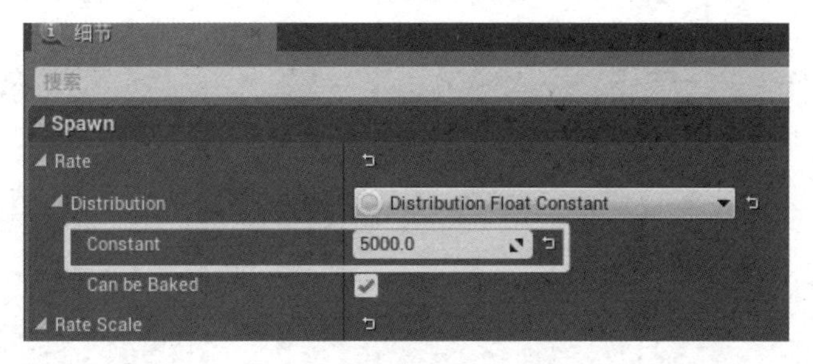

图 4-20　设置粒子发射数量

3. 设置粒子的生命周期

单击发射器面板中的“Lifetime”模块，在细节面板“Lifetime”参数中单击“Distribution”选项，将“Min”和“Max”都设置为“5.0”，如图 4-21 所示。

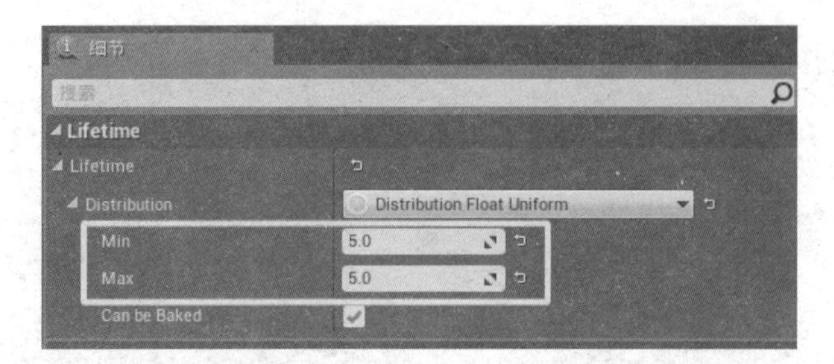

图 4-21　设置粒子生命周期

4. 设置粒子的初始大小

单击发射器面板中的“Initial Size”模块，在细节面板“Size”参数下找到“Start Size”参数，单击“Distribution”选项，将“Max”和“Min”分别设置为如图 4-22 所示。

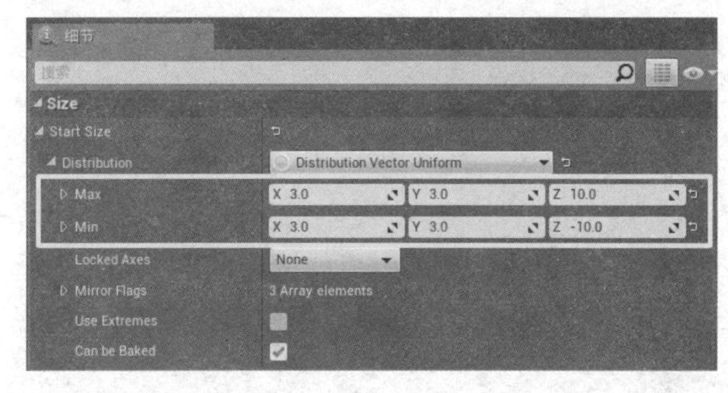

图 4-22　设置粒子初始大小

5. 设置粒子的初始速度

单击发射器面板中的“Initial Velocity”模块，在细节面板“Velocity”参数下找到“Start Velocity”参数，单击“Distribution”选项，将“Max”和“Min”分别设置为如图 4-23 所示。

6. 设置粒子的初始颜色

首先，删除本粒子系统不需要的“Color Over Life”模块。单击该模块，按“Delete”键即可删除模块。

其次，添加初始颜色“Initial Color”模块。在发射器的黑色空白区域右击，弹出右键关联菜单，在“Color”菜单中选择“Initial Color”命令，如图 4-24 所示，将该模块添加到发射器中。

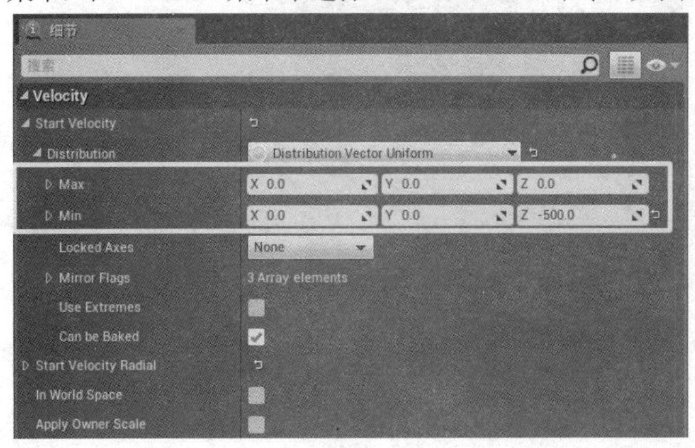

图 4-23　设置粒子初始速度

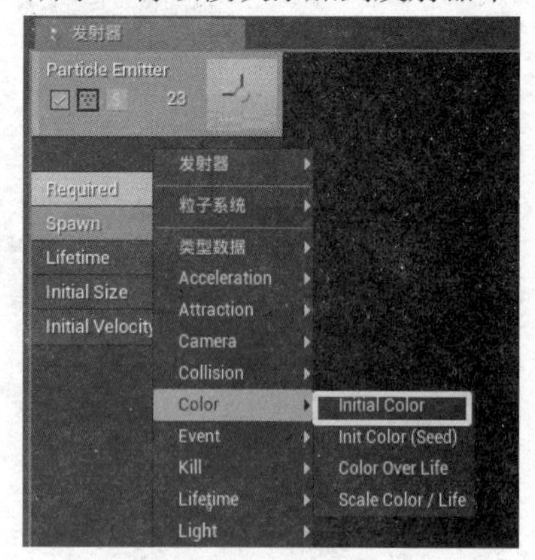

图 4-24　添加新模块

单击发射器面板中的“Initial Color”模块，在细节面板“Color”参数中的“Start Color”选项下找到“Distribution”选项，“Constant”颜色设置如图 4-25 所示。

设置完毕后可以看到粒子编辑器的视口面板中的效果如图 4-26 所示。

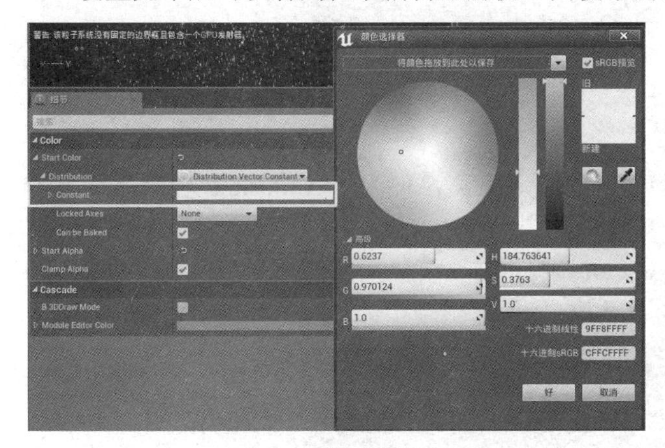

图 4-25　设置粒子初始颜色

图 4-26　视口效果

7. 设置粒子的初始位置

添加初始位置“Initial Location”模块，在右键关联菜单中的“Location”菜单下，选择“Initial Location”命令，将该模块添加到发射器中。

单击发射器面板中的“Initial Location”模块，在细节面板“Location”参数中的“Start Location”选项下找到“Distribution”选项，参考图 4-27 设置“Max”和“Min”。

设置完毕后可以看到粒子编辑器的视口面板中的效果如图 4-28 所示。

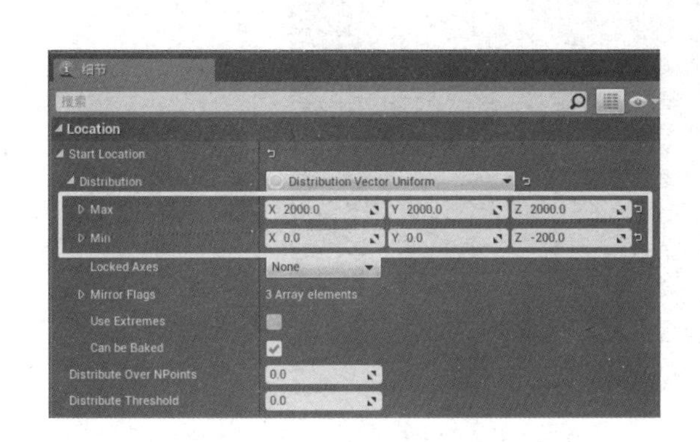

图 4-27　设置粒子初始位置

图 4-28　设置粒子初始位置后视口效果

8. 设置粒子大小随速度变化参数

添加“Size by Speed”模块，在右键关联菜单中的“Size”菜单下，选择“Size by Speed”命令，将该模块添加到发射器中。

单击发射器面板中的“Size by Speed”模块，在细节面板“Particle Module Size Scale by Speed”参数下，参考图 4-29 设置“Speed Scale”和“Max Scale”。

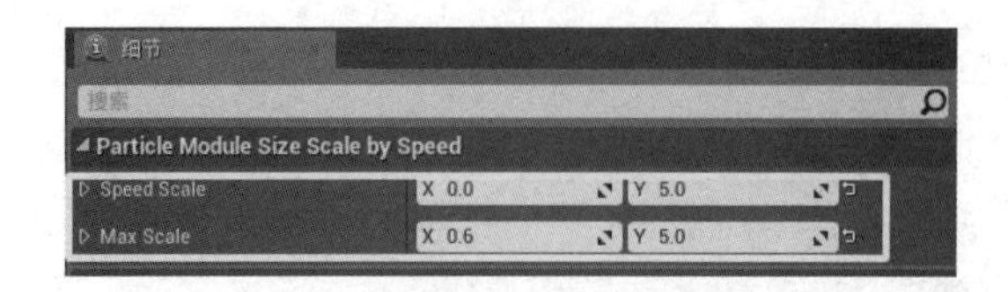

图 4-29　设置粒子大小随速度变化参数

9. 设置粒子碰撞属性

添加“Collision（Scene Depth）”模块，在右键关联菜单中的“Collision”菜单下，选择“Collision（Scene Depth）”命令，将该模块添加到发射器中。

单击发射器面板中的“Collision（Scene Depth）”模块，在细节面板“Collision”参数下，参考图 4-30 设置“Resilience Scale Over Life”选项中的“Friction”和“Response”。

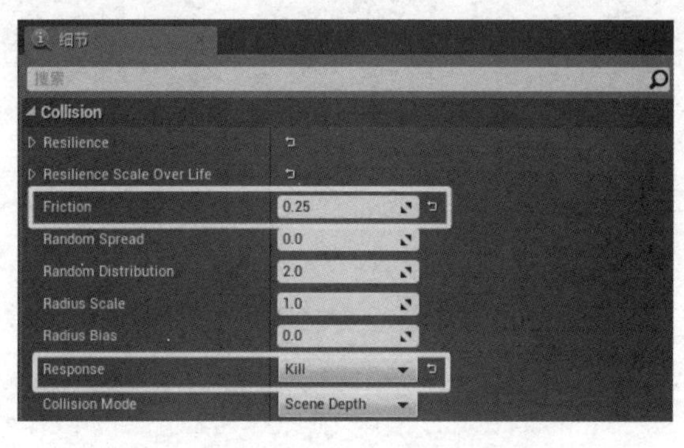

图 4-30　设置粒子碰撞属性

下雨粒子系统发射器使用的所有模块及最终视口效果如图 4-31 所示。

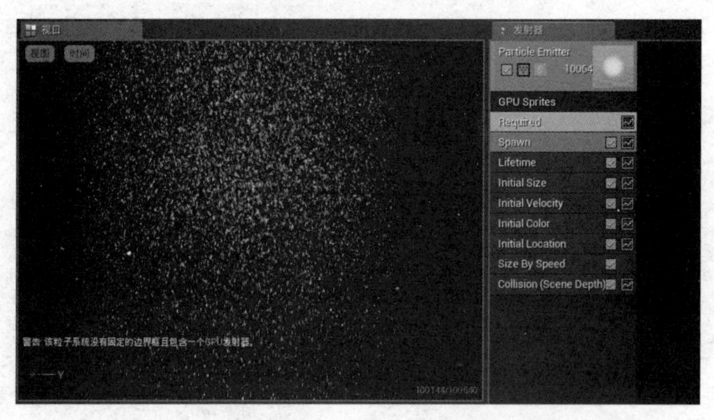

图 4-31　发射器使用的模块及最终视口效果图

粒子系统编辑完毕之后，可以将该粒子系统添加到场景中，使用该粒子系统，效果图如图 4-32 所示。

小结

本案例以制作下雨特效为例，介绍了粒子编辑器的使用方法。粒子系统的制作步骤：第一步，制作粒子的材质；第二步，选择粒子使用的发射器；第三步，对粒子的初始状态、生命周期内状态及消亡状态进行模块参数设置。使用粒子编辑器，用户可以根据自己的需求制作出常用的各种粒子效果。

图 4-32　在场景中应用粒子系统效果图

4.4 利用Niagara制作粒子特效

任务描述

认识虚幻引擎 4 官方力推的另一个视觉效果制作工具，Niagara。了解 Niagara 运行模式，利用 Niagara 模板制作下雨粒子特效。

4.4.1 Niagara概述

Niagara 系统是虚幻引擎 4 中创建和调整视觉效果（VFX）的两个工具之一。在 Niagara 之前，在虚幻引擎 4 中创建和编辑视觉效果的主要方法是使用 Cascade 级联粒子系统，这两个工具当前仍然并存于虚幻引擎 4 中，但虚幻官方正在主推 Niagara 系统的应用。

Niagara 是虚幻引擎的次世代 VFX 系统。利用 Niagara，美术师能够自行创建额外功能，而无须程序员的协助。Niagara 系统具有更高适应性和灵活性，同时更为易用、易理解。

Niagara 中的粒子模拟采用堆栈的形式运行。模拟从堆栈顶部流向底部，依次执行各个模块的可编程代码。每个模块都会被分配到一个分组中，该分组会描述该模块的执行时间。

首次创建 Niagara 发射器或 Niagara 系统时将显示向导对话框，供用户选择要创建发射器或系统类型的各个选项。如图 4-33 所示。

图 4-33　Niagara 系统向导对话框

选项一，从发射器模板中新建一个发射器：系统会为用户提供几种常用效果的模板，用户可以在下面的列表中选择。模板中已经包含各种模块，用户可以根据需求更改模板中的参数，可以添加、修改或删除模块，也可以添加、修改或删除发射器。此选项可以帮助初学者快速了解 Niagara 特效系统，启发创造性，提高制作效率。

选项二，从项目内容中复制一个现有的发射器：选择此选项并单击“下一步”按钮，会列出所有可用的发射器。此列表中既包括项目中现有的发射器，也包括模板发射器。用户选择可以选择一个包含在新系统中的发射器。如果选择现有发射器，系统将从这些发射器中继承；如果选择模板发射器，则系统将不会继承任何内容。模板发射器是一个实例，该实例可以仅位于系统本地，也可以另存为单独的发射器资源。

选项三，从项目内容中现有发射器中继承：若选择此选项，新建的发射器会继承现有发射器的属性，使得新发射器成为所选的现有发射器的子项。若需要很多具有某些共同属性的发射器，这是个很好的选择。对父级发射器进行更改，所有子级发射器都会相应做出变化。

选项四，创建一个不包含模块或渲染器的空白发射器（高级）：选择此项，则系统不会包含任何发射器或发射器模板。如果用户想要创建与其他系统完全不同的新系统，可以使用此选项。

4.4.2 Niagara制作下雨特效

1. 启用 Niagara 插件

Niagara 作为虚幻引擎 4 的一个插件，考虑性能因素，Niagara 插件默认被禁用，所以在利用 Niagara 创建视觉效果之前需要先启用该插件。

启用插件的方法：选择关卡编辑器的“编辑”→“插件”命令，打开虚幻引擎 4 的插件列表，找到“FX”部分，右侧能看到 “Niagara”插件选项，勾选“已启用”复选框，如图 4-34 所示。

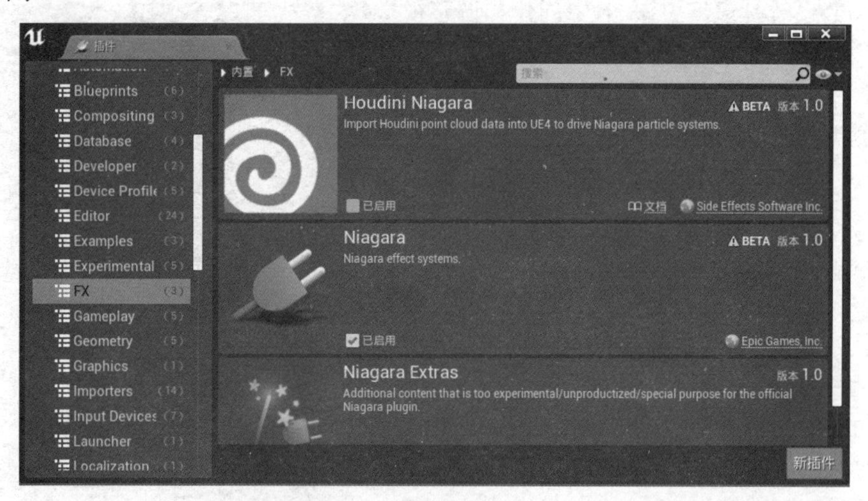

图 4-34　启用 Niagara 插件

虚幻引擎当前版本中，“Niagara”插件仍属于测试版本，引擎会弹出提示对话框，单击“是”按钮执行启用，如图 4-35 所示。重启虚幻引擎后，“Niagara”插件即可生效。关卡编辑器重新启动后，右击内容浏览器，会看到一个新增的“FX”选项，其中包含 Niagara 应用的各种功能选项。

图 4-35　提示对话框

2. 基于模板创建粒子发射器

在内容浏览器相应存储文件夹内右击，在弹出的右键关联菜单中选择“FX”下的“Niagara 发射器”命令，如图 4-36 所示。

在打开的向导对话框中选择“从发射器模板中新建一个发射器”选项，在下面的发射器模板中选择“Fountain”模板，如图 4-37 所示。

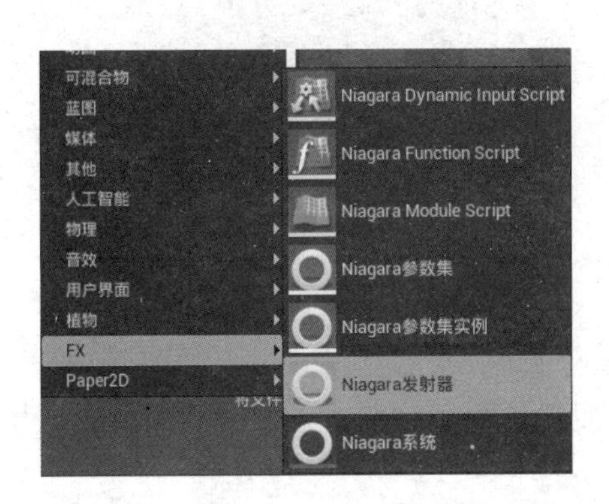

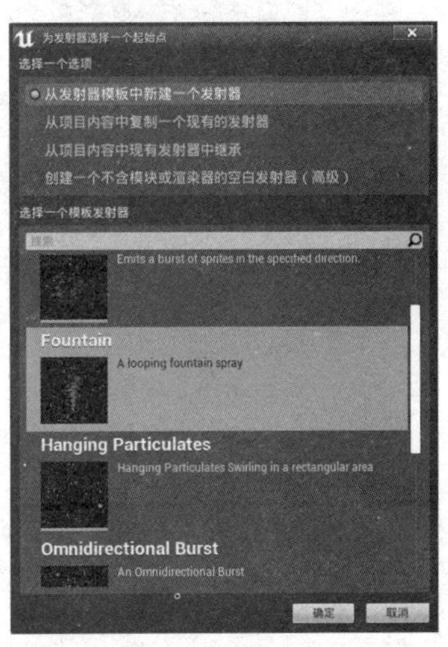

图 4-36　选择“Niagara 发射器”命令　　　　图 4-37　选择“Fountain”发射器模板

单击“确定”按钮后，会在内容浏览器中新建一个 Niagara 发射器资源，对其重命名后，双击打开，进入 Niagara 发射器编辑界面，如图 4-38 所示。

图 4-38　Niagara 发射器编辑界面

发射器编辑界面包含面板菜单栏、工具栏、预览面板、参数面板、系统概览、选择面板（堆栈）、曲线面板、Niagara 日志面板、时间轴面板等。

系统概览面板中有一个发射器节点，在发射器节点和选择面板中，模块会按照功能分组，同一分组采用相同颜色显示，如图 4-39 和图 4-40 所示。

图 4-39　发射器节点使用的模块

图 4-40　选择面板对应的详细参数

橙色用于标注发射器级模块，包括发射器设置、发射器生成、发射器更新模块。发射器生成模块用于定义发射器首次生成时的效果。发射器更新模块用于放置随时间持续影响发射器的模块数据。

绿色用于标注粒子级模块，包括粒子生成、粒子更新、事件处理函数等。粒子生成模块用于定义发射器中生成粒子时的效果。粒子更新模块用于描述随时间持续影响粒子的模块数据。事件处理函数模块中，可以在一个或多个用于定义特定数据的发射器中创建事件。

红色用于标注渲染项目模块。

当前发射器节点的所有模块及设置是基于“Fountain”模板的数据。在使用过程中，用户在发射器节点选择需要修改的参数，在选择面板修改其具体的数据。如果在当前的发射器节点中没有需要的参数，用户可以在参数面板中搜索，并通过拖曳的方式添加到发射器节点相应模块下。

参数面板列出活动发射器或系统使用的所有用户公开、系统、发射器、粒子和引擎提供的参数。用户可以将参数拖放到系统概览中的任何适当节点。参数的右侧会显示引用次数，这使得用户可以快速发现错误并决定变量的更改方式。

3. 基于模板修改粒子发射器参数

区别于喷泉粒子的运动方向，雨滴粒子的运动方向是沿 *Z* 轴向下运动。在发射器节点中单击“粒子生成模块”下的“Add Velocity”参数，右侧的选择面板会对应显示“Add Velocity”的各项参数设置。单击选择面板的“Velocity”右侧的下拉三角形按钮，在弹出的列表中选择“本地”下的“设置一个本地值”选项，如图 4-41 所示，将原来的区间范围速度值修改为一个本地固定值。

将“Velocity”的“Z”轴数值修改为“-10.0”，将“Scale Add Velocity”的“Z”轴数值修改为“100”，如图 4-42 所示。修改之后粒子预览效果如图 4-43 所示，粒子会沿 *Z* 轴向下运动。

图 4-41　修改速度值类型

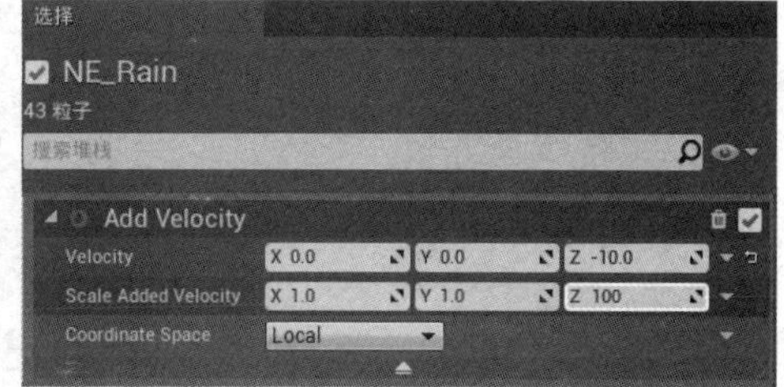

图 4-42　设置“Z”轴速度值

在发射器节点选择“Sphere Location”参数，将选择面板上的“Sphere Radius”的粒子发射范围半径修改为“1000.0”，如图 4-44 所示。预览效果如图 4-45 所示。

图 4-43　修改速度后的粒子预览效果

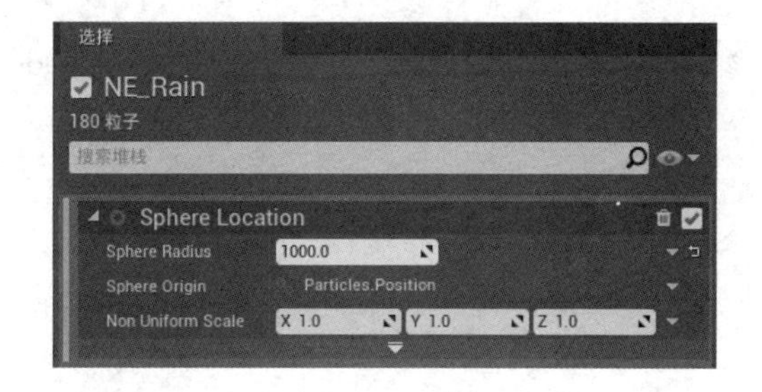

图 4-44　修改“Sphere Location”参数

在发射器节点选择“Calculate Size by Mass”参数，勾选选择面板的“Calculate Mesh Scale”复选框，如图 4-46 所示。

图 4-45　修改“Sphere Location”后预览效果

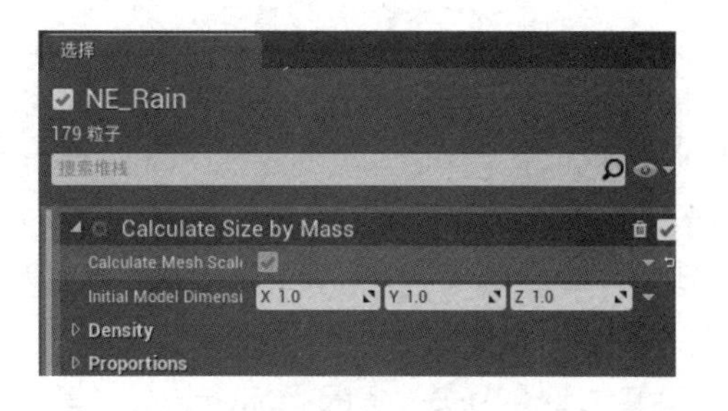

图 4-46　勾选“Calculate Mesh Scale”复选框

选择发射器节点的“Initialize Particle”参数，在选择面板修改粒子生成时的生命周期“Lifetime”、颜色“Color”和初始大小“Sprite Size”，修改数值如图 4-47 所示。

修改参数后，雨滴粒子的颜色、大小随之改变，但是雨滴落下的方向混乱，选择发射器节点下方的“Sprite Render”参数，将选择面板的对齐方式“Alignment”选项修改为速度对齐“Velocity Aligned”，如图 4-48 所示，即可使雨滴落下的方向变为正常。

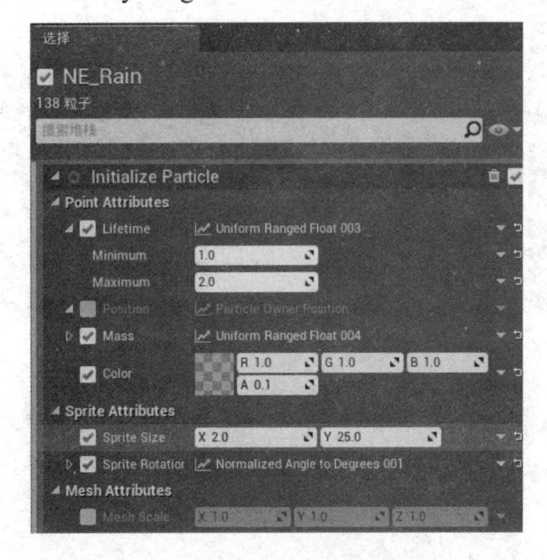

图 4-47　粒子生成各项参数修改

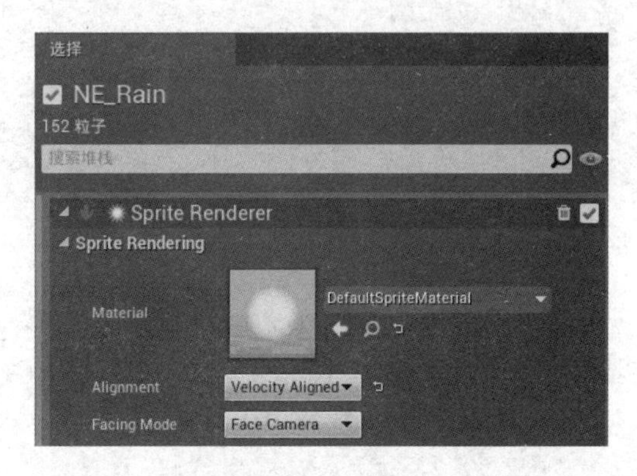

图 4-48　修改粒子对齐方式

此时预览窗口的下雨效果由于粒子数量少，不是十分明显。选择发射器节点的“Spawn Rate”参数，在选择面板修改粒子发射速率为“5000.0”，如图 4-49 所示。视口效果如图 4-50 所示。

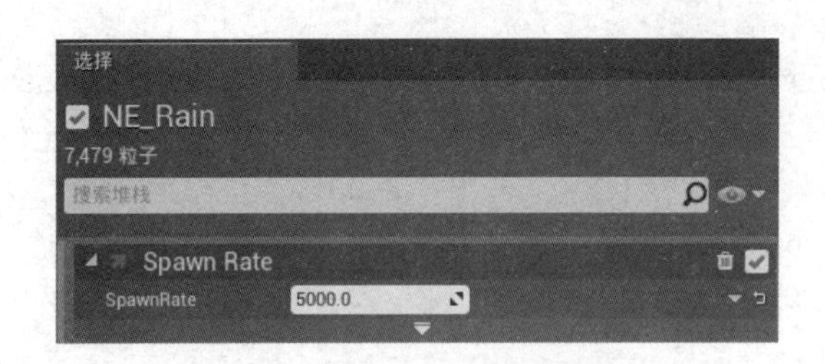

图 4-49　修改粒子发射速率

图 4-50　修改粒子发射速率后预览效果

由于粒子数量增多，为了避免性能下降，可以使用 GPU 粒子发射器。在发射器节点单击“发射器属性”模块，将选择面板的“Sim Target”选项修改为“GPUCompute Sim”，如图 4-51 所示，由 GPU 完成粒子效果各项数据的计算。

到此，一个基于模板的下雨粒子特效的发射器修改完毕，保存后可以将此编辑器关闭。如果想将粒子特效加载到场景中，还需要一个 Niagara 系统。在内容浏览器中右击，在右键关联菜单中选择“FX”下的“Niagara 系统”。在弹出的向导对话框中，选择“用选中发射器的一个集新建一个系统”选项，在下面的列表中选中上面建立的发射器，如图 4-52 所示。单击右下角的“+”按钮，添加发射器，最后单击“确定”按钮，系统创建完成。

图 4-51　选择“GPUCompute Sim”选项

图 4-52　Niagara 系统创建向导

将新建的 Niagara 系统资源拖放到场景中，即可看到下雨的效果，如图 4-53 所示。

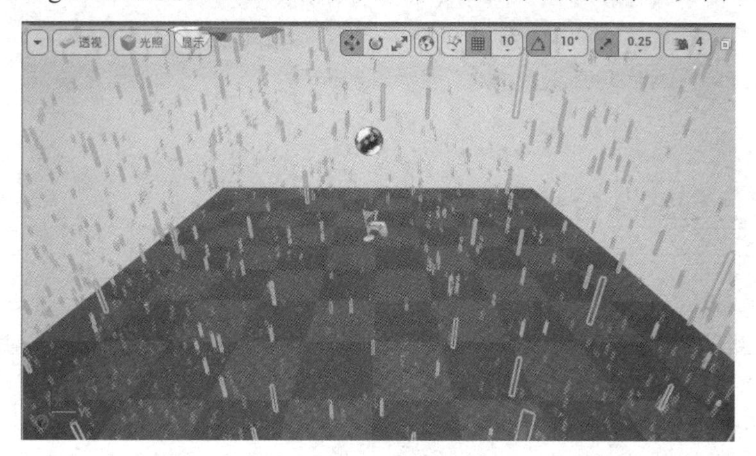

图 4-53　Niagara 系统加载到场景中的效果

项目5 动画系统

虚幻引擎4的动画系统能够实现基础的角色移动行为，根据游戏过程混合预制的动画序列可以获得逼真的动画效果，同时，也可以对角色和骨架网格物体进行深度设定。通过对网格物体进行骨架绑定，结合顶点数据的变形动画系统，能够实现复杂的动画制作。

通过本项目中案例的学习，用户可以完成如何从第三方软件向虚幻引擎4导入一个角色，并在角色身上设置、播放既定动画。

学习目标

（1）能够向虚幻引擎导入外部骨架及简单动作资源；

（2）理解动画创建过程中使用的相关术语的含义；

（3）能够制作一维混合空间动画；

（4）能够为角色制作动画蒙太奇。

5.1 为角色创建混合动画

任务描述

创建一个新项目，在项目中导入外部角色及相关动画资源，进行必要的设置。制作一维混合空间动画，实现角色由静止到走到跑的混合动画功能，并能够用鼠标、键盘等外设进行角色动画控制。

5.1.1 外部动画资源导入设置

在制作项目过程中，设计师经常需要处理比简单地移动静态网格物体更加复杂的动画，例如，为项目中的角色带来运动生命，这样的角色被称为骨架网格物体（Skeletal Mesh）。而为角色制作的动画通常是在第三方软件中制作完成的，然后导入虚幻引擎中，再通过虚幻引擎动画系统做进一步混合，可以将简单的单一行动动画在时间轴上合称为复杂的动画序列。

（1）创建一个第三人称（Third Person）项目，并包含“具有初学者内容”功能。在内容浏览器中“ThirdPersonBP”的“Map”目录下打开第三人称关卡“ThirdPersonExampleMap”，如图 5-1 所示。

（2）在内容浏览器中创建新文件夹，命名为“Character”，用于存储外部导入的人物模型。利用“导入”按钮将资源文件“HeroTPP.FBX”导入“Character”文件夹中，导入选项设置中不做骨架指定，如图 5-2 所示。

图 5-1　第三人称关卡

导入外部资源后文件夹里的内容如图 5-3 所示，其中包含了一个名为“HeroTPP”的骨架网格物体、一个名为“HeroTPP_Skeleton”的骨架和一个名为“M_Template_Master”的材质。骨架（Skeleton）是一组由骨骼位置和旋转角度组成的树状结构，使骨架网格物体可进行变形。在虚幻引擎 4 中，骨架从骨架网格物体中单独抽象出来，保存为单独的资源形式，这意味着制作的动画将被应用到骨架上而非骨架网格物体上。对于使用同样骨架的多个骨架网格物体来说，它们可以共享动画。

（3）在“Character”文件夹中继续创建一个新的文件夹，命名为“Animation”。在“Animation”文件夹中，导入其他动画资源，如图 5-4 所示。

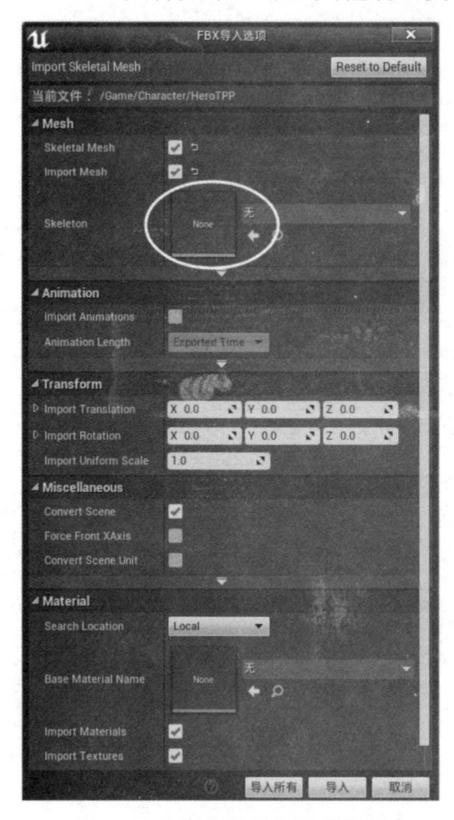

图 5-2　外部角色导入选项设置

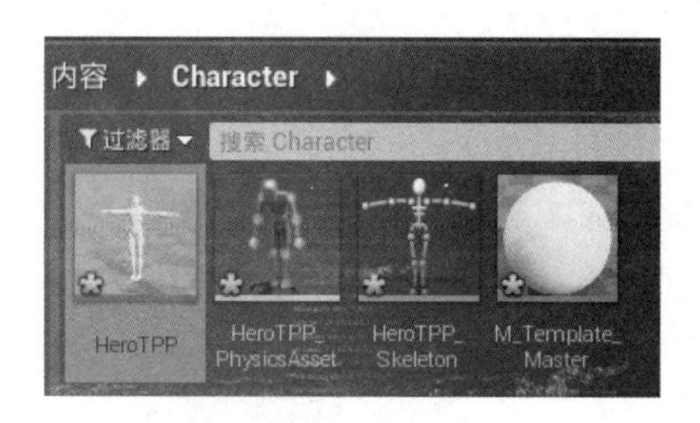

图 5-3　导入的资源

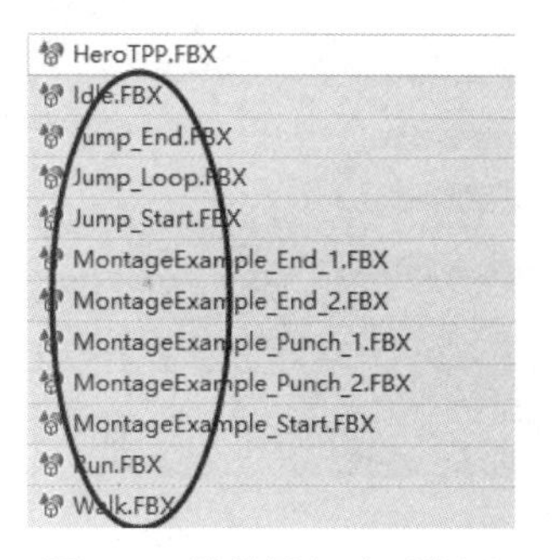

图 5-4　继续导入动画资源

在导入资源选项中，将“Skeleton”选项指定为刚刚导入的骨架模型“HeroTPP_ Skeleton”，如图 5-5 所示。

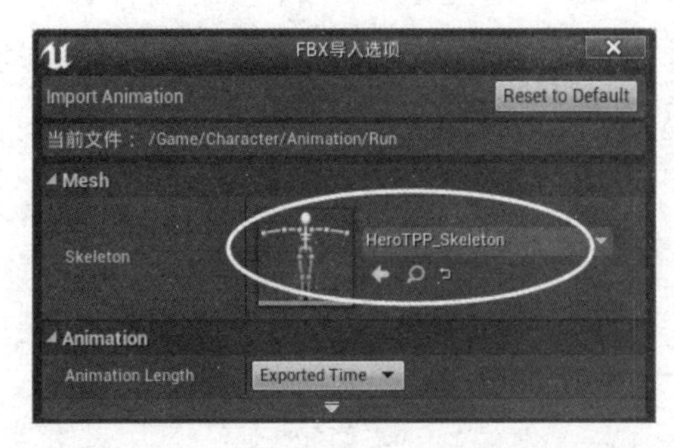

图 5-5　为资源指定骨架模型

资源导入后，在“Animation”文件夹中会列出如图 5-6 所示的动画资源。

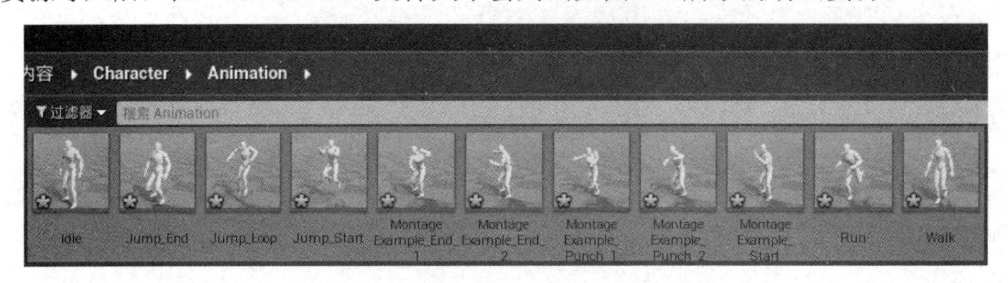

图 5-6　文件夹中导入的动画资源

为了在使用动画过程中便于区分，使用材质实例对导入的动画进行材质的设置。

双击“Character”目录下的“M_Template_Master”材质，打开材质编辑器，双击打开颜色矢量 3 节点，修改为绿色，如图 5-7 所示，并将颜色矢量 3 节点重命名为“BaseColor”。将材质保存后，在材质上右击，在弹出的右键关联菜单中选择“创建材质实例”命令，如图 5-8 所示。

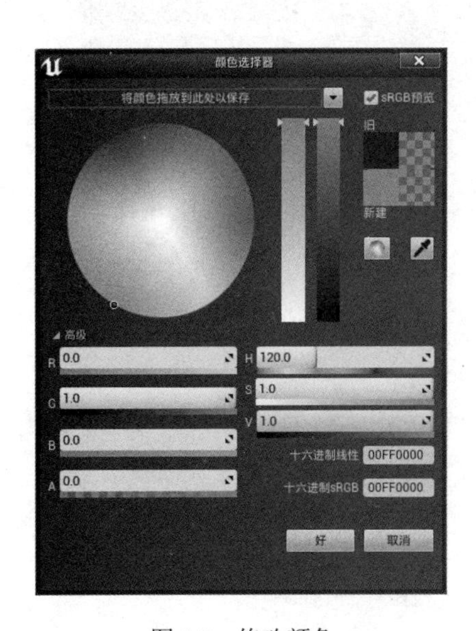

图 5-7　修改颜色

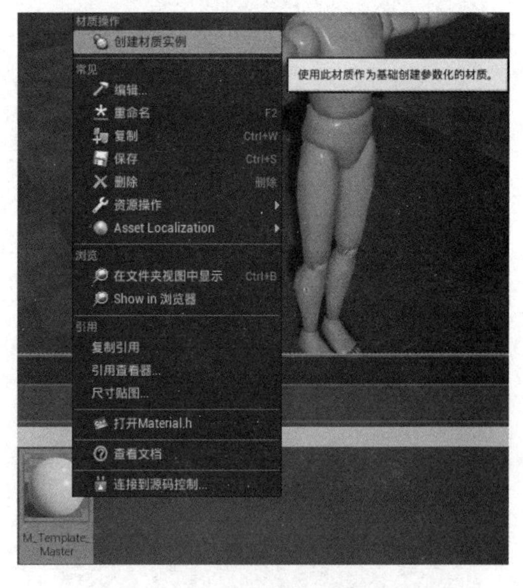

图 5-8　选择“创建材质实例”命令

将新创建的材质实例重命名为“MI_Template_Master_Inst”，如图 5-9 所示。

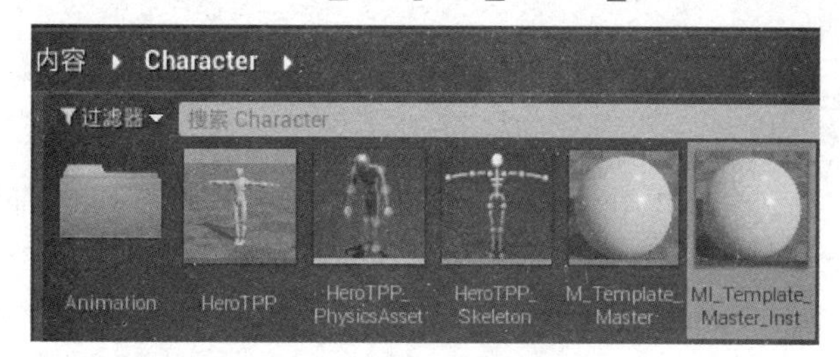

图 5-9　重命名材质实例

5.1.2　外部输入映射

指定键盘的外部输入映射，可以实现通过外部键盘输入来控制角色的移动变化。方法：单击“编辑”菜单下的“项目设置”选项，打开项目设置对话框，在“引擎”设置下单击“输入”命令，各主要参数设置如图 5-10 所示。

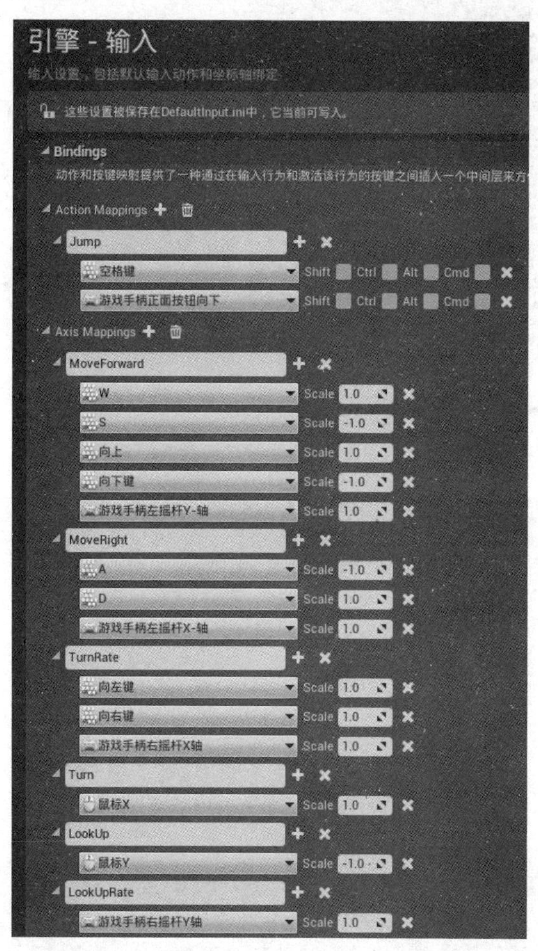

图 5-10　键盘外部输入映射的主要参数设置

注意：因为本案例使用的是第三人称关卡模板，项目已完成此项设置。若新建空项目，此项设置为空，则可以通过单击“+”按钮添加选项。设置完毕后，可以将参数导出成*.ini

文件，新建项目时如果需要相同的设置，可将相应的*ini 文件导入，完成自动化设置。

微课：制作一维空间混合动画

5.1.3 混合动画

混合动画可以将多个单一行动的动画合成为一个混合动画序列，从而实现角色复杂动作的制作。

在骨架资源“HeroTPP_Skeleton”上右击，在弹出的右键关联菜单中选择“创建”下的“混合空间一维”命令，创建一个一维的混合空间，如图 5-11 所示。将其重命名为“Idle_Walk_Run”，一维混合空间的资源如图 5-12 所示。

图 5-11 创建一维混合空间

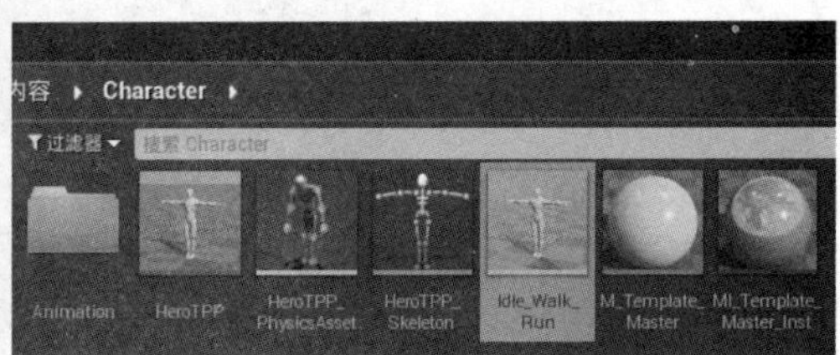

图 5-12 一维混合空间资源

创建完毕后，双击打开一维混合空间编辑器，界面如图 5-13 所示。

图 5-13 一维混合空间编辑器界面

在界面左侧的“Asset Details”页签下，打开“Axis Settings”下的“Horizontal Axis”选项，将水平方向轴的名字设置为“Speed”，“Maximum Axis Value”设置为“370.0”，如图 5-14 所示。

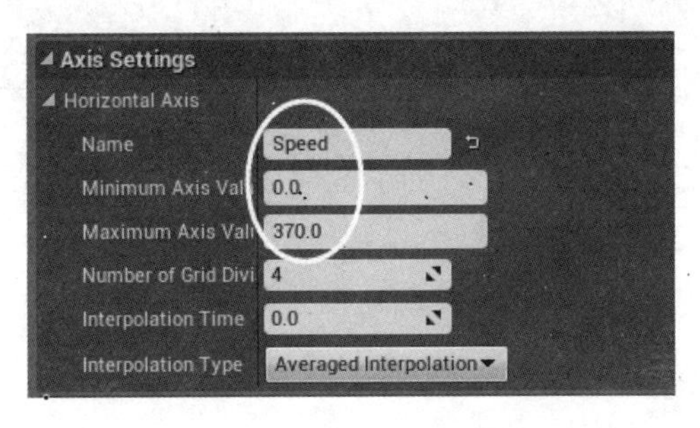

图 5-14　一维混合空间设置

参数设置完毕后，位于界面下方的动画时间轴显示如图 5-15 所示。

图 5-15　设置后的动画时间轴

在界面的右下角可以看到所有可用的动画资源。按照用户需求，将相应的动画资源用拖曳到时间轴上相应的位置。此案例中的混合动画包括了“Idle”“Walk”“Run”三种动画，如图 5-16 所示。

图 5-16　在时间轴上制作混合动画

注意：时间轴上有一个绿色的菱形标志，用于标注预览动画效果的时间点。按住“Shift”键的同时，使用鼠标左键可以将其拖曳到任意时间点上预览混合动画的进程。图 5-16 的绿色标志在混合动画结束的“Run”的位置上，预览动画效果为跑，如图 5-17 所示。

图 5-17　预览动画效果

将混合动画保存后，回到关卡编辑器中。

5.1.4　动画蓝图

（1）动画蓝图是对动画进行程序设定的一种蓝图类型，用于针对骨架资源的操作。在骨架资源“HeroTPP_Skeleton”上右击，在弹出的右键关联菜单中选择“创建”→“动画蓝图”命令，如图 5-18 所示。创建动画蓝图，命名为“ABP_Character”。

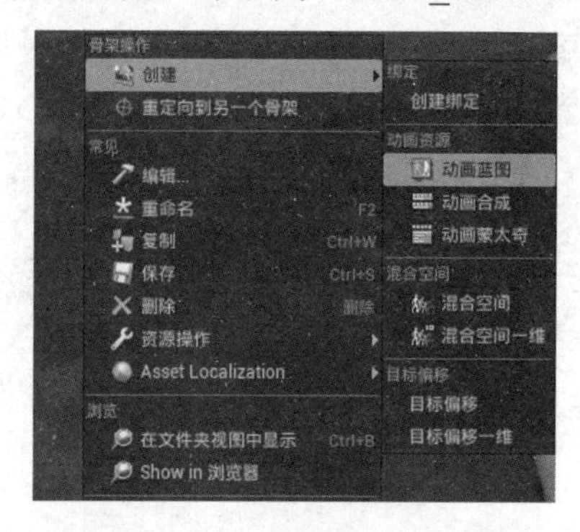

图 5-18　创建动画蓝图

（2）双击打开“ABP_Character”动画蓝图编辑器，如图 5-19 所示。

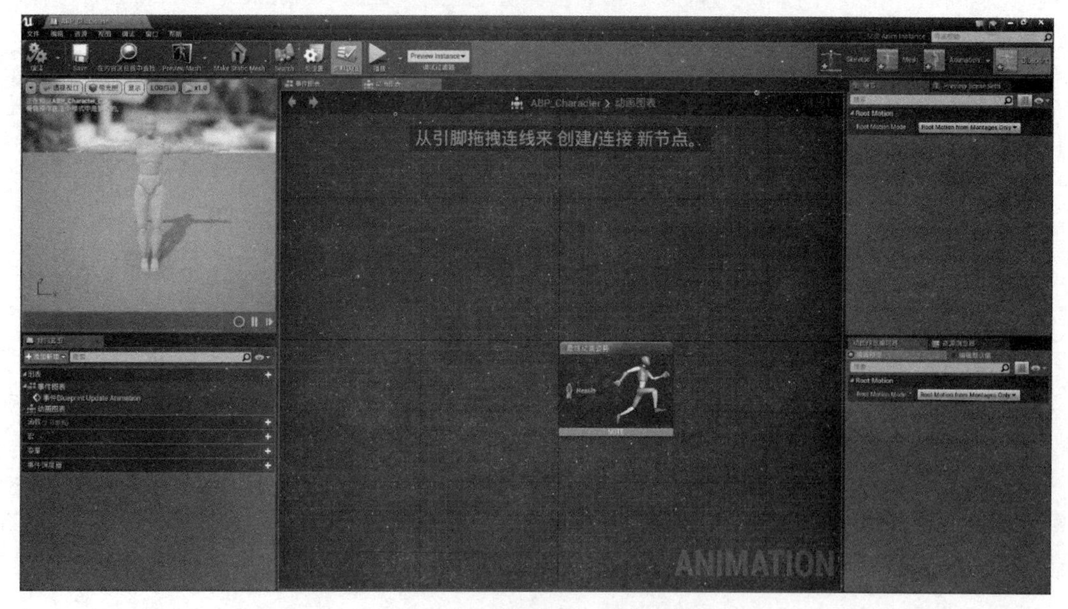

图 5-19　动画蓝图编辑器

（3）在动画图表中右击，弹出右键关联菜单，输入“add”关键词，选择“添加新状态机”选项，如图 5-20 所示。并将节点命名为“Locomotion”。状态机由状态寄存器和组合逻辑电路构成，能够根据控制信号按照预先设定的状态进行状态转移。

（4）将“Locomotion”节点与“最终动画姿势”节点相连，如图 5-21 所示。

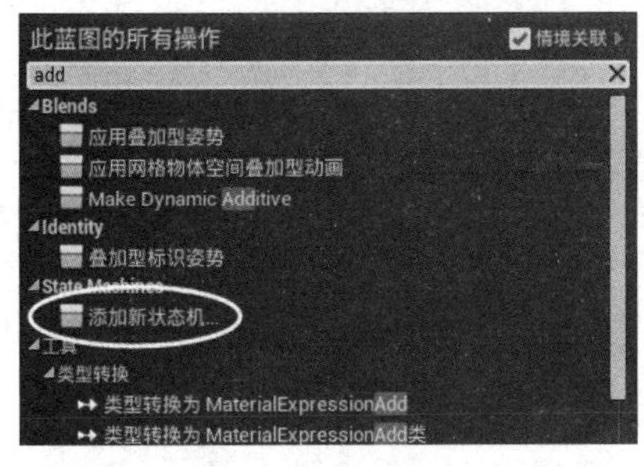

图 5-20　添加新状态机

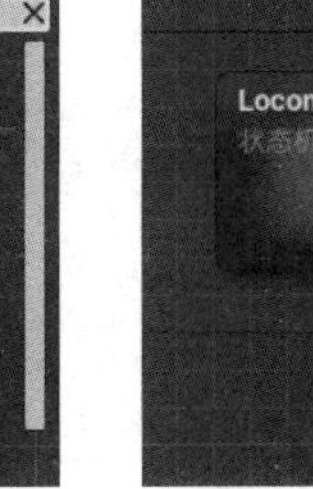

图 5-21　连接“最终动画姿势”节点

（5）双击打开“Locomotion”节点进行编辑，单击右下角的资源浏览器面板，将已做好的一维混合空间“Idle_Walk_Run”拖曳到图表中，使用鼠标左键由“Entry”节点向“Idle_Walk_Run”节点拖出一个指向箭头，如图 5-22 所示。

（6）双击打开“Idle_Walk_Run”节点，在“我的蓝图”面板中创建一个名为“Speed”的速度变量，类型为“浮点型”。用鼠标左键将其拖曳到图表中，获得变量值，节点连接如图 5-23 所示。此操作可以从外部获得键盘输入值，并返回数值控制动画。

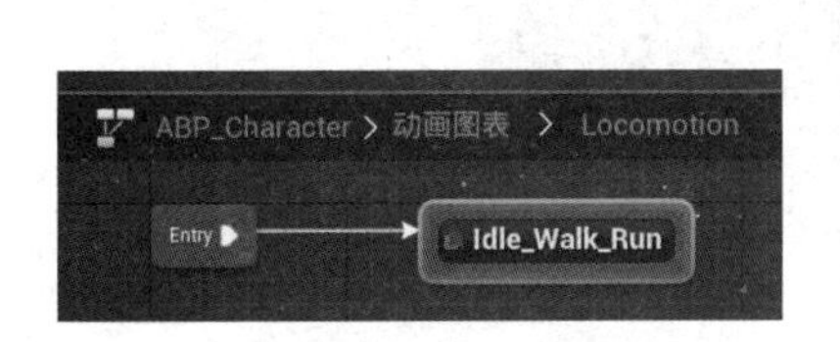

图 5-22　编辑“Locomotion”节点

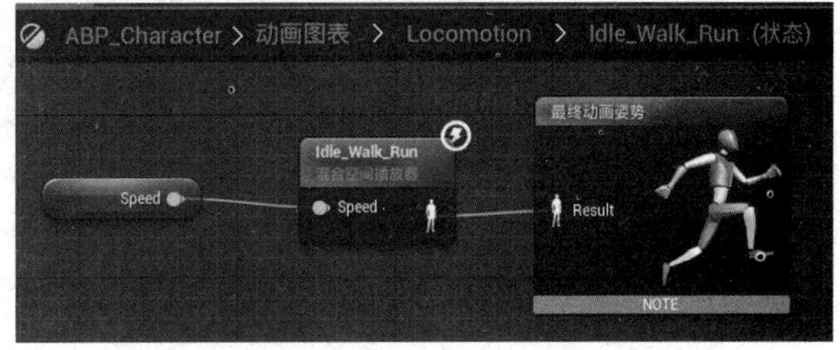

图 5-23　获取外部输入速度值控制动画

（7）编译后，单击图标上方路径中的“Locomotion”选项，回到“Locomotion”节点中，为其添加跳跃的相关动画，添加动画种类及节点连接如图 5-24 所示。

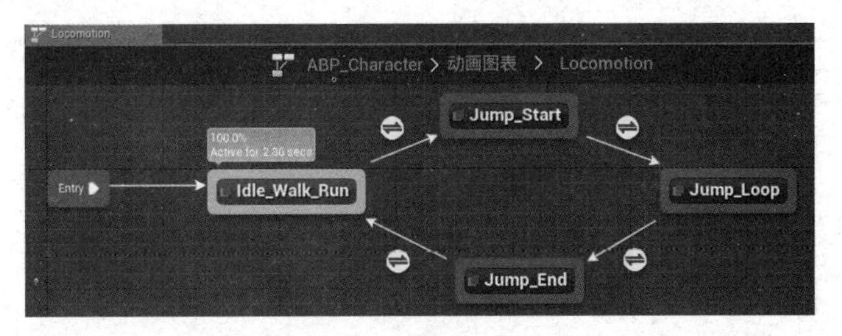

图 5-24　添加跳跃动画

（8）设置从“Idle_Walk_Run”到“Jump_Start”动画过渡的条件和规则。双击“Idle_Walk_Run”节点和“Jump_Start”节点之间的双向箭头，创建规则。添加“布尔型”变量“Is In Air”，获得变量并与“结果”节点连接，如图 5-25 所示。

图 5-25　设置从“Idle_Walk_Run”到“Jump_Start”动画过渡规则

依次设置其余的三个动画过渡规则，如图 5-26～图 5-28 所示。

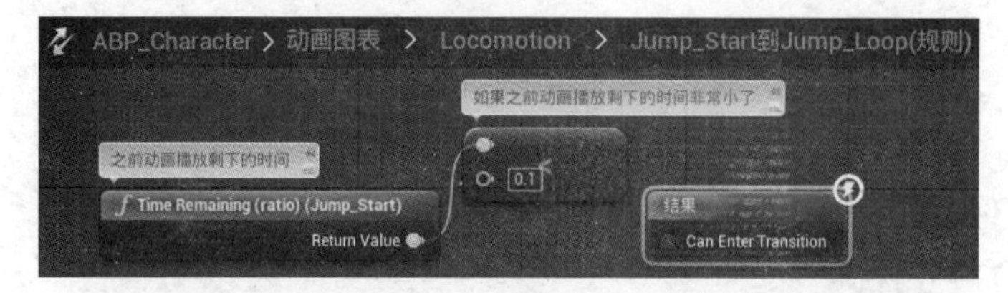

图 5-26　设置从“Jump_Start”到“Jump_Loop”动画过渡规则

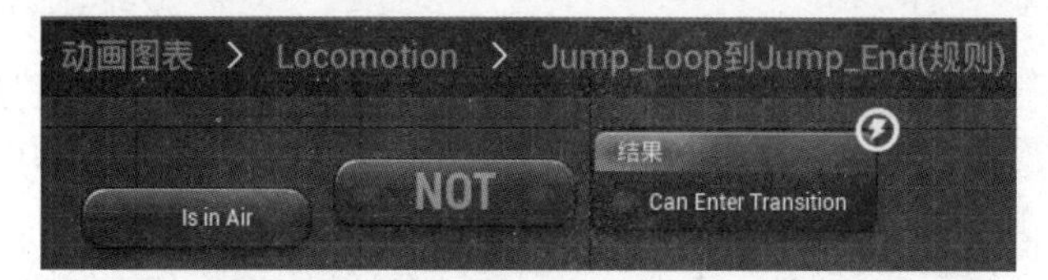

图 5-27　设置从“Jump_Loop”到“Jump_End”动画过渡规则

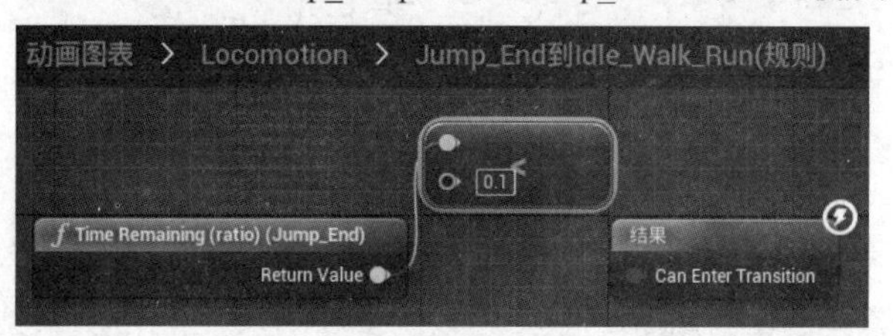

图 5-28　设置从“Jump_End”到“Idle_Walk_Run”动画过渡规则

（9）选择“ABP_Character”动画蓝图的“事件图表”页签，添加“Try Get Pawn Owner”节点以获取游戏玩家的信息。此案例需要获取移动组件及速度信息，依次来驱动“Is In Air”和“Speed”变量。使用的节点及连接方法如图 5-29 所示。

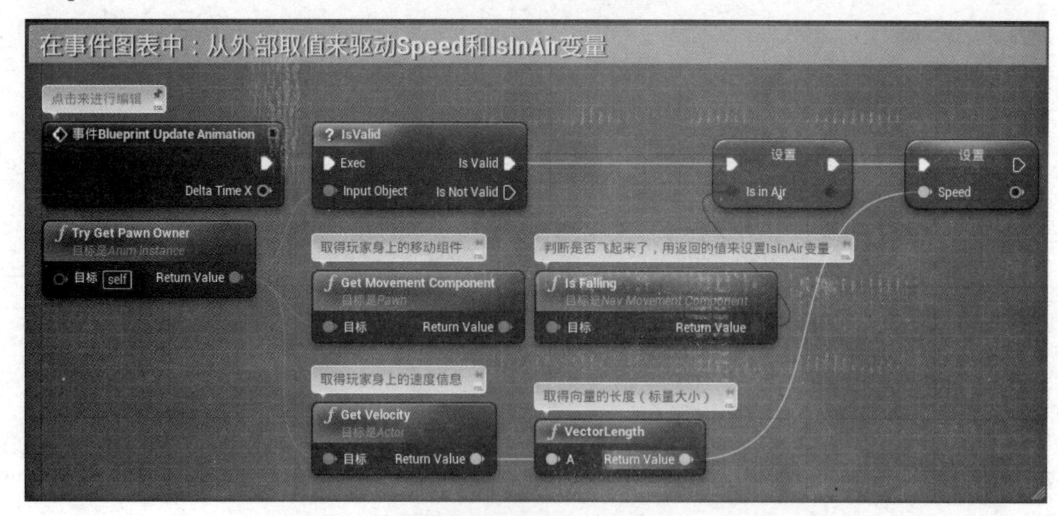

图 5-29　动画蓝图中使用的节点和连接方法

5.1.5　角色蓝图

角色蓝图是对执行动画的角色进行程序设定的一种蓝图类型。

1. 创建角色蓝图

在内容浏览器中的“Character”文件夹下，新建“蓝图类”，在打开的对话框中选择“Character”角色蓝图，如图 5-30 所示，命名为“BP_Character”。角色蓝图资源如图 5-31 所示。

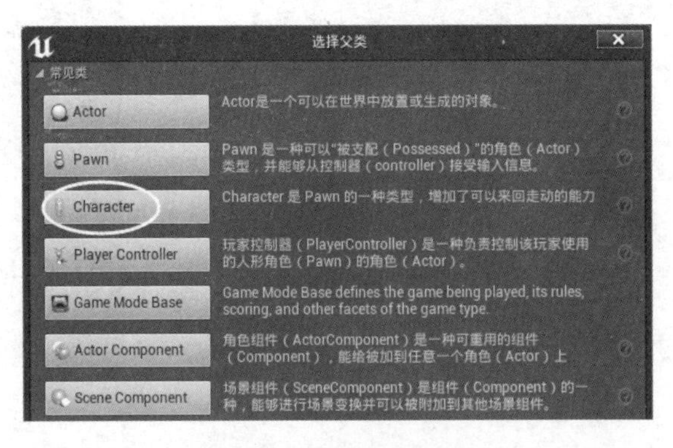

图 5-30　创建角色蓝图

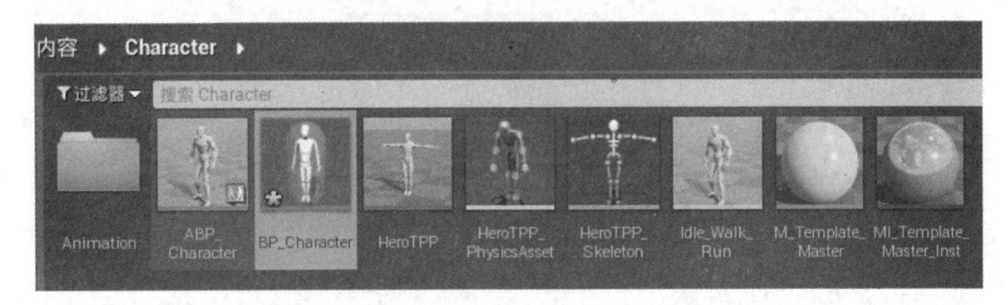

图 5-31　角色蓝图资源

创建完毕后，双击打开角色蓝图编辑器，如图 5-32 所示。

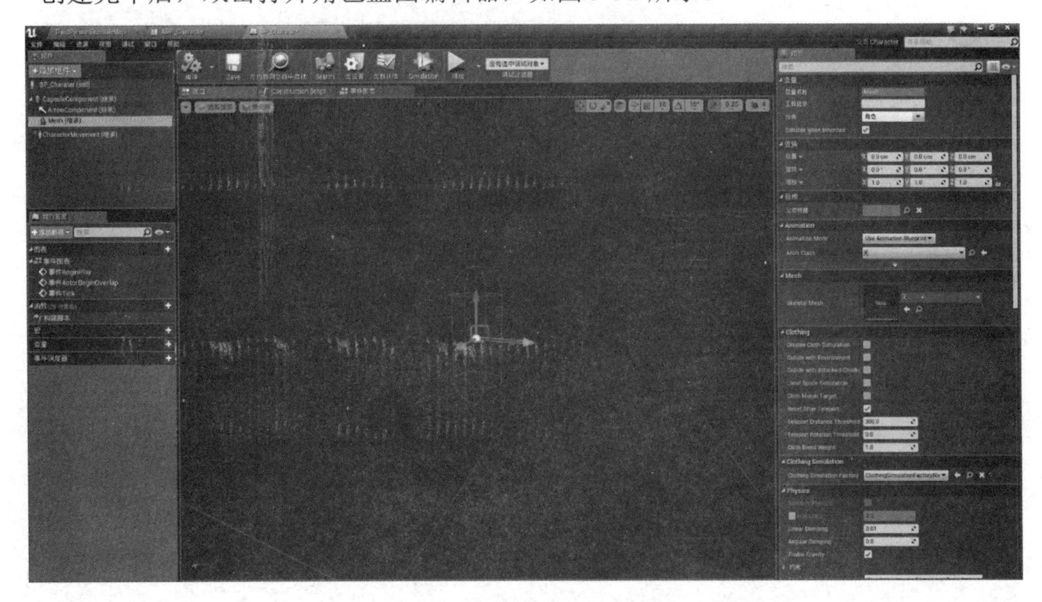

图 5-32　角色蓝图编辑器

在左侧组件面板中选择网格物体“Mesh”组件，在编辑器右侧的细节面板中找到“Mesh”信息，将骨架网格物体“Skeletal Mesh”指定为“HeroTPP”，并设定动画蓝图“Anim Class”为之前创建的“ABP_Character”，设置变换的位置和旋转信息，如图 5-33 所示。

设置完毕后，视口面板中角色状态如图 5-34 所示。

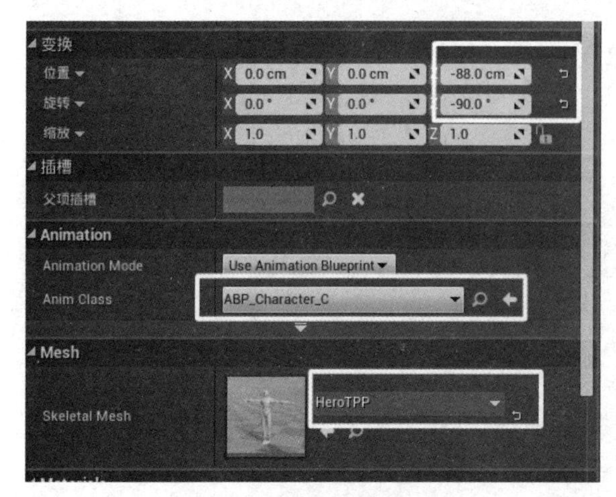

图 5-33　Mesh 参数设置

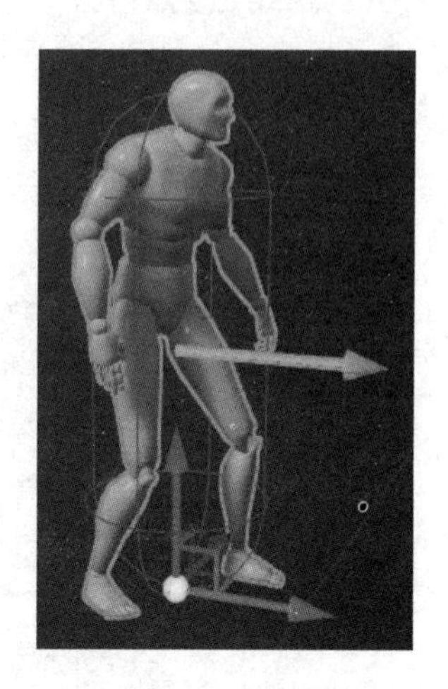

图 5-34　角色状态

2. 添加摄像机组件

本案例使用第三人称角色，需要给角色添加一个摄像机，以创建第三人称视角效果。通常情况下，当为第三人称角色或人物添加摄像机组件时，会使用一个弹簧臂“Spring Arm”来自动控制摄像机在受到关卡内几何体或其他对象阻碍时的应对方式，使摄像机能够根据场景中的情况来进行推进或拉远。

在角色蓝图编辑器的组件面板中，单击“+添加组件”按钮，输入“SpringArm”，选择并添加“SpringArm”组件，命名为“CameraBoom”。在“CameraBoom”组件下添加“Camera”组件，命名为“FollowCamera”，组件面板如图 5-35 所示。视口效果如图 5-36 所示。

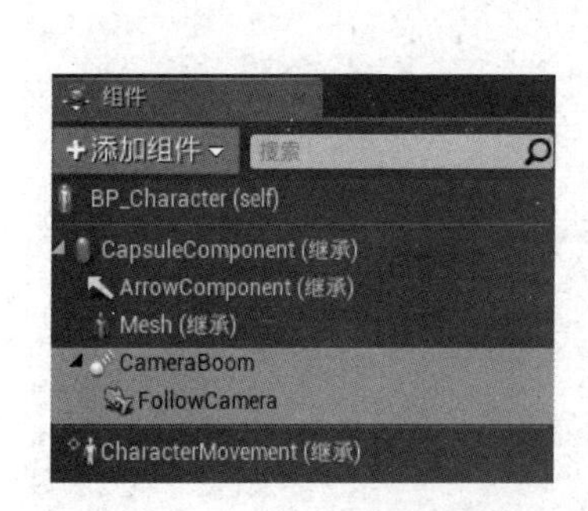

图 5-35　添加摄像机组件

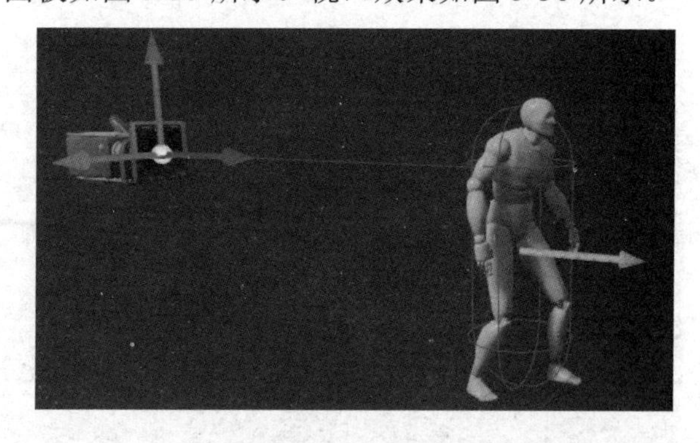

图 5-36　添加摄像机组件后视口效果

将摄像机“FollowCamera”的位置信息“Z”轴数值设置为“50.0”，如图 5-37 所示。将摄像机的位置与角色胸口位置持平。

继续选择“CameraBoom”组件，在细节面板的“Camera Settings”（摄像机设置）选项中，勾选“Use Pawn Control Rotation”（使用 Pawn 来控制旋转）复选框，如图 5-38 所示。

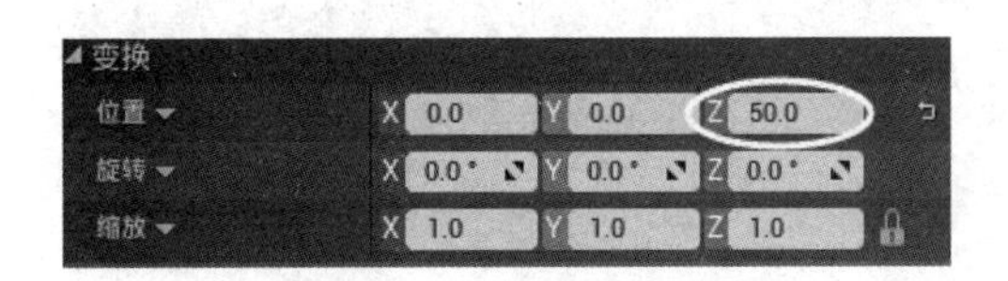

图 5-37　设置摄像机位置

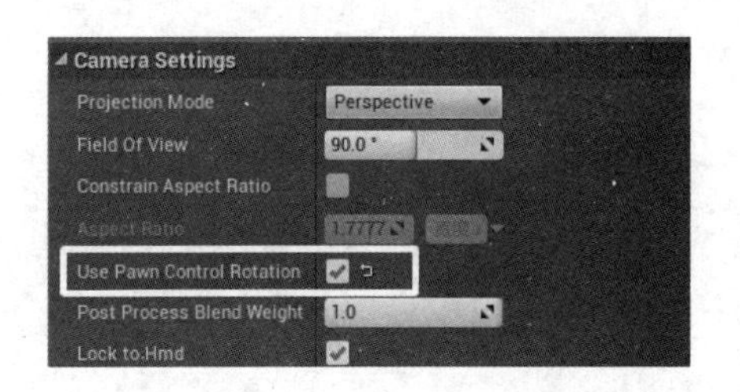

图 5-38　勾选“Use Pawn Control Rotation”选项

3. 移动设置

在组件面板中选择“Character Movement”组件，找到细节面板上的角色跳跃设置选项，即“Character Movement：Jumping/Falling”选项，将跳跃的高度由默认的“420.0”设置为“500.0”；设置当角色跳跃并停留在空中的时刻，将“Air Control”设置为“1.0”，如图 5-39 所示。如果此时转向，角色也会按照转向后的方向移动。

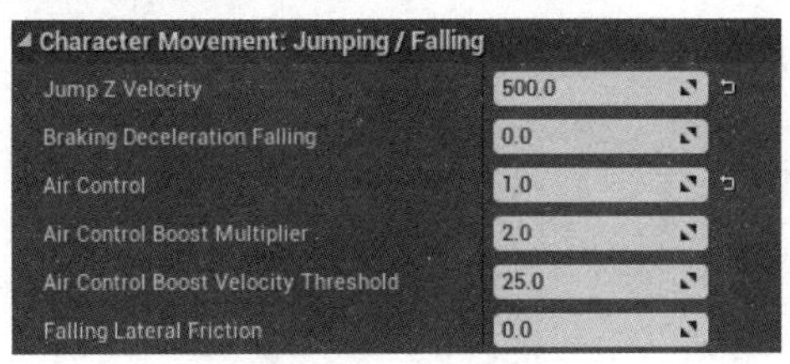

图 5-39　跳跃设置

当角色移动的时候，应该让角色朝向移动的方向。在细节”面板的“Character Movement（Rotation Settings）”选项下勾选“Orient Rotation to Movement”复选框，如图 5-40 所示。

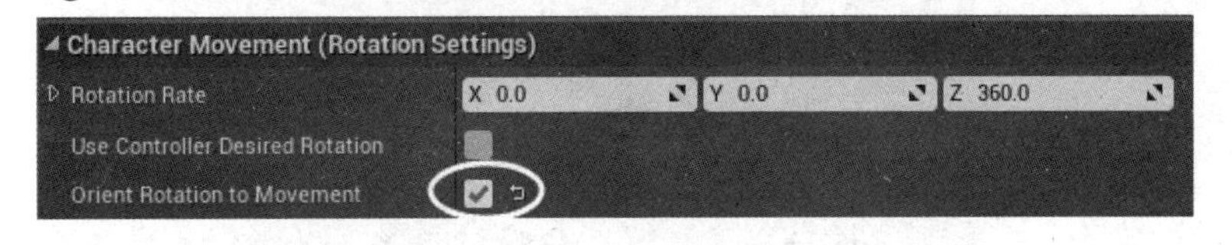

图 5-40　勾选“Orient Rotation to Movement”复选框

在工具栏中单击“类默认值”按钮，在细节面板中找到“Pawn”选项，去掉使用控制器 Yaw 的旋转，即取消“Use Controller Rotation Yaw”复选框的默认勾选状态，如图 5-41 所示。这样，当旋转视角的时候，角色不会跟着摄像机旋转。

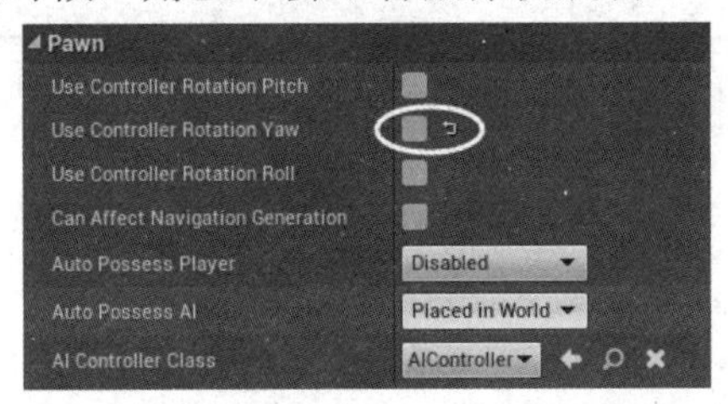

图 5-41　Pawn 设置

在内容浏览器中，打开“ThirdPersonBP”下的“Blueprints”目录，找到项目中已有的第三人称角色蓝图“ThirdPersonCharacter”，双击打开，将该角色的“Movement input”（移动输入）下的所有节点及连接方式复制到刚刚创建的角色蓝图“BP_Character”的事件图表中，以控制角色的移动，如图 5-42 所示。

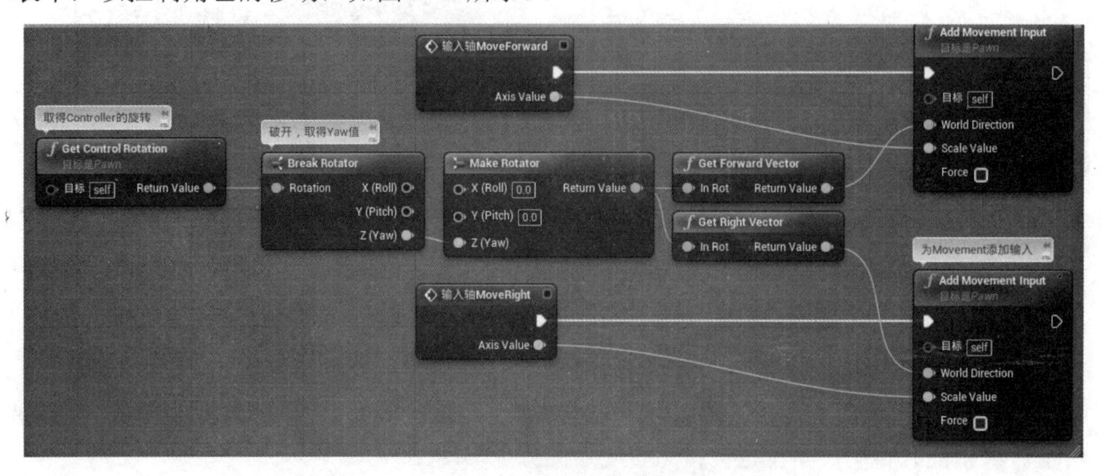

图 5-42　复制移动输入

像这种从虚幻引擎中默认的或者是已有资源中复制的相同操作的蓝图，可以为开发者提供解决问题的捷径，同时大大提高设计者的工作效率。

使用相同方法，复制“输入动作 Jump”“输入轴 Turn”“输入轴 LookUp”三个输入方式的连接，并对“输入动作 Jump”做如图 5-43 所示修改。

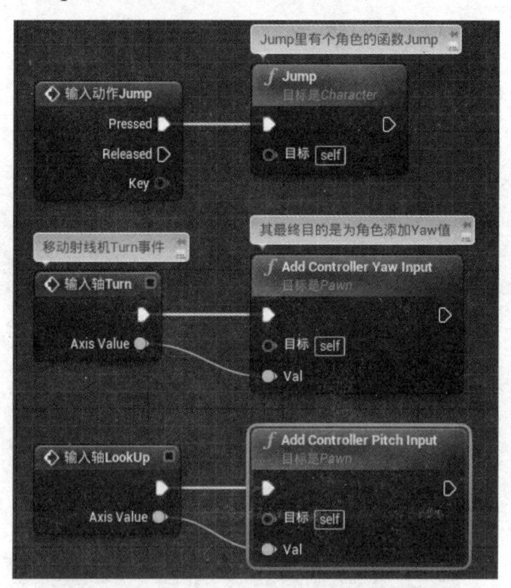

图 5-43　复制并修改输入动作及轴蓝图

5.1.6　游戏模式的设定

动画设置完毕后需要创建一个“Game Mode Base”来制定游戏规则等。在内容浏览器中的“Character”文件夹下，新建“蓝图类”，在打开的对话框中选择“Game Mode Base”，命名为“BP_CharacterGM”。

双击打开“BP_CharacterGM”，在细节面板的类“Classes”选项中找到“Default Pawn Class”，设置默认角色为“BP_Character”，如图 5-44 所示。编译并保存。

在当前关卡中应用这个设置好的游戏模式。回到关卡编辑器中，在右下角的世界设置面板中，将“Game Mode”选项下的“GameMode Override”设置为刚刚制作的“BP_CharacterGM”，如图 5-45 所示。

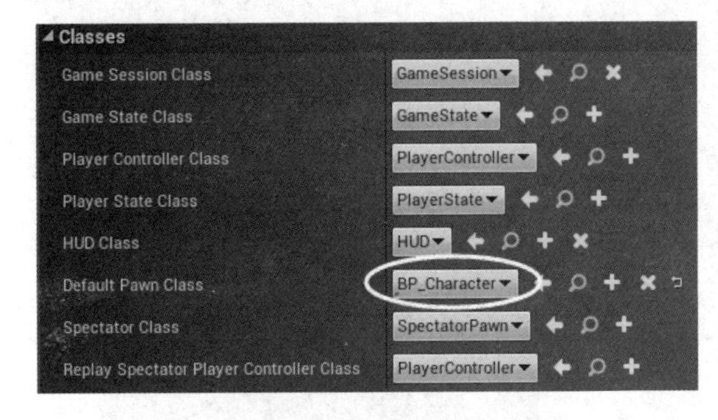

图 5-44 设置默认角色蓝图

图 5-45 设置关卡中的游戏模式

编译并保存后播放场景，旋转视角，即可看到场景中出现的新角色，如图 5-46 所示，并可以用鼠标、键盘进行角色动作控制。如果原项目模板中的角色没有被自动替换掉，仍然出现在运行的场景中，则回到关卡编辑器将其删除即可。

图 5-46 场景中的新角色

5.2 实现动画的交互行为

任务描述

为角色创建动画蒙太奇，使用动画蒙太奇为角色制作交互动作行为。

微课：制作蒙太奇动画

5.2.1 动画蒙太奇

“蒙太奇”（Montage）一词源于法语，原意为装配、安装，后借用到影视中。运用这一技法来处理镜头组接，即把一个片子的每个镜头按照一定的顺序和手法连接起来，成为一个具有条理性和逻辑性的整体，使影片结构严整、条理通畅、展现生动、节奏鲜明，并有助于充分揭示画面的内在含义和增强艺术感染力。动画蒙太奇正是借用了影视蒙太奇的方法，将简单的动画按一定顺序组接成复杂的动画。

1. 创建动画蒙太奇，实现挥拳击中其他物体的功能

在内容浏览器的“Character”文件夹中，在骨架“HeroTPP_Skeleton”上右击，选择“创建”→“动画资源”→“动画蒙太奇”命令，创建动画蒙太奇并命名为“AM_Punch”，如图 5-47 所示。

双击“AM_Punch”，打开动画蒙太奇编辑器，在右下角的资源浏览器面板中列出了制作动画蒙太奇可用的动画资源，如图 5-48 所示。

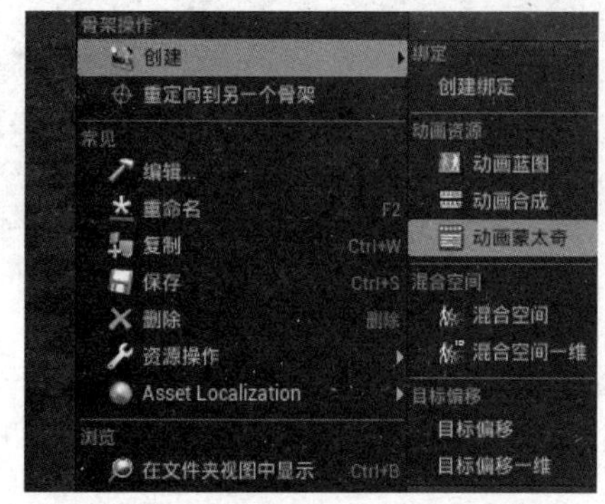

图 5-47 创建动画蒙太奇

图 5-48 动画蒙太奇资源浏览器面板

将资源浏览器面板中的动画蒙太奇资源按照 Start→Punch1→Punch2→End1→End2 的顺序，添加到动画序列中，如图 5-49 所示。操作方法：使用鼠标左键依次拖曳资源到动画蒙太奇的轨道上即可。

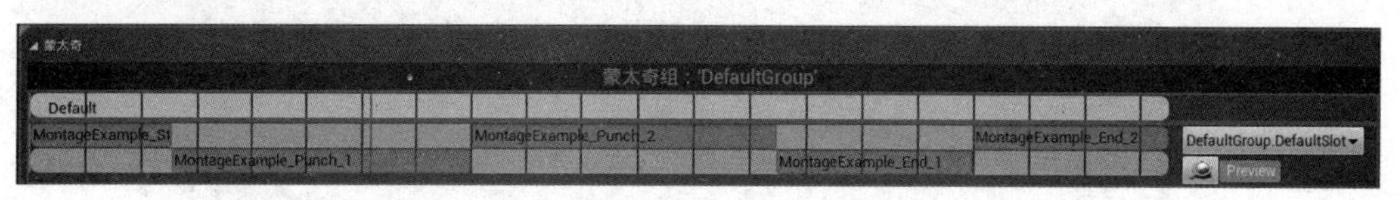

图 5-49 动画蒙太奇序列

图 5-50 新建蒙太奇片段

2. 新建蒙太奇片段

在动画蒙太奇序列上右击，在弹出的右键关联菜单中选择“新建蒙太奇片段”命令，如图 5-50 所示。

依次新建蒙太奇片段 Start→Punch1→Punch2→End1→End2，并且拖曳片段的起始点使之如图 5-51 所示。

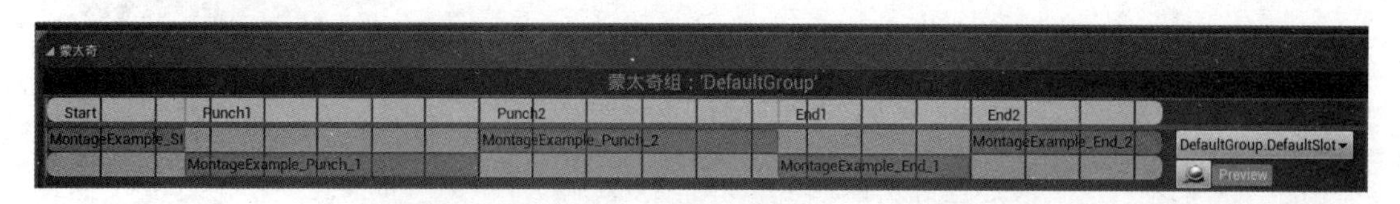

图 5-51 蒙太奇片段排列

提示：蒙太奇片段名字修改方法。在片段面板下选中需要修改的片段名称，在右侧的细节面板的“Details”选项中，找到“Section Name”选项，输入名称即可，如图 5-52 所示。

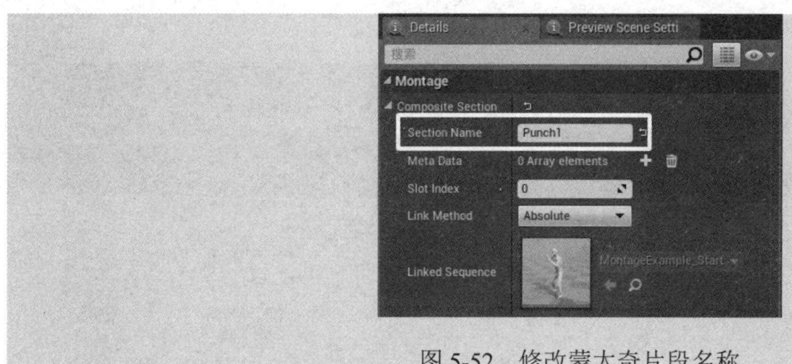

图 5-52　修改蒙太奇片段名称

默认状态下，蒙太奇片段是按顺序排列播放的，如图 5-53 所示。

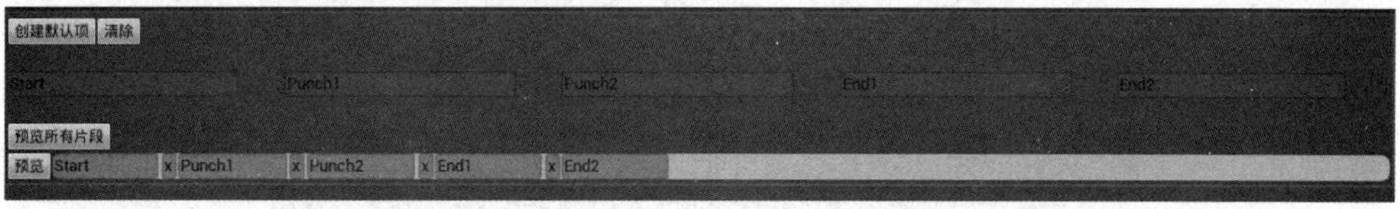

图 5-53　蒙太奇片段默认播放顺序

如果想改变某一片段后面的播放内容，选中该片段后，单击预览上方的任一片段，即插入新片段。本案例需要设置“Punch1”片段和“Punch2”片段循环播放，先选中预览中的“Punch2”片段，然后单击预览上方的“Punch1”片段，即实现了循环播放，如图 5-54 所示。

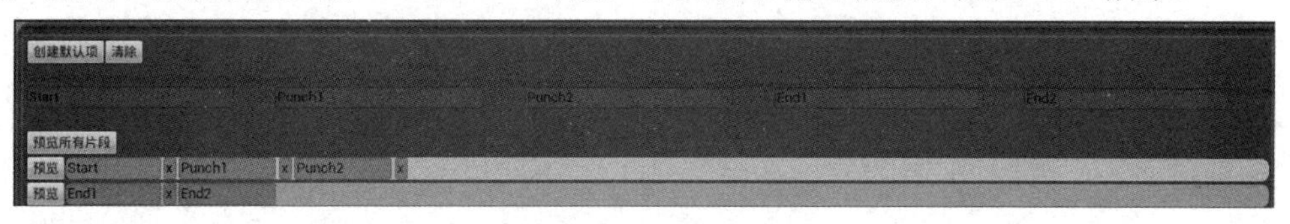

图 5-54　设置循环播放

3. 添加通知

为动画蒙太奇添加通知，目的是在“Punch1”和“Punch2”循环播放击打效果时，进行跳片段，即：如果结束击打动画的时刻停留在“Punch1”，则紧接着去执行“End1”的动画；如果结束击打动画的时刻停留在“Punch2”，则紧接着去执行“End2”的动画。

操作方法：在“通知”栏里，在“Punch1”时间段和“Punch2”时间段内分别右击，在弹出的右键关联菜单中选择“添加通知”→“Montage Notify”命令，如图 5-55 所示。

图 5-55　选择“Montage Notify”命令

在右侧的细节面板中将其命名为“IsStillPunching1”和“IsStillPunching2”，如图 5-56 所示。

4. 制作动画蓝图的动画图表

在内容浏览器的“Character”文件夹下，打开动画蓝图“ABP_Character”，单击“动画图表”页签，在图表中添加“插槽‘DefaultSlot’”节点，连接如图 5-57 所示。

5. 制作动画蓝图的事件图表

动画蓝图需要在角色蓝图的事件图表中进行驱动，要获得角色的某些信息，就需要在角色蓝图中生成相应的变量，并用某些按键来执行输入控制。

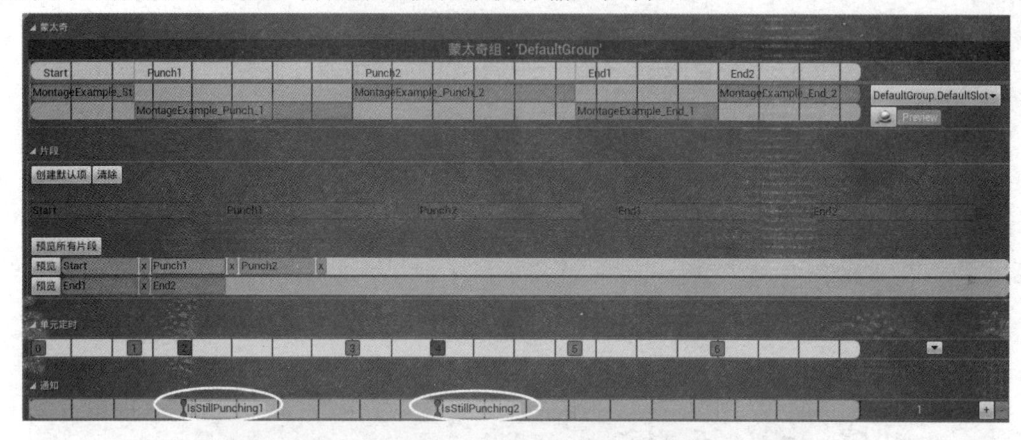

图 5-56　重命名通知

图 5-57　添加“‘插槽 DefaultSlot’”节点

打开“编辑”菜单下的“项目设置”选项，打开项目设置对话框，在“引擎”设置下单击“输入”选项，为挥拳击中“Punch”动作添加“鼠标左键”输入控制，如图 5-58 所示。

打开角色蓝图“BP_Character”，创建一个“布尔型”变量，命名为“Is Punching”，用于证明是否正处于挥拳击打过程中。使用“设置”变量节点，添加“输入动作 Punch”节点，连接如图 5-59 所示。

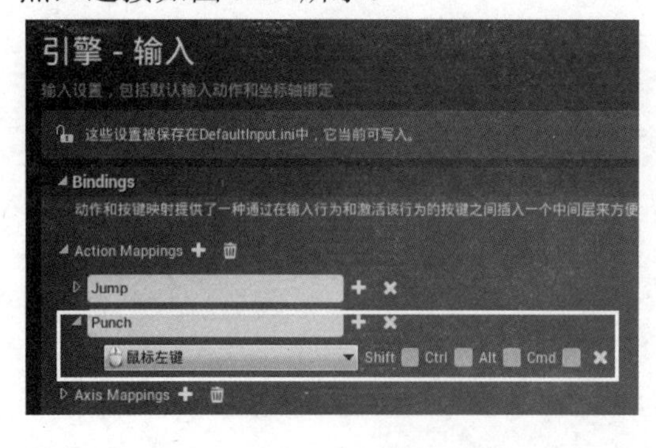

图 5-58　添加“Punch”输入控制

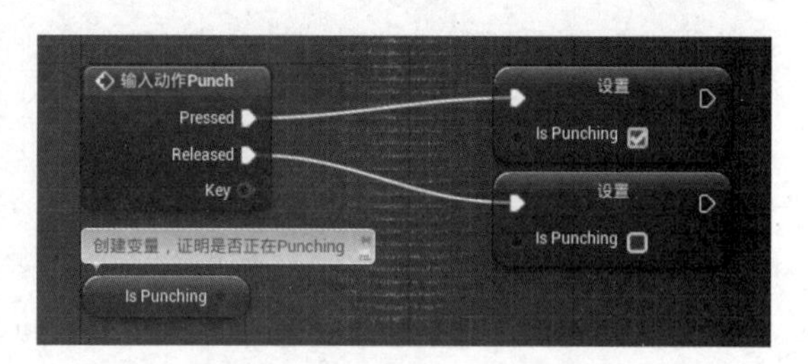

图 5-59　“Punch”输入控制连接

6. 添加动画蒙太奇并控制其播放

回到动画蓝图“ABP_Character”的事件图表中，添加动画蒙太奇，并控制其播放。使用节点及连接如图 5-60 所示。调用“Is Punching”变量时将右键关联菜单的“情境关联”关闭，可以搜索到该变量。使用“Montage Play”节点时，需要设定“资源”为“AM_Punch”动画蒙太奇。

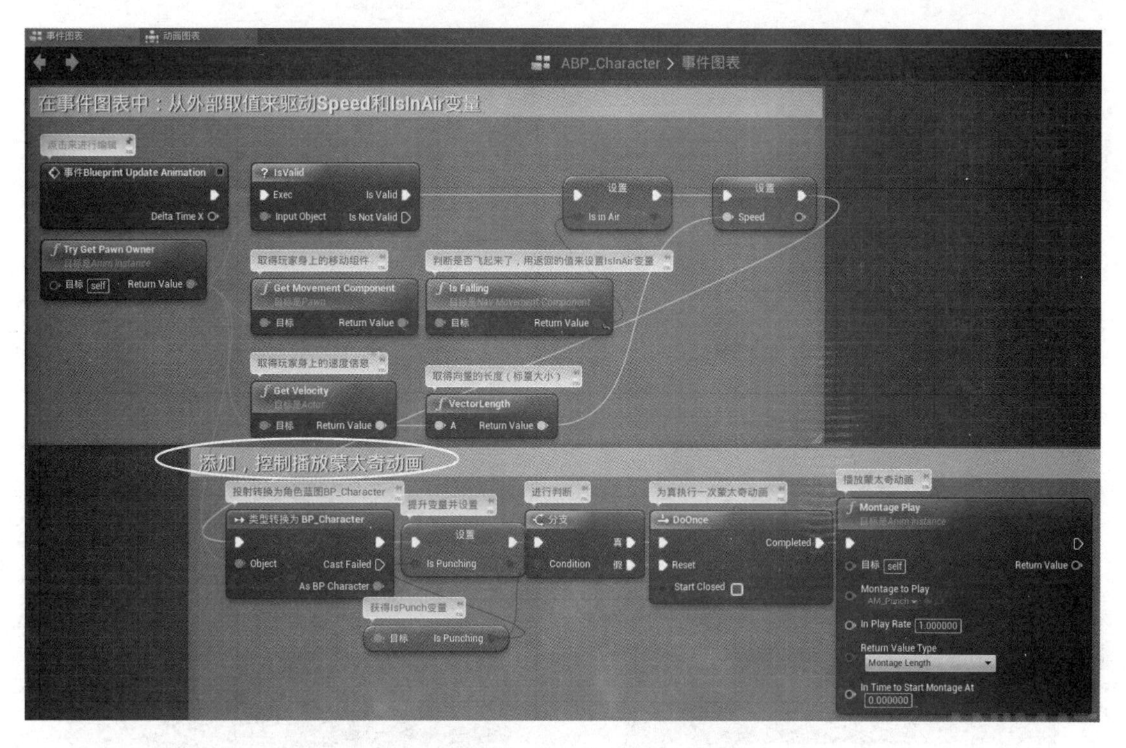

图 5-60　添加动画蒙太奇控制蓝图

5.2.2　动画蒙太奇的调试

1．设置骨架平移重定向属性

以上步骤制作完成并编译后，播放蒙太奇，发现角色的主要关节脱离了，需要对骨架进行进一步设置。打开“HeroTTP_Skeleton”骨架资源，单击编辑器左侧骨架结构下方的“所有骨骼，活动的插槽”按钮，勾选“Show Retargeting Option”复选框，如图 5-61 所示。

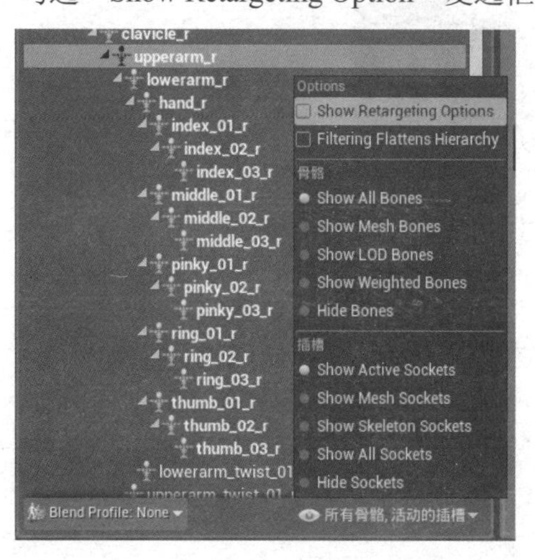

图 5-61　勾选“Show Retargeting Option”复选框

将“neck_01”平移重定向的属性由“Animation”修改为“Skeleton”，如图 5-62 所示。调整完毕后可以看到正确的连接效果。

图 5-62　设置颈部平移重定向属性

依次将左右胳膊、左右脚趾、腰部、左右手指的平移重定向属性进行同样的调整，如图 5-63 所示。

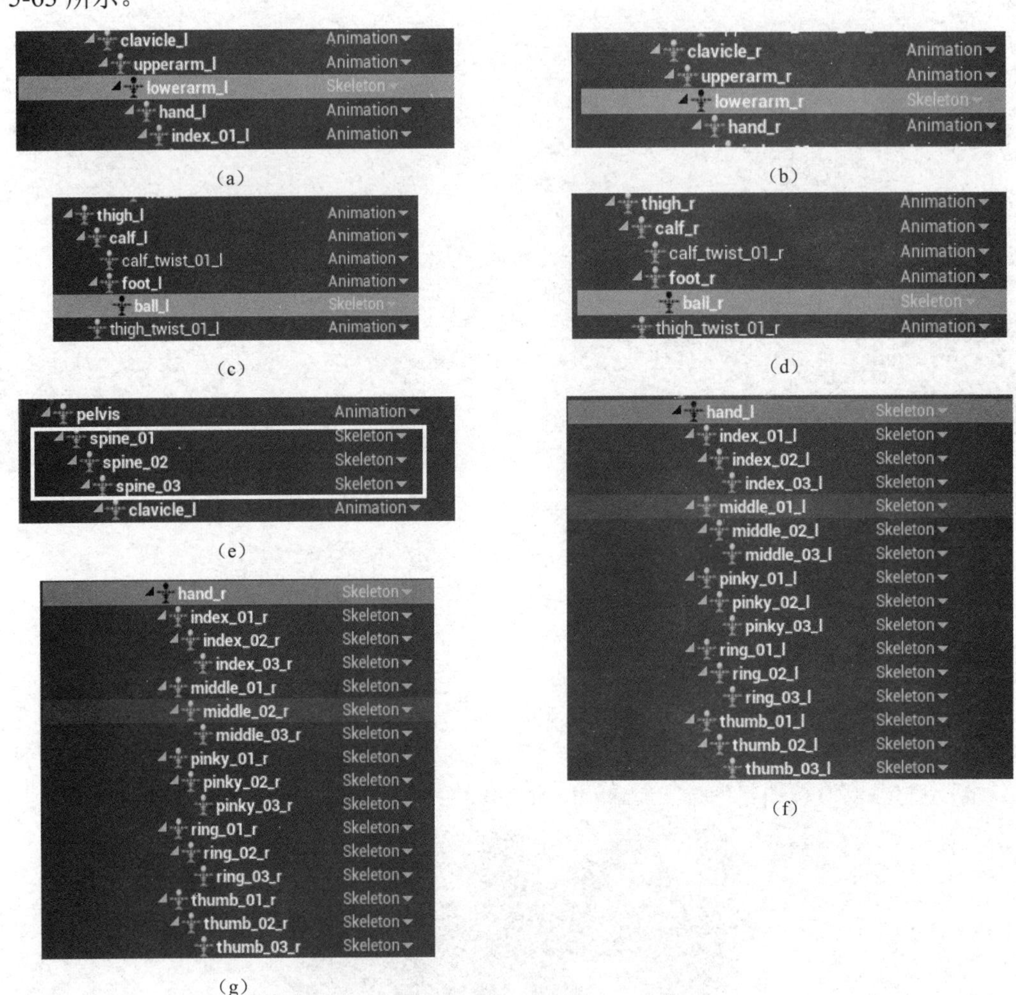

图 5-63　设置胳膊和脚趾平移重定向属性

2. 设置动画停止蓝图

在播放场景时发现，动画一经触发不能停止。设置动画停止的操作方法：切回到动画蓝图的事件图表中，为图画设置停止属性，并在“Montage Set Next Section”节点中设置跳转去向，如图 5-64 所示。

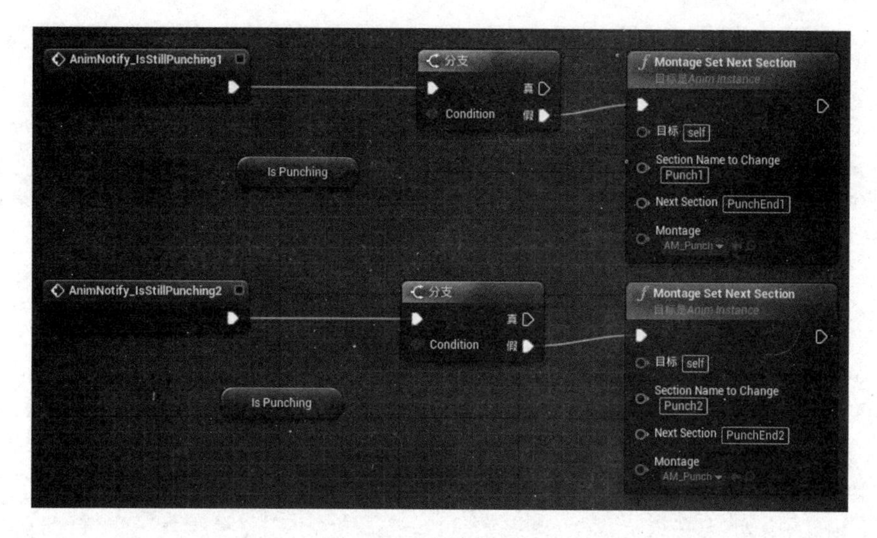

图 5-64　设置动画停止

5.3 角色拾取武器攻击案例

任务描述

在游戏场景中添加武器，武器在指定位置上下浮动，吸引玩家。当玩家走近武器时，玩家用右手拾取武器，单击鼠标左键实现手持武器攻击的效果。

5.3.1　武器设置

1．设置武器上下浮动

新建第三人称项目，新建默认关卡，对关卡进行简单的场景及光效布置。导入武器的模型，本案例中使用一把刀的道具。

在内容浏览器中新建蓝图类资源，选择“Actor”父类，如图 5-65 所示。重命名为“BP_Knife”，双击打开蓝图类编辑器，选择视口页签，如图 5-66 所示。

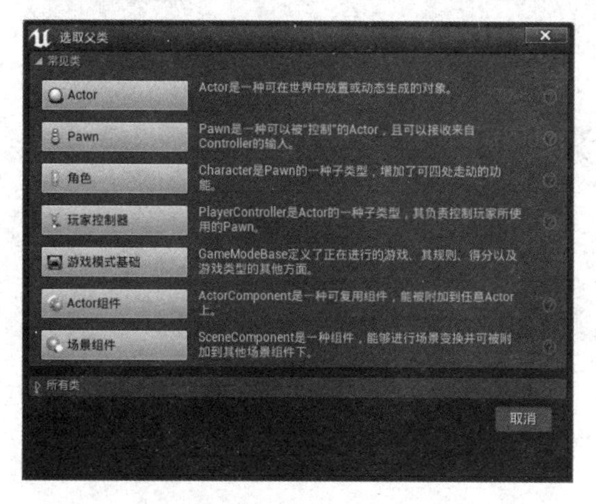

图 5-65　创建“Actor”父类蓝图类

图 5-66　蓝图类编辑器

将内容浏览器导入的武器模型添加到新建的蓝图类组件面板中，如图 5-67 所示。添加方法可以用鼠标直接将武器模型拖曳到蓝图类编辑器的组件面板中，也可以利用蓝图类组件面板的“添加组件”按钮，先添加一个“静态网格物体”组件，再在细节面板中为其选择武器模型。

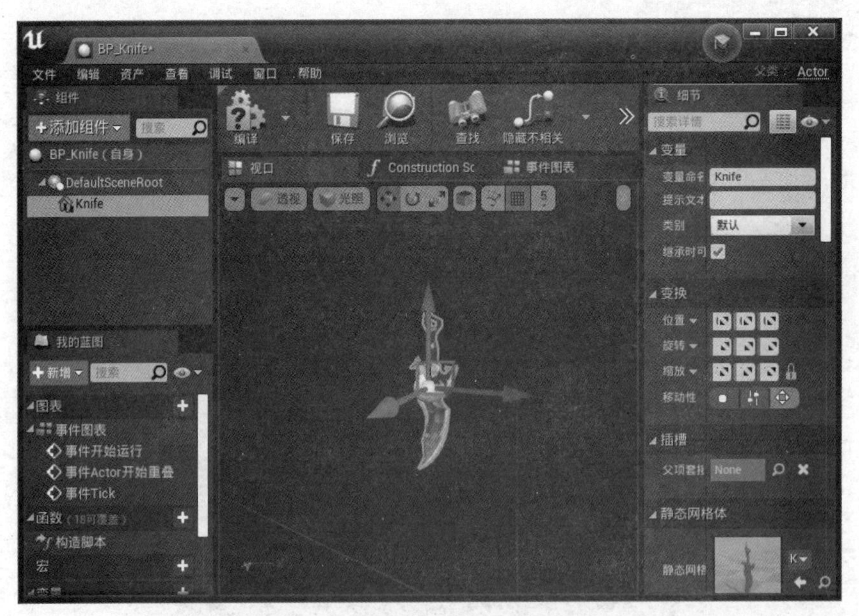

图 5-67　为蓝图类添加武器组件

保存蓝图类文件，将内容浏览器中的“BP_Knife”蓝图类资源拖曳到场景中合适的位置，如图 5-68 所示。

图 5-68　将武器蓝图类放置到场景中

在“BP_Knife”蓝图类的事件图表中编写蓝图，如图 5-69 所示。利用“Flip Flop”节点在时间轴的“Play from Start”和“Reverse from End”两个事件之间切换执行，实现武器沿 Z 轴上下运动，运动的相对范围为“插值”节点设置的 0 到 20 之间。

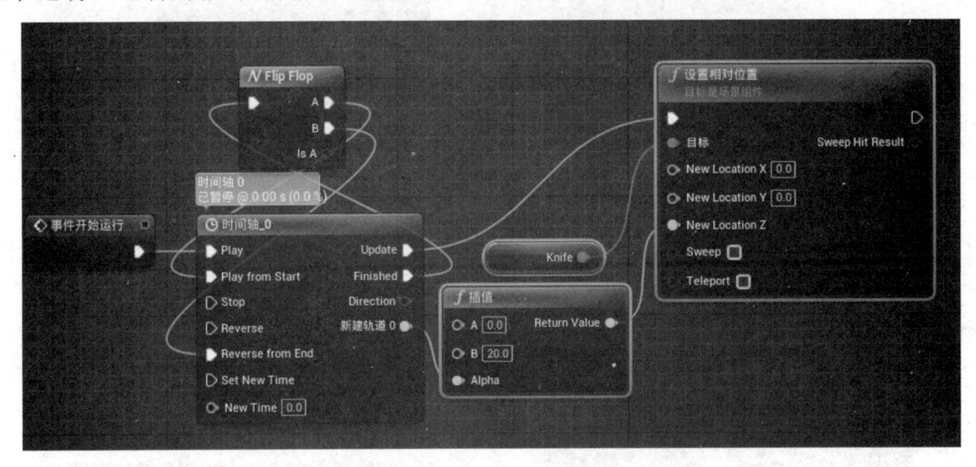

图 5-69　武器上下浮动的蓝图

蓝图中应用的时间轴内部的浮点型轨道设置如图 5-70 所示。编译保存蓝图类后，运行场景，可以看到武器在场景中上下浮动。

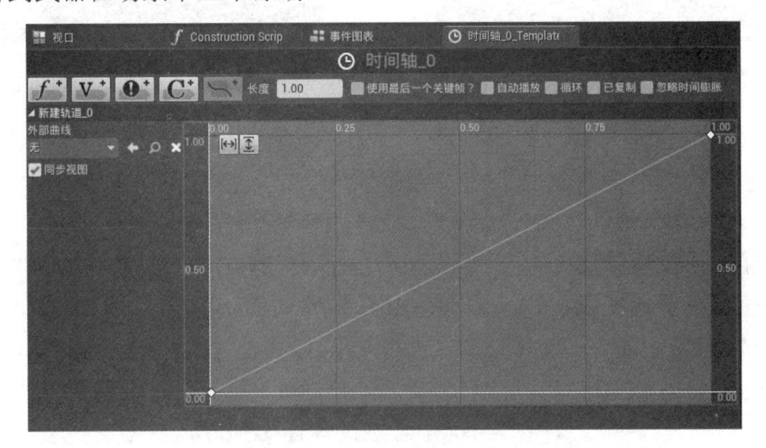

图 5-70　时间轴的浮点轨道设置

5.3.2　角色拾取武器

微课：增加碰撞交互功能

本小节制作当角色走近武器时，将武器拾取到手上的效果。

1．为武器添加盒体碰撞

（1）添加方法：单击蓝图类编辑器的视口页签，在“BP_Knife”蓝图类编辑器的组件面板点击“添加组件”按钮，在下拉菜单中找到“Collision”组下的“Box Collision”选项，如图 5-71 所示。添加盒体碰撞后，组件面板如图 5-72 所示，视口效果如图 5-73 所示。

图 5-71　为武器添加盒体碰撞

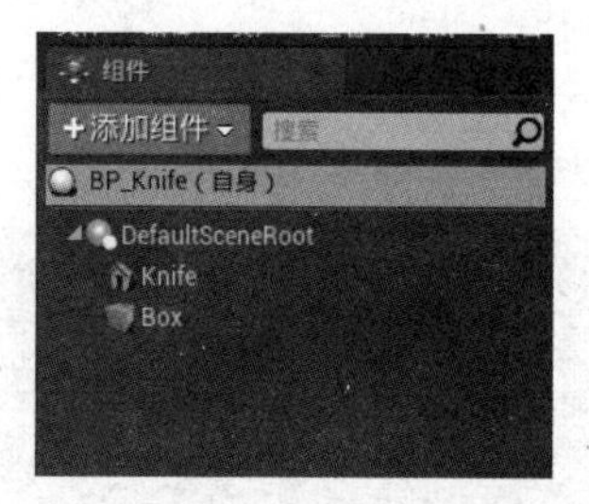

图 5-72　添加盒体碰撞后的组件面板

（2）选中组件面板的盒体碰撞，在细节面板中修改盒体碰撞的缩放，如图 5-74 所示。

图 5-73　添加盒体碰撞后的视口

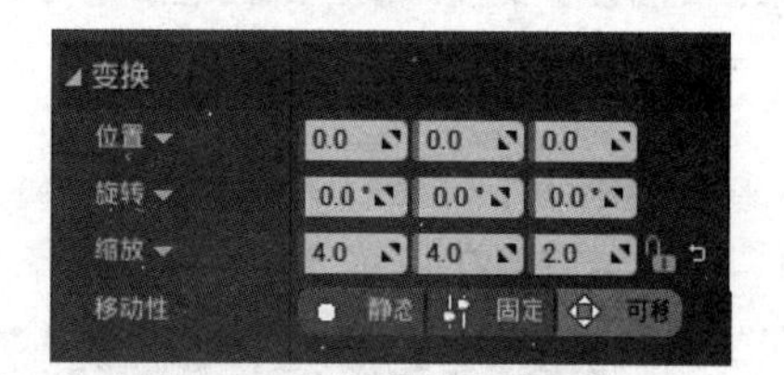

图 5-74　修改盒体碰撞的缩放

注意：为了避免在运行程序时出现碰撞冲突，需要关闭武器的碰撞。在武器“Knife”组件的细节面板中，找到碰撞属性，将“碰撞预设”选项修改为“NoCollision”，如图 5-75 所示。

（3）为武器添加盒体碰撞后，就可以对其进行程序设定了。在组件面板中选中“Box”盒体碰撞，下拉细节面板找到事件选项卡，如图 5-76 所示。单击“组件开始重叠时”的“+”按钮，即为盒体碰撞添加一个开始重叠时的触发事件。

（4）添加事件后，引擎会自动跳转到蓝图类的事件图表，并自动生成“组件开始重叠（Box）”事件节点。继续编写蓝图，当玩家碰触到盒体碰撞时，武器组件会直接附加到角色的身上。这里通过一个“分支”节点做了一个判断，只有当玩家角色碰触到盒体碰撞后，才能执行将组件附加到组件的命令。完整蓝图如图 5-77 所示。

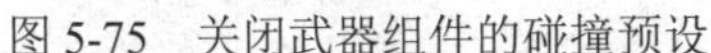

图 5-75　关闭武器组件的碰撞预设

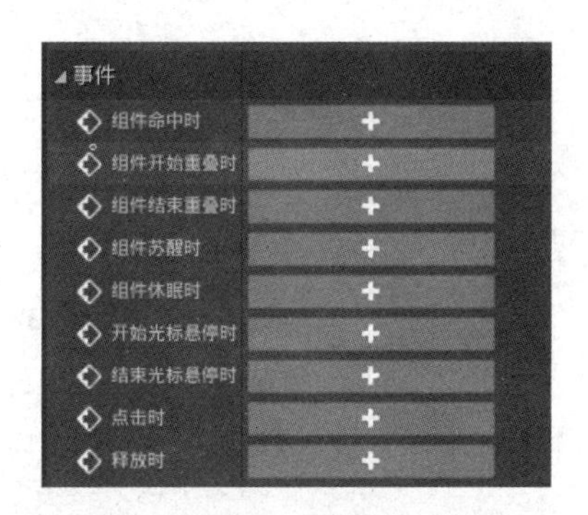

图 5-76　盒体碰撞事件选项卡

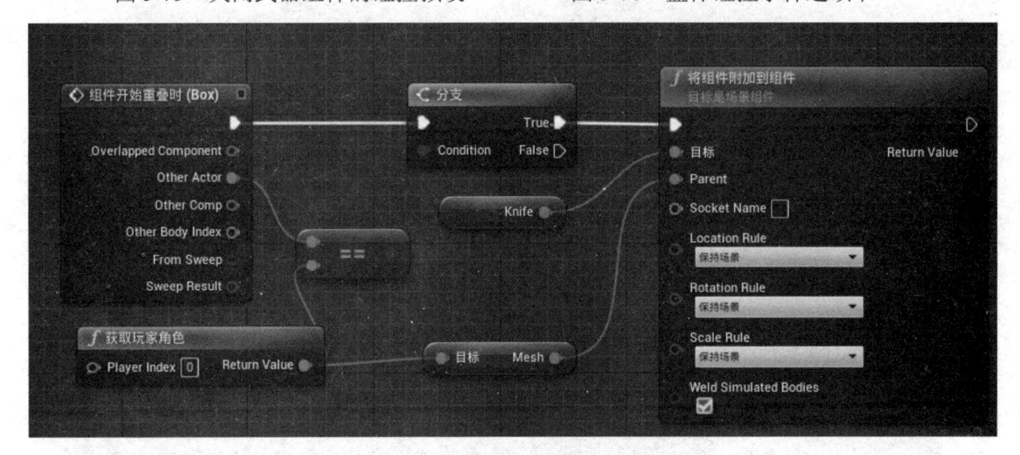

图 5-77　玩家拾取武器的蓝图

编译保存蓝图后，运行场景，当玩家碰触盒体碰撞时，武器会附加到玩家身上，但是附加的位置不正确，如图 5-78 所示。

2．将武器附加到玩家身上指定的正确位置

本案例将武器附加到角色的右手中。

（1）找到项目角色的骨架文件“UE4 Mannequin Skeleton”，其存储目录如图 5-78 所示。双击打开骨架文件，进入骨架编辑器界面。在左侧的骨架结构列表中找到右手骨骼“hand_r”，右击“hand_r”，在弹出的右键关联菜单中选择“添加插槽”命令，如图 5-79 所示，为右手骨骼添加一个用于绑定武器的插槽。

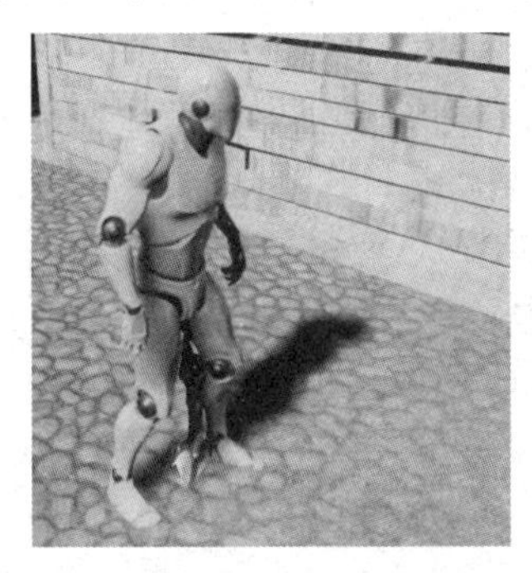

图 5-77　武器附加位置不正确的效果

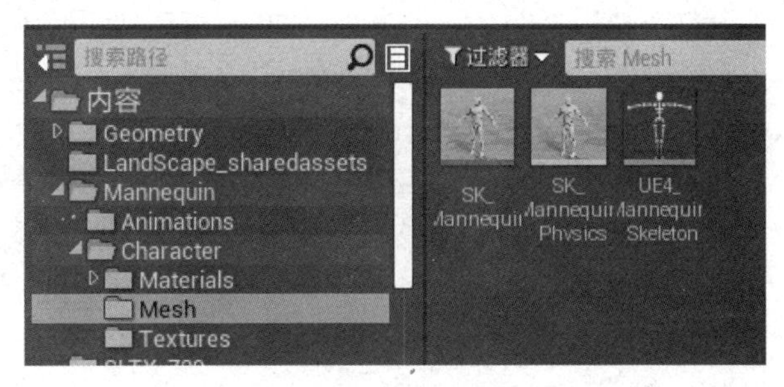

图 5-78　项目角色的骨架文件存储目录

（2）将插槽重命名为“hand_rWuqi”，在视口角色的右手位置会出现插槽，效果如图 5-80 所示。

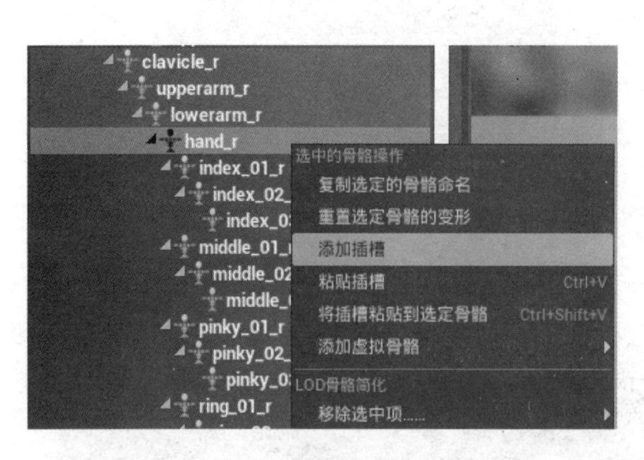

图 5-79 为右手骨骼添加插槽

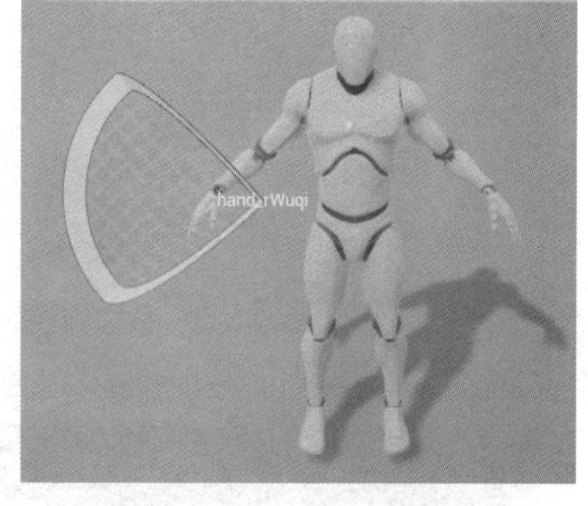

图 5-80 添加插槽后角色效果

（3）右击“hand_rWuqi”插槽，在弹出的右键关联菜单中选择“添加预览资产”命令，会出现项目中所有的静态网格物体列表，如图 5-81 所示。选择案例中应用的武器静态网格物体，即可预览武器加载到插槽中的效果。

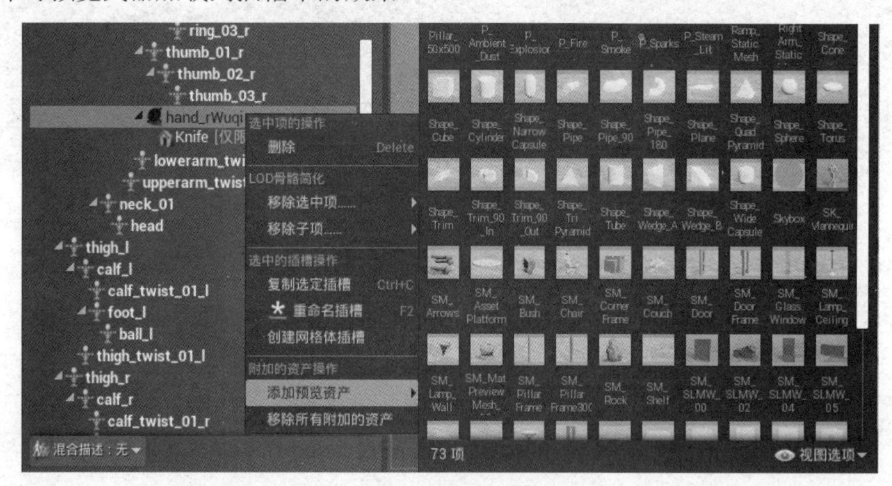

图 5-81 为插槽添加预览资产

（4）通过调整插槽的位移和旋转，将预览的武器调到合适的位置和旋转角度，如图 5-82 所示。

（5）调整完毕后，保存骨架文件。回到“BP_Knife”蓝图类编辑器的事件图表，设定“将组件附加到组件”节点的“Socket Name”为刚刚创建的插槽的名称“hand_rWuqi”。同时修改“Location Rule”“Rotation Rule”“Scale Rule”为“保持相对”，如图 5-83 所示。

（6）运行场景后，武器已经能够正常附加到玩家的右手了，但是，玩家拾取武器后，武器仍然在浮动。现在需要一个变量来检测武器是否被玩家拾取，如被拾取则武器停止浮动。

（7）单击蓝图类编辑器左侧的“我的蓝图”面板的“变量”选项的“+”按钮，添加一个布尔型变量，并重命名为“IsMove”，如图 5-84 所示。编译后勾选“默认值”复选框，使其为“True”，如图 5-85 所示。

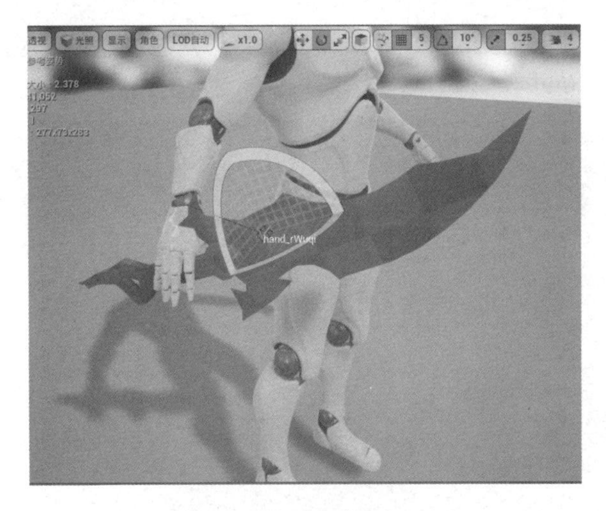

图 5-82　调整插槽的位移和旋转

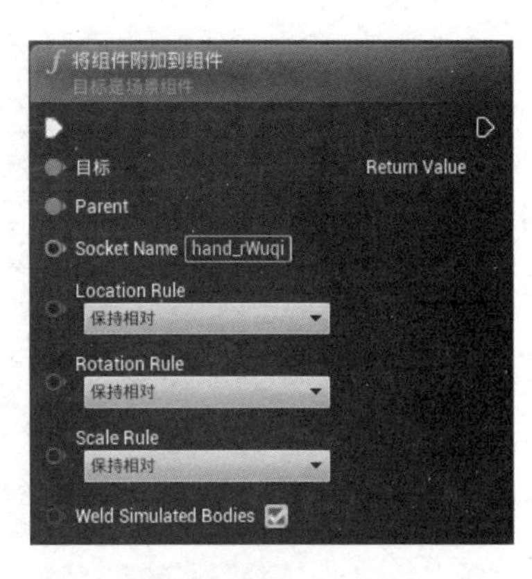

图 5-83　设定“将组建附加到组件”节点

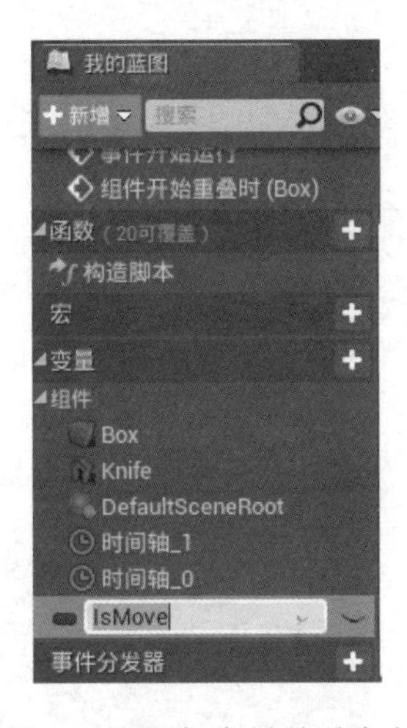

图 5-84　添加变量并重命名

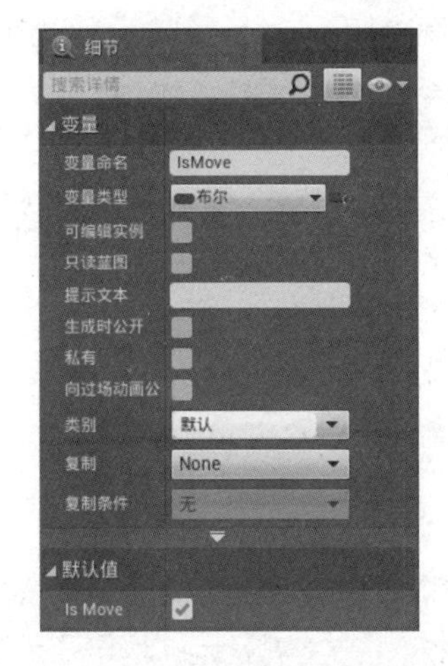

图 5-85　设置默认值为“True”

（8）在拾取武器的蓝图中对“IsMove”变量进行设置。当角色与盒体碰撞开始重叠时，将“IsMove”变量设置为“False”。修改后的武器拾取蓝图如图 5-86 所示。

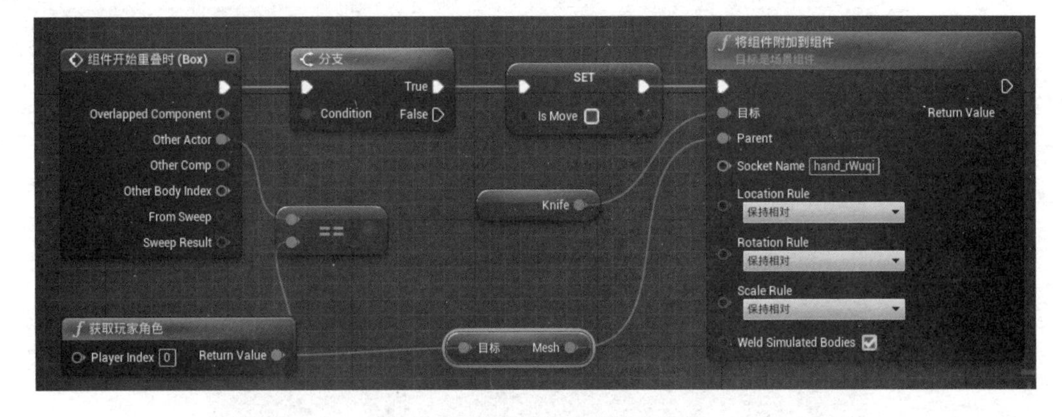

图 5-86　修改后的武器拾取蓝图

（9）在武器旋转的蓝图中添加一个“分支”节点，如图 5-87 所示，用于判断“IsMove”

变量。当“IsMove”变量值为“True”时，武器继续上下浮动的运动；当角色与盒体碰触时，“IsMove”变量值被设定为“False”，“FlipFlop”节点将不再被执行，武器停止上下浮动。

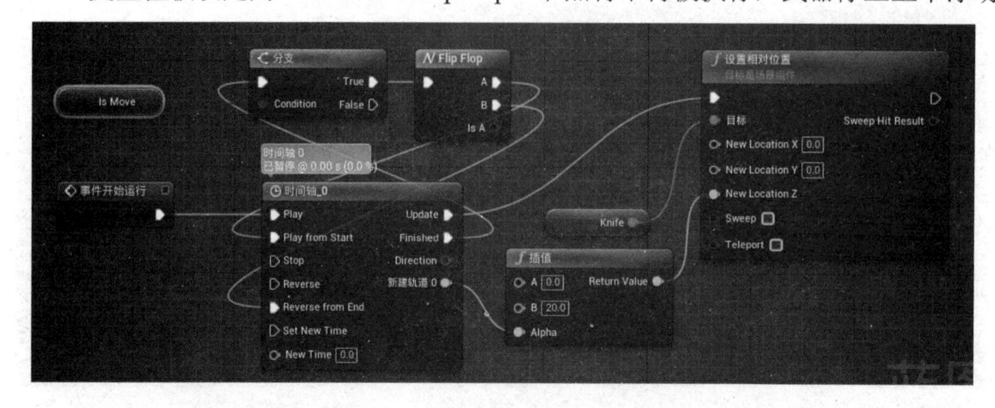

图 5-87　修改后的武器浮动蓝图

（10）保存蓝图后，运行场景后功能正常实现。

5.3.3　利用武器攻击

当角色拾取到武器后，就可以执行挥砍刀具的攻击动作，这需要一个挥砍的动画资源，并将动画资源导入内容浏览器中相应的位置。右击导入的动画资源，在弹出的右键关联菜单中选择“动画序列操作”→“创建”→“创建动画蒙太奇”命令，如图 5-88 所示。

如果想要播放这个动画蒙太奇，需要在第三人称角色的动画蓝图中添加一个用于播放动画蒙太奇的插槽。在内容浏览器中找到“Third Person AnimBP”资源，其存储目录如图 5-89 所示。

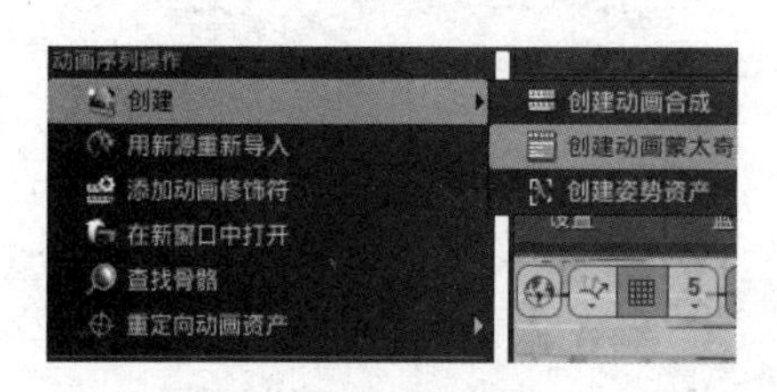

图 5-88　创建挥砍动画蒙太奇资源

图 5-89　“Third Person AnimBP”资源的存储目录

双加打开“Third Person AnimBP”资源，在动画图表中添加一个“插槽‘DefaultSlot’”节点，如图 5-90 所示。

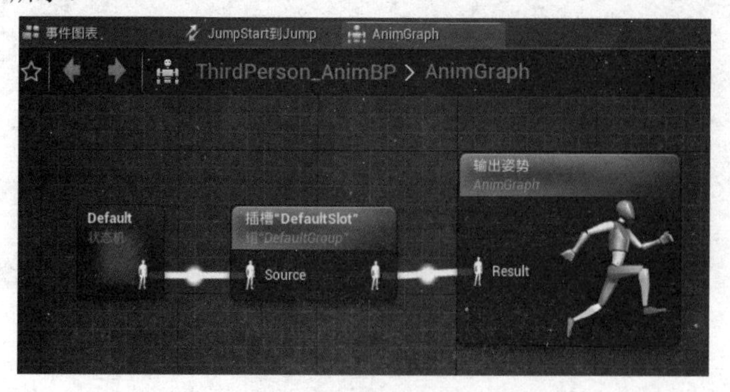

图 5-90　添加用于播放动画蒙太奇的插槽

保存后关闭此界面。打开第三人称角色蓝图，在事件图表中添加由鼠标左键触发的播放动画蒙太奇的事件蓝图，并选择播放的动画蒙太奇资源，如图 5-91 所示。

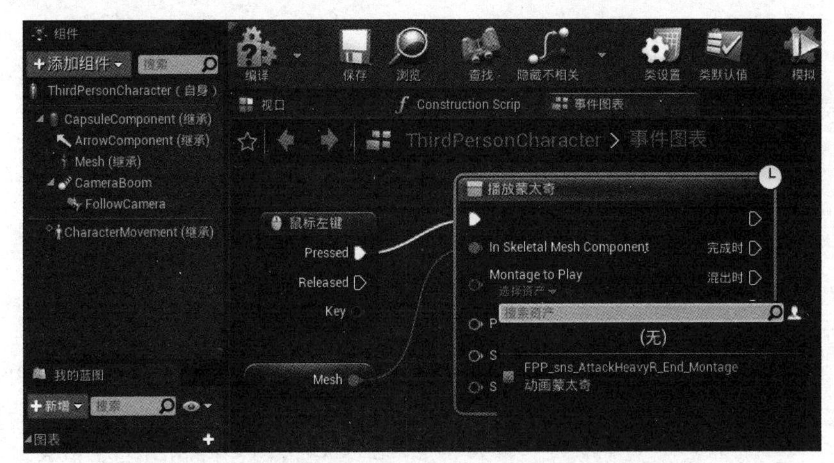

图 5-91　设置播放动画蒙太奇的蓝图

编译保存后，运行场景。当玩家走近上下浮动的武器时，拾取武器，玩家单击鼠标左键，实现攻击效果。

项目6 游戏UI

UI是User Interface（用户界面）的简称，是用户和某些系统进行交互的方法集合，泛指用户的操作界面，通过用户界面设计可实现人机交互。

虚幻引擎4的动态图形UI设计器（UMG）可用于创作想要呈现给用户的UI元素，如游戏内的HUD、菜单或与界面相关的其他图形。UMG的核心是控件，即用于构成界面的一系列预先制作的功能（如按钮、复选框、滑块、进度条等）。这些控件在专门的控件蓝图中进行编辑，可使用两个选项卡对其进行构建：一是使用设计器选项卡实现界面的视觉布局；二是使用图形选项卡提供控件的功能。

学习目标

（1）认识虚幻引擎 4 的 UI 设计器；

（2）能够正确使用常用控件；

（3）掌握在视口中显示控件的方法；

（4）能够利用 UI 编辑器设计简单的菜单；

（5）能够正确设置菜单的跳转功能；

（6）能够利用 UI 编辑器和蓝图设置实现计数等功能。

6.1 认识虚幻引擎动态图形UI设计器

任务描述

初步了解虚幻引擎动态图形 UI 设计器界面的布局，创建控件蓝图并实现对控件的引用。

微课：UI 设计器及常用控件

6.1.1 虚幻引擎动态图形UI设计器

创建控件蓝图。在内容浏览器中，单击“添加新内容”按钮，选择“用户界面”→“控件蓝图”选项，如图 6-1 所示，并对其进行重命名。

双击该控件蓝图资源，打开控件蓝图编辑器，如图 6-2 所示。默认情况下，打开控件蓝图编辑器时会显示设计器选项卡。设计器选项卡是布局的视觉呈现，显示 UI 在游戏中的外观。

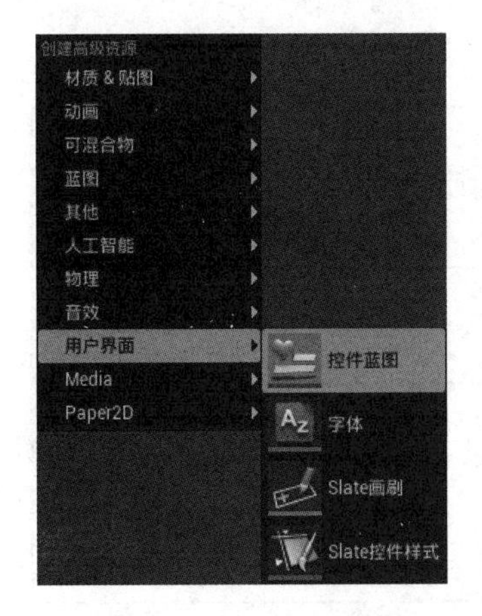

图 6-1　创建控件蓝图

图 6-2　控件蓝图编辑器

控件蓝图编辑器的布局及各面板的功能描述如表 6-1 所示。

表 6-1　控件蓝图编辑器布局及各面板功能描述

窗　口	功 能 描 述
菜单栏	常用功能菜单
工具栏	包含蓝图编辑器常用功能，如编译、保存和播放
编辑器模式	切换“设计师”和“图表”面板。“设计师”面板用于制作图形界面布局，“图表”面板用于编写事件的相应程序
控制板	控件列表，用户可以将其中的控件拖曳到视觉设计器中
层次结构	显示用户控件的父级结构
视觉设计器	操纵已拖曳到视觉设计器中的控件，是布局的视觉呈现
详细信息	显示当前所选控件的属性
动画	UMG 的动画轨，可以用于设置控件的关键帧动画

6.1.2　控件

控件是指对数据和方法的封装。控件可以有自己的属性和方法，其中，属性是控件数据的简单访问者，方法则是控件的一些简单而可见的功能。设计控件是一项烦琐的工作，要求用户精通面向对象的程序设计。虚幻引擎 4 为用户提供了大量已封装好的控件，便于用户调用，简化工作。

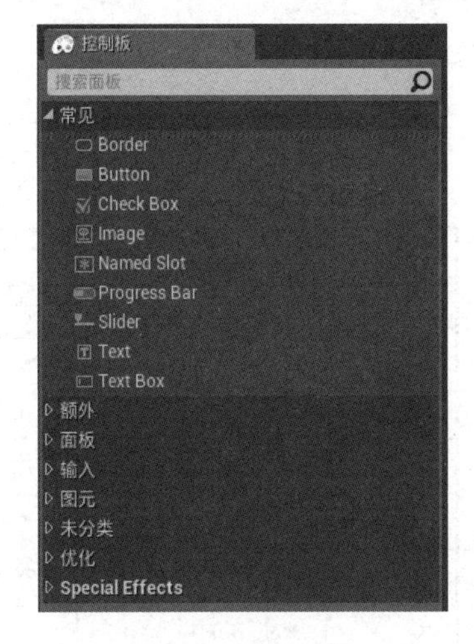

图 6-3　控件类别

在控件蓝图编辑器中的控制板面板下，按照控件的功能对控件进行了分类，每类控件又包含了不同的控件形式。常用的控件类别包括：常见控件、面板控件、输入控件、图元控件等，如图 6-3 所示。任意一种控件均可被拖曳到视觉设计器中。下面介绍几种常用的控件类别。

（1）常见控件类：包含工程中最常用的控件。常见控件及其功能描述如表 6-2 所示。

表 6-2 常见控件及其功能描述

控 件	功 能 描 述
Border	Border 是一种容器控件，可以容纳一个子控件，可以为子控件提供环绕的边框图像及可调整的填充样式
Button	按钮是一种可单击的基元控件，可实现基本的交互
Check Box	复选框控件用于显示几种切换状态其中之一，即“未选中”“已选中”及“不确定”
Image	图像控件用于在 UI 中显示平板刷、纹理或材质
Named Slot	此控件用于为用户控件显示可使用任何其他控件来填充的外部槽，对创建自定义控件功能而言非常有用
Progress Bar	进度条控件是一种简单的可填充条图形，可以用于表示经验值、体力值、获得的点数等
Slider	此控件可显示滑动条和图柄，用于控制值在 0 到 1 之间变动
Text	此控件控制在屏幕上显示文本的基本方式，可用于对选项或其他 UI 元素进行文本说明
Text Box	此控件允许用户键入自定义的文本，仅允许输入单行文本

（2）面板控件类：用于控制其他控件的布局和放置，包含的控件如图 6-4 所示。面板控件类别及其功能描述如表 6-3 所示。

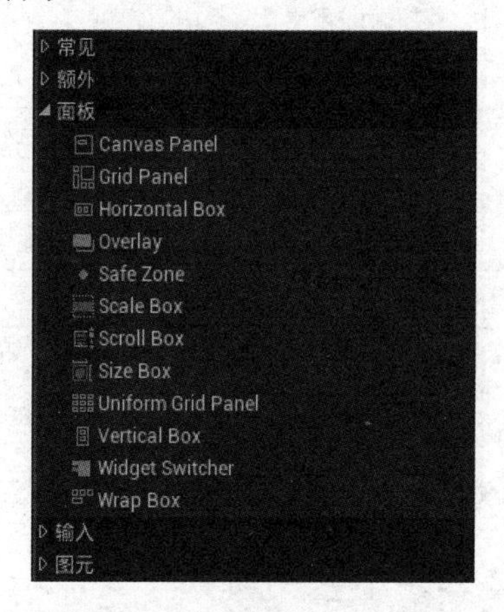

图 6-4 面板控件类

表 6-3 面板控件类别及其功能描述

控 件	功 能 描 述
Canvas Panel	画布面板用于将控件放置在任意位置，锚定控件，或与画布上的其他子对象进行叠置排序。画布面板是进行手动布局的理想控件
Grid Panel	用于在所有子控件之间平均分割可用空间
Horizontal Box	用于将子控件水平排布成一行
Overlay	允许控件互相堆叠，并针对每一层的内容使用简单布局
Safe Zone	拉取平台安全区信息并进行填充
Scale Box	用于以所需的大小放置内容，并对其进行缩放以满足该框所分配到的区域大小的限制
Scroll Box	一组可任意滚动的控件
Size Box	一种可定义空间大小的面板
Uniform Grid Panel	统一大小的网格面板，可以使其内部的子级均匀分配

续表

控　　件	功 能 描 述
Vertical Box	垂直框控件是一种布局面板，用于自动垂直排布子控件
Widget Switcher	可以创建并组合以获得类似于选项卡的效果，一次最多只显示一个控件
Wrap Box	此控件会将子控件从左到右排列，超出其宽度时会将其余子控件放到下一行

（3）输入控件类：包含常用的允许用户输入信息的控件，如图 6-5 所示。输入控件类别及其功能描述如表 6-4 所示。

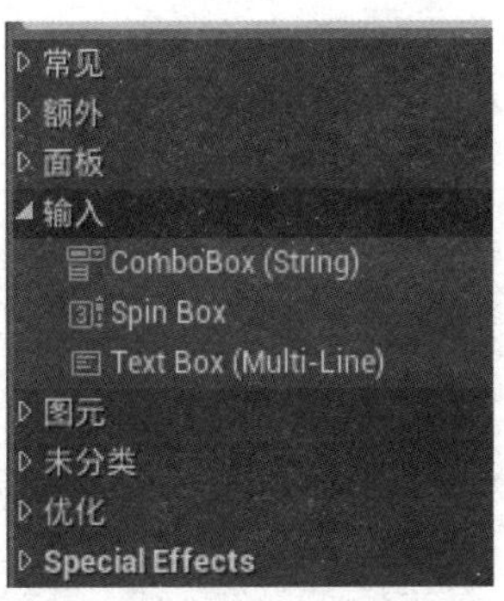

图 6-5　输入控件类

表 6-4　输入控件类别及其功能描述

控　　件	功 能 描 述
ComboBox（String）	组合框（字符串）控件用于通过下拉菜单向用户提供选项列表，用户可以从中选择一项
Spin Box	数字调整框控件是一种数值输入框，允许直接输入数字，或通过单击并滑动选择数字
Text Box（Multi-Line）	文本框（多行）控件允许用户输入多行文本

（4）图元控件类：此类别中包含的控件可以向用户传达信息或允许用户进行选择，如图 6-6 所示。图元控件类别及其功能描述如表 6-5 所示。

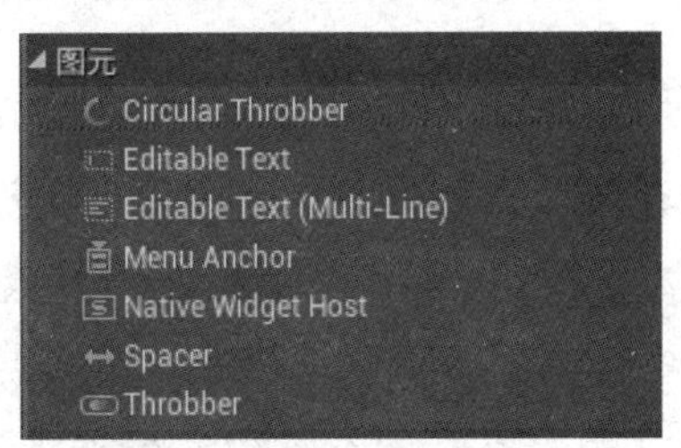

图 6-6　图元控件类

表 6-5　图元控件类别及其功能描述

控　　件	功 能 描 述
Circular Throbber	循环展示图像的动态浏览图示控件
Editable Text	这是一种没有框背景的文本字段，允许用户进行输入。该控件仅支持单行可编辑文本
Editable Text（Multi-Line）	可编辑文本，支持多行文本

续表

控　　件	功 能 描 述
Menu Anchor	此控件用于指定一个位置，将从此处弹出菜单并锚定在此处
Native Widget Host	这是一种容器控件，可以在 UMG 控件中嵌套一个原生控件
Spacer	隔离控件提供其他控件之间的自定义填充。隔离控件本身并不进行视觉呈现，在游戏中不可见
Throbber	动画式的动态浏览图示控件，在一行中显示几个缩放的圆圈，可以用来表示正在进行加载等

6.1.3　调用控件

微课：创建并使用 UI 控件

创建控件蓝图之后，若要令其显示在游戏内，需要在另一个蓝图（如关卡蓝图或角色蓝图）中使用“Create Widget”和“Add to Viewport”节点来调用它。

提示：在角色蓝图（如 First Person Character）中调用控件时，控件会跟着角色“First Person Character”一起显示，场景中只要有角色出现，就会显示这个控件；而在关卡蓝图中调用控件时，只在当前关卡中才会出现此控件，如果跳转到其他关卡，则不会出现此控件。

（1）打开另一个蓝图（如关卡蓝图或角色蓝图），右击，弹出右键关联菜单，输入“createwidget”关键词，选择“创建控件”选项，如图 6-7 所示，即可在蓝图中添加一个名为“构建 NONE”的节点，如图 6-8 所示。

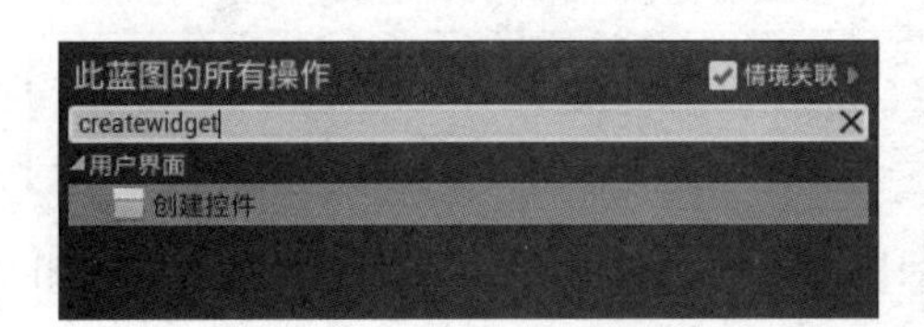

图 6-7　创建控件

图 6-8　添加节点

（2）单击节点的“Class”引脚的“选择类”按钮，在打开的菜单中选择之前新建的控件蓝图的名字，目的是建立此控件与控件蓝图之间的联系，如图 6-9 所示。

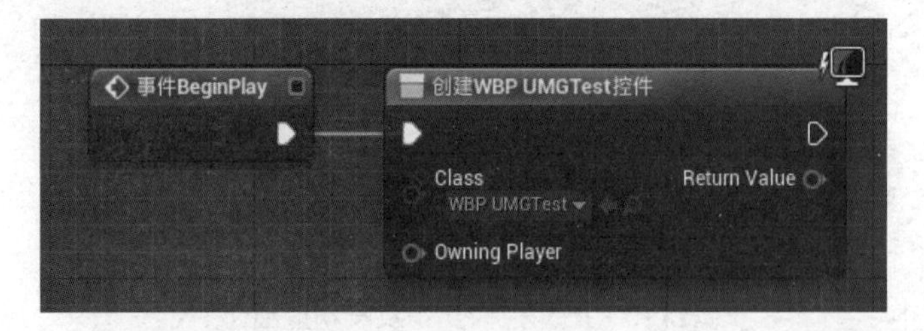

图 6-9　选择控件蓝图

（3）使“Return Value”引脚返回“Class”类中引用的实例。用鼠标左键拖曳“Return Value”引脚，在关联菜单中选择“提升为变量”命令，如图 6-10 所示，将返回值提升为变量。

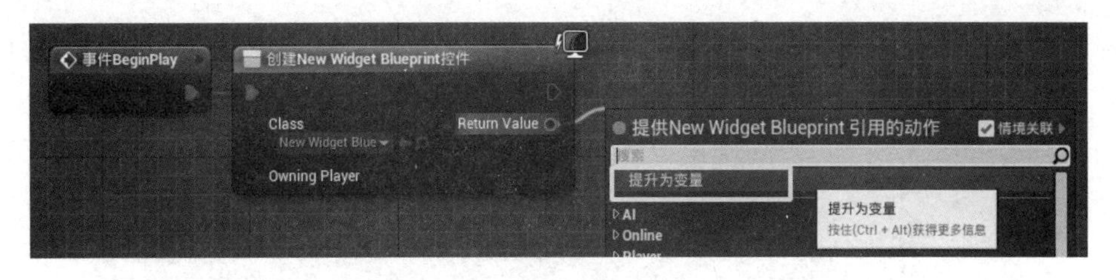

图 6-10　将返回值提升为变量

（4）此时蓝图中会出现名为“设置”的节点，并在“我的蓝图”面板的“变量”下新增一个变量（将其重命名为“UMGTest”），如图 6-11 所示。之后可以通过此变量访问该控件蓝图。

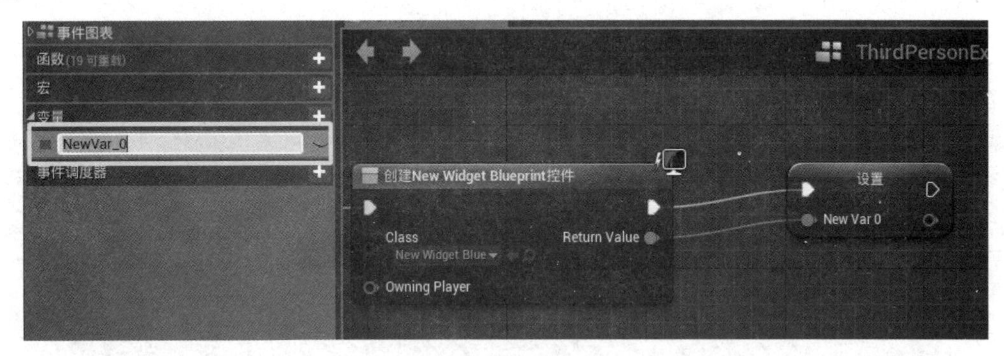

图 6-11　新增变量

（5）在蓝图中添加“Add to Viewport”事件，并建立连接，将控件蓝图的内容推送到屏幕上显示，如图 6-12 所示。

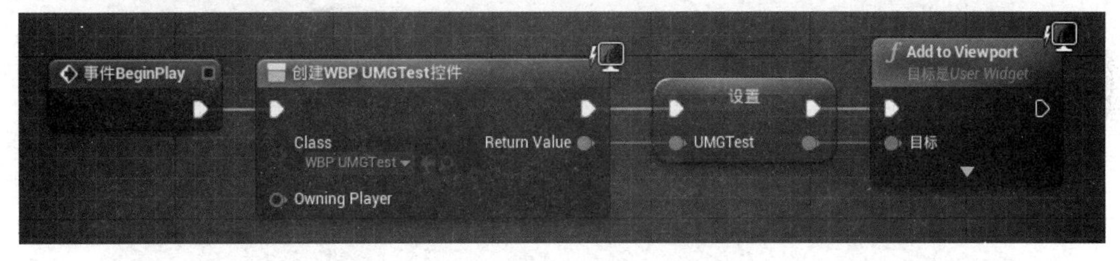

图 6-12　将控件蓝图的内容推送到屏幕上

提示：使用“Remove from Parent”节点并指定目标控件蓝图，可将控件从显示中移除。

6.1.4　输入模式

有些情况下，玩家想要与 UI 进行交互，而有些情况下则希望能够完全忽视 UI。通过设置输入模式节点可以设定玩家与 UI 交互的方式。此类节点如图 6-13 所示。

- “Set Input Mode Game and UI”节点使玩家可以同时操纵游戏和 UI，例如，在控制屏幕上的角色的同时可以单击任意的按钮或 UI 元素。
- “Set Input Mode Game Only”节点仅对游戏启用输入，忽视 UI 元素，适用于非交互性 UI 元素，如体力、点数或时间显示。

● “Set Input Mode UI Only”节点只允许 UI 导航，不允许在游戏输入的情况下使用。这将完全禁用所有的游戏控制，UI 将成为所有输入的对象，请谨慎使用该节点。

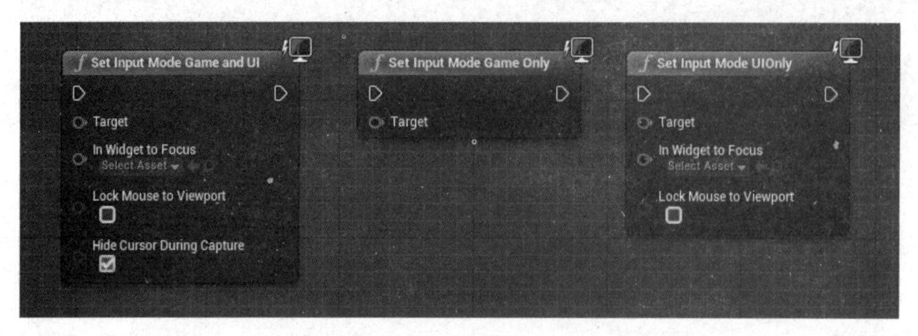

图 6-13　控制 UI 交互方式的节点

注意：在设置输入模式及光标显示时，需要获得玩家控制权。通过增加“Get Player Controller”节点，将其返回值作为设置输入模式及光标显示的目标。

为了配合输入模式节点功能，可以使用“Set Show Mouse Cursor”节点来按照需要启用或禁用鼠标。添加“Set Show Mouse Cursor”节点时，需要从“Get player Controller”节点的“Return Value”数据引脚引出线，在弹出的关联菜单中输入关键词进行搜索。设置输入模式及光标显示的连接如图 6-14 所示。

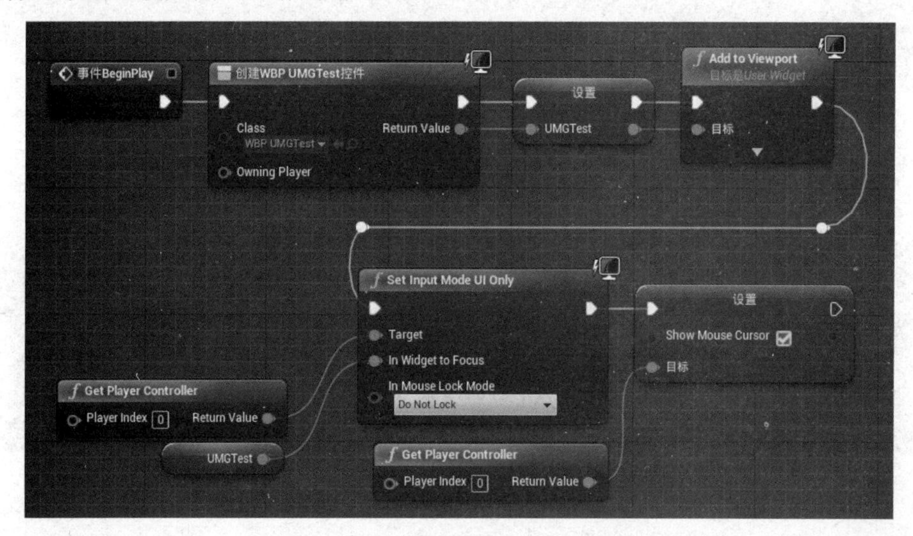

图 6-14　设置输入模式及光标显示

6.1.5　锚点

微课：制作菜单跳转功能

锚点用来定义 UI 控件在画布面板上的预期位置，并能够在不同的屏幕尺寸下维持这一位置。在正常情况下，Min(0,0)和 Max(0,0)表示左上角，Min(1,1)和 Max(1,1)表示右下角。创建画布面板并向其中添加其他 UI 控件后，既可以从一系列预设的锚位置中进行选择，也可以手动设置锚位置。

锚点的工作原理：如图 6-15 所示的黄框内的图案是锚图案，它表示画布面板上锚点的位置。如图 6-16 所示，在画布面板上放置了一个按钮，锚点的默认位置在左上角。

在如图 6-17 所示的场景中，水平和垂直的黄线表示按钮基于画布尺寸相对于窗口左上角锚点的位置。如果把锚点移动到右下角，则按钮的位置相对于锚点之间的距离就发生了改变。

锚点的位置会根据屏幕尺寸的变化来影响控件的位置，如图 6-18 所示。

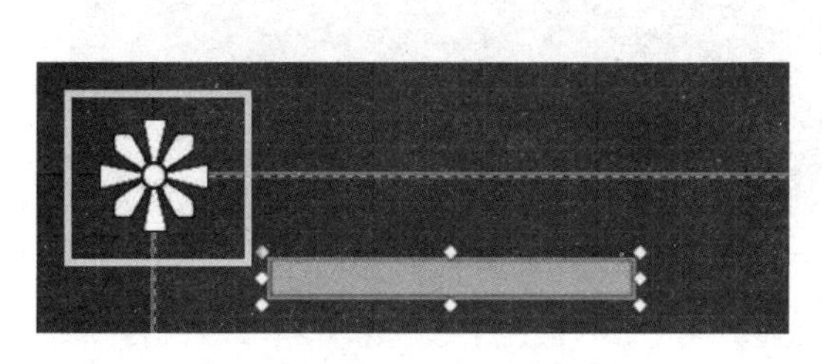

图 6-15　锚点

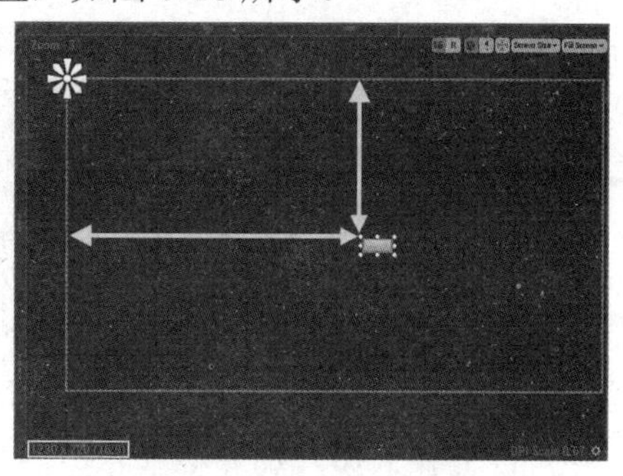

图 6-16　锚点默认位置

图 6-17　按钮相对于锚点的位置

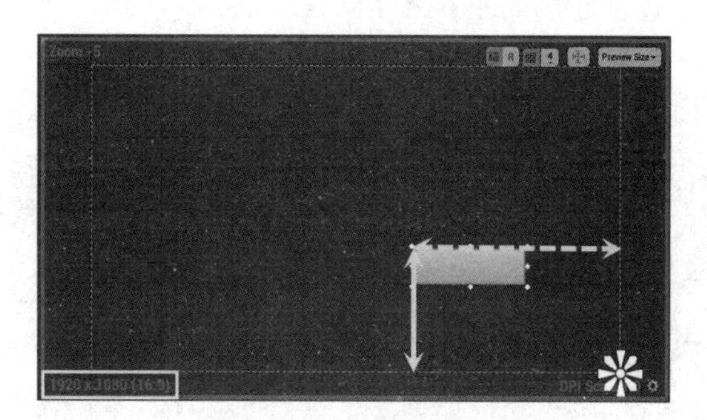

图 6-18　改变锚点位置

提示：画布面板中放有 UI 控件时，可以从控件的细节面板中选择一个预设锚点来设定锚点的位置。

6.2 制作游戏主菜单

任务描述

为游戏制作主菜单用户界面，包括“开始游戏”“设置”“退出”三个按钮选项，分别对每项进行相应的功能设置，要求用户单击“开始游戏”时打开一个游戏场景，单击“设置”按钮时可以完成游戏分辨率的设置，单击“退出”按钮时结束游戏。

6.2.1　创建主菜单控件

（1）利用关卡编辑器的“文件”菜单创建一个新的空关卡，用于制作显示主菜单的场景，将新关卡命名为“MainMenuMap”，双击打开关卡蓝图。

（2）创建控件蓝图，用于制作主菜单。在内容浏览器中，单击“添加新内容”按钮，在“用户界面”下选择“控件蓝图”选项，并将其重命名为“WBP_MainMenu”。

（3）创建控件并利用控件对主菜单的显示做相应的设置。打开关卡蓝图，右击，在弹出的右键关联菜单中输入“createwidget”关键词，选择“创建控件”选项，并在“Class”引脚的“选择类”按钮中选择引用的控件蓝图“WBP_MainMenu”。

（4）将控件节点的“Return Value”引脚返回值提升为变量，用鼠标左键拖曳“Return Value”引脚，在关联菜单中选择“提升为变量”命令，并在“我的蓝图”面板的“变量”中将新增的变量重命名为“Main Menu Widget”，在蓝图中添加“Add to Viewport”事件，并建立连接，将控件蓝图的内容推送到屏幕上显示，如图 6-19 所示。

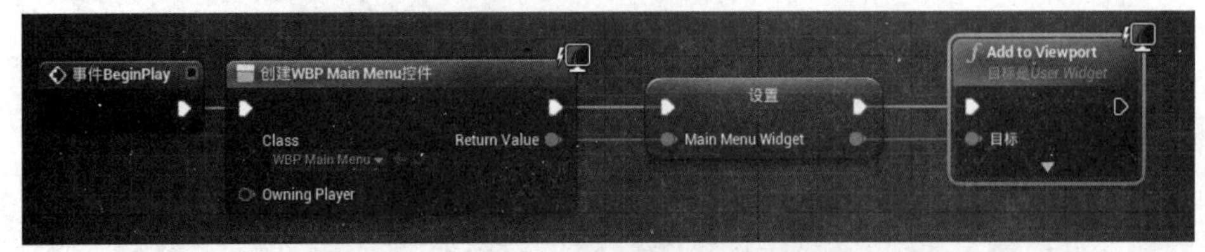

图 6-19　将控件蓝图的内容推送到屏幕上

（5）设置输入模式和光标显示。添加“Set Input Mode Game and UI”节点，使玩家可以同时操纵游戏和 UI。添加“Set Show Mouse Cursor”节点来设置启用或禁用鼠标。主菜单的显示设置连接如图 6-20 所示。

注意：增加 3 个“Get Player Controller”节点以获得相应设置的玩家控制权。

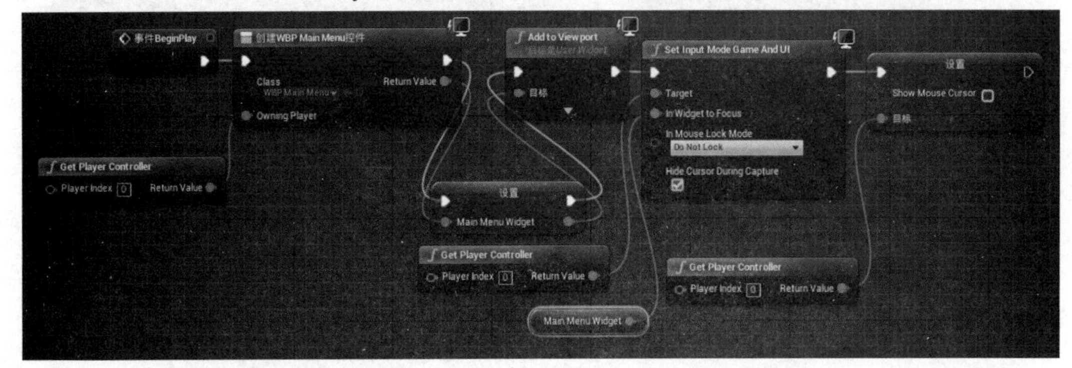

图 6-20　主菜单的显示设置连接

6.2.2　制作主菜单外观

（1）双击打开用于制作主菜单的控件蓝图“WBP_MainMenu”的编辑器，打开控制板的“面板”选项，用鼠标左键将“Canvas Panel”控件拖曳到设计视口中，并调整其大小，以满足主菜单的要求，如图 6-21 所示。

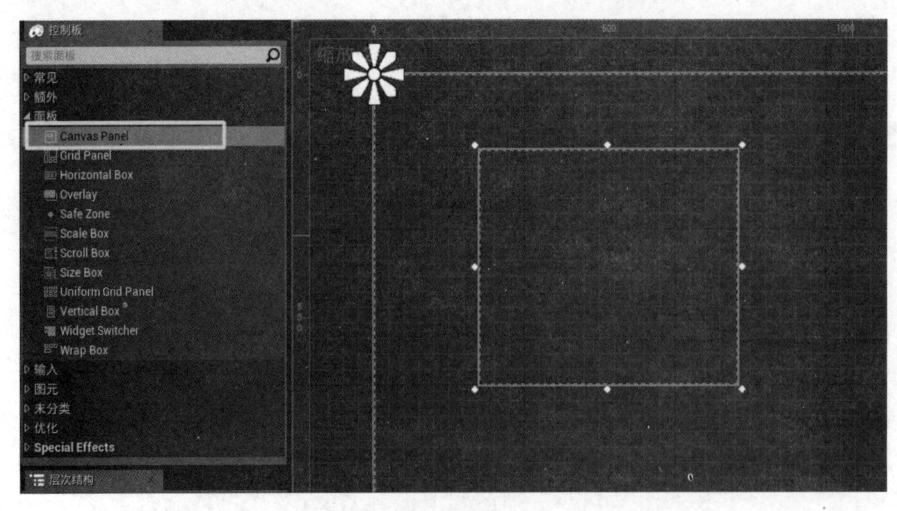

图 6-21　添加“Canvas Panel”控件

（2）在“Canvas Panel”控件下继续添加面板控件“Vertical Box”，如图 6-22 所示。在左侧信息面板中单击“锚点”的下拉菜单，选择平铺模式，如图 6-23 所示。将锚点的偏移量设置为“0.0”，如图 6-24 所示。

图 6-22　添加“Vertical Box”控件

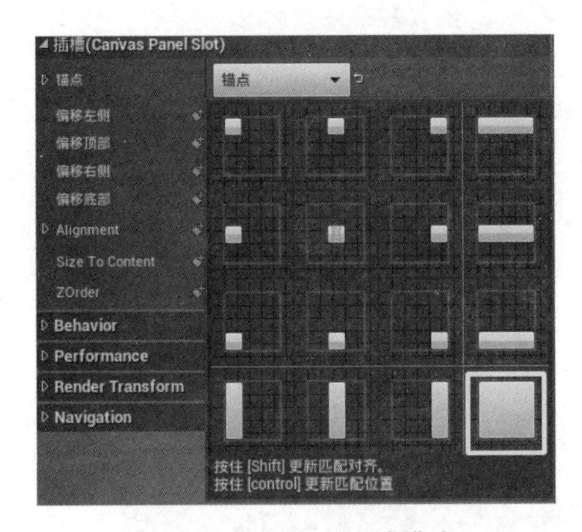

图 6-23　设置锚点平铺模式

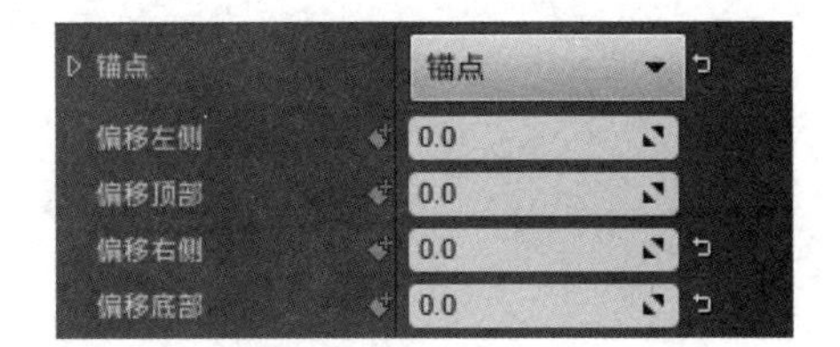

图 6-24　设置锚点偏移量

（3）在“Vertical Box”下添加“Text”文本控件，文本控件在控制板常见控件类下。添加完毕后，在详细信息面板中对文本进行设置，依次修改内容、颜色、字号和对齐方式等属性。详细参数设置如图 6-25 所示。

设置完毕后，设计视口的显示如图 6-26 所示。

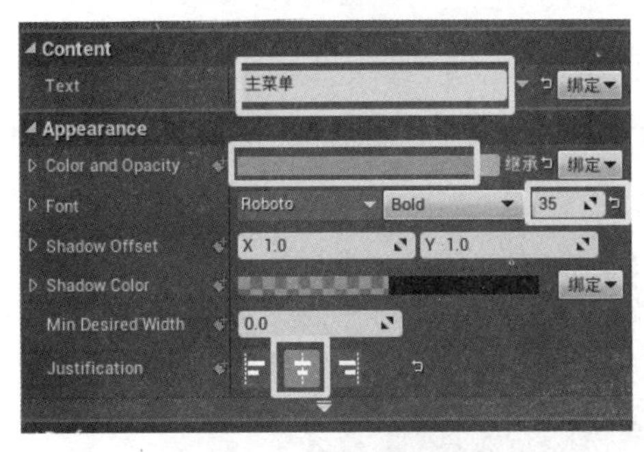

图 6-25　文本参数设置

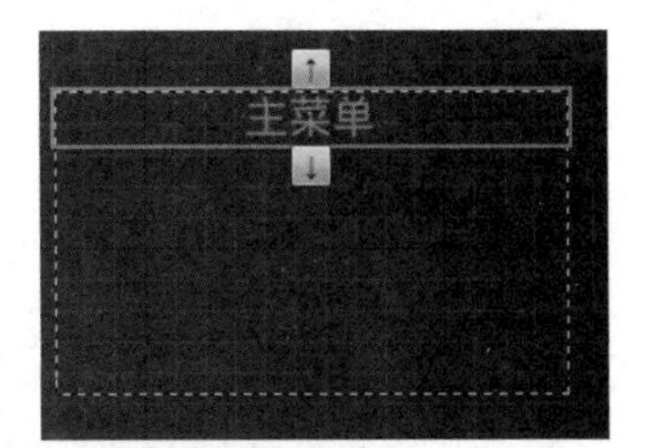

图 6-26　主菜单文本效果

（4）制作菜单按钮。在层次结构“Vertical Box”下添加“Button”控件，“Button”控件位于控制板常见控件类下。在“Button”控件层级下添加“Text”文本控件，将文本控件拖曳到按钮上，将文本内容改为“开始游戏”，其他参数设置与“主菜单”文本效果类似。按照此方法依次制作“设置”和“退出”按钮，效果如图 6-27 所示。

（5）为了便于以后的操作，在层次结构中对按钮的名称进行重命名，以示区分。修改完毕后的层次结构如图 6-28 所示。

图 6-27　主菜单按钮效果图

图 6-28　修改后的层次结构

6.2.3　设置主菜单按钮跳转功能

设置按钮的跳转功能需要在控件蓝图的“图表”面板中完成。切换方法：单击控件蓝图右上角的“图表”按钮，如图 6-29 所示。

1．为主菜单上的两个按钮添加单击事件

（1）在“图表”面板中为“开始游戏”按钮添加单击事件。在“我的蓝图”面板中单击变量下的“Button_0”，在“事件”面板中单击“On Clicked”选项右侧的“+”按钮，如图 6-30 所示。

图 6-29　切换“图表”面板

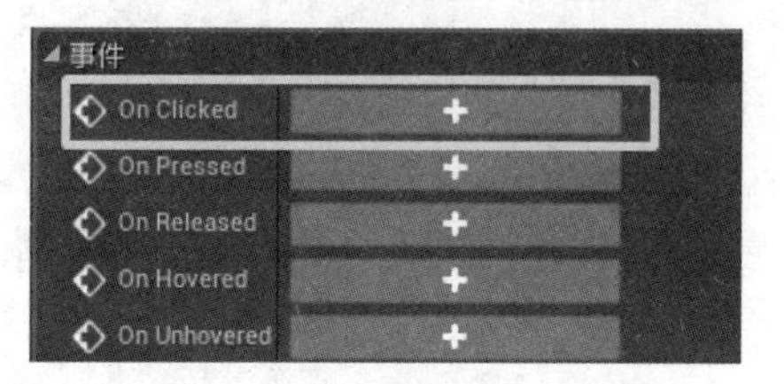

图 6-30　为按钮添加单击事件

（2）“开始游戏”按钮的单击事件为打开一个游戏关卡，在“On Clicked”节点后连接“Open Level”节点，并在“Open Level”节点的“Level Name”输入框中输入一个想要打开的游戏关卡名称，如图 6-31 所示。

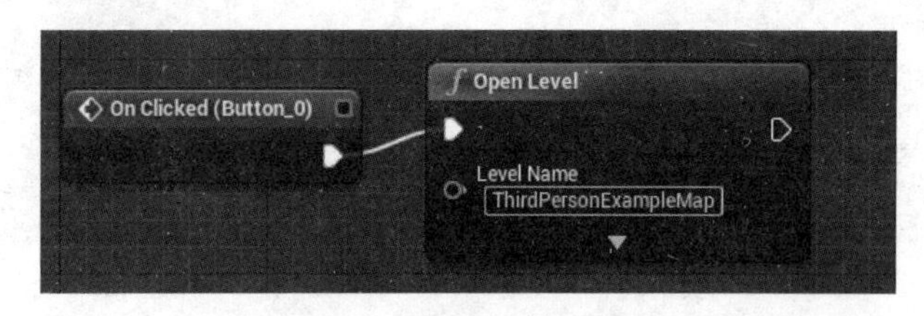

图 6-31　打开新关卡事件

（3）“退出”按钮的单击事件为结束游戏，使用节点及连接方法如图 6-32 所示。

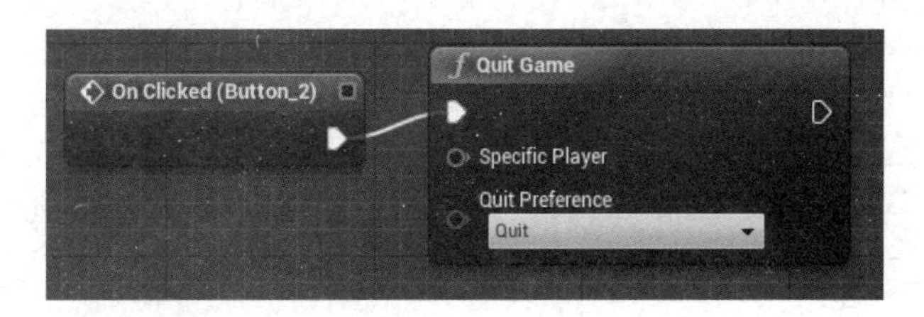

图 6-32 退出游戏事件

2. 设计分辨率菜单外观

（1）回到“WBP_MainMenu”控件蓝图的“设计师”面板，在层次结构中复制“Canvas Panel”，在“Canvas Panel”上右击，利用复制、粘贴功能即可完成，如图 6-33 所示。

（2）复制出的“Canvas Panel”用来修改为设置分辨率的菜单。将新的“Canvas Panel”重命名为“Setting”以示区分，并让两个 Canvas Panel 位置重合，单击原“Canvas Panel”右侧的可见性切换符号，将其设置为不可见，如图 6-34 所示。

图 6-33 复制控件

图 6-34 设置为不可见

（3）利用详细信息面板的参数设置，修改“Setting”菜单的外观，如图 6-35 所示，并在层级结构中修改三个 Button 的名称，如图 6-36 所示。

图 6-35 分辨率菜单外观

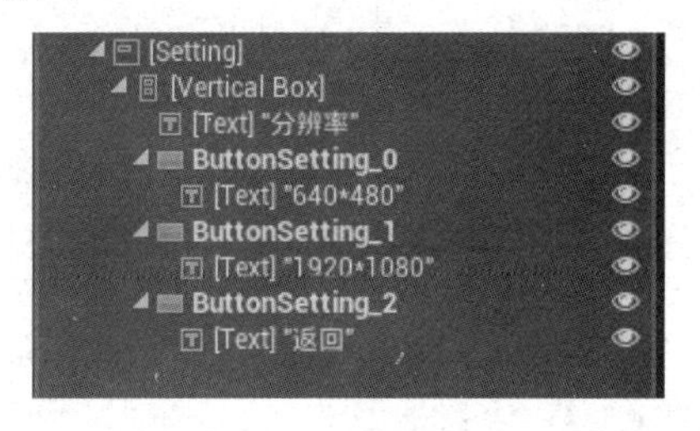

图 6-36 重命名按钮

（4）因为在运行主菜单时不应显示分辨率菜单，所以需要将“Setting”控件的可见性设置为隐藏。设置方法：在层次结构中选中“Setting”控件，在详细信息中的“Behavior”选项下找到“Visibility”，将其设置为“Hidden”，如图 6-37 所示。

图 6-37 设置“Setting”控件在游戏运行时隐藏

3．对分辨率菜单的三个按钮添加单击事件

注意：在“设计师”面板下，勾选原“Canvas Panel”和“Setting”控件详细信息面板控件名称后面的“Is Variable”前的复选框，将它们设置为可见，如图 6-38 所示，以便在“图表”面板的变量中找到这两个控件变量，从而对其进行进一步的编辑。

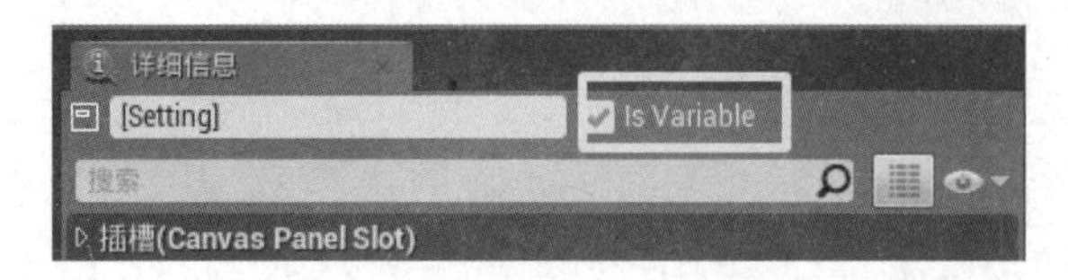

图 6-38　勾选控件可见选项

（1）对主菜单的“设置”按钮的单击事件进行设置。进入“图表”面板，选择“我的蓝图”中“变量”下的“设置”按钮名称“Button_1”，设置其“On Clicked”事件，如图 6-39 所示。其含义：当用户单击“设置”按钮时，隐藏主菜单，显示分辨率菜单。

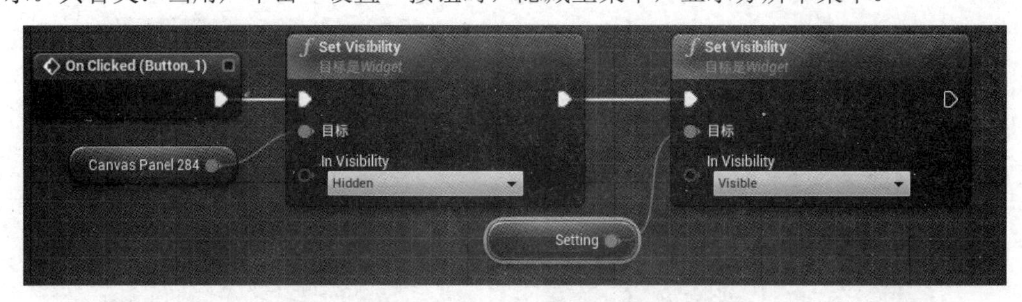

图 6-39　“设置”按钮的单击事件

（2）“Canvas Panel 284”和“Setting”是由两个控件生成的，如图 6-40 所示。将其从“变量”下拖曳到蓝图中，在关联菜单中选择“获得”命令即可。

（3）为“640×480”“1920×1080”这两个分辨率按钮设置按钮单击事件，如图 6-41 所示。在节点中输入命令时，注意分辨率中间的乘号需使用小写英文字母“x”来代表。

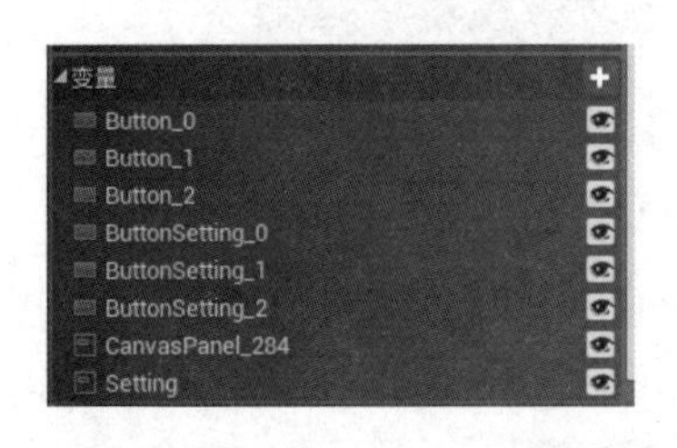

图 6-40　控件变量

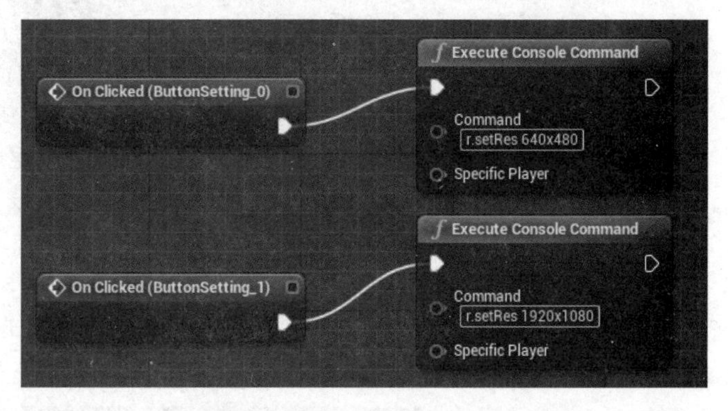

图 6-41　分辨率按钮单击事件

（4）对“设置”菜单中的“返回”按钮的单击事件进行设置，如图 6-42 所示。“返回”按钮的单击功能与“设置”按钮的单击功能恰恰相反，当单击“返回”按钮时，隐藏分辨率菜单，显示主菜单。

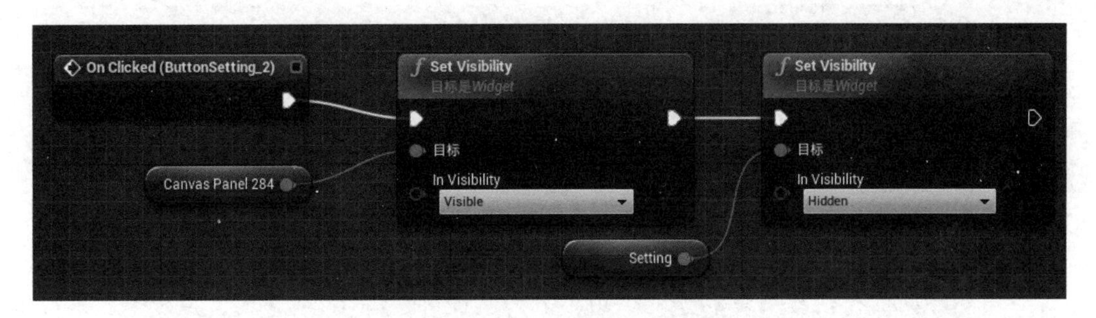

图 6-42 “返回”按钮单击事件

（5）对所有控件事件设置完成后，单击工具栏上的“编译”和“Save”按钮。回到关卡编辑器，单击工具栏上的“播放”按钮，在运行的场景中会显示主菜单，单击主菜单按钮将完成相应的跳转功能。

6.3 寻宝游戏

任务描述

将宝物模型放置到场景中，当玩家找到并碰触宝物时，宝物消失，右上角出现文字，提示已找到宝物的数量。

6.3.1 新建游戏模式

新建第三人称项目，在内容浏览器中右击，在右键关联菜单中选择“蓝图类”命令，调出创建蓝图类父类选择对话框，选择“游戏模式基础”选项，关于游戏模式基础的提示文字如图 6-43 所示。新建的游戏模式基础可以定义游戏的比赛规则、得分等。

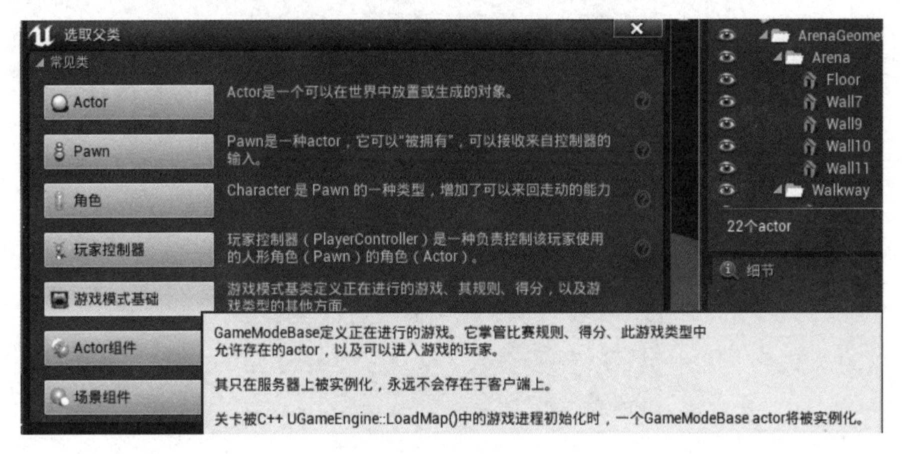

图 6-43 创建新的游戏模式基础

将新建的游戏模式基础重命名为“GM_Treasure”，双击打开，其编辑器界面如图 6-44 所示。

图 6-44　游戏模式基础编辑器界面

在新建的游戏模式基础内，新建一个整型变量，用于存储得到宝物的数量，命名为“TreasureNumber”，并将变量名称右侧的眼睛点开，如图 6-45 所示。点开眼睛可以将此变量变为公有属性，这样在任意蓝图实例中可以调用、设置此变量。如果为私有属性，此变量将不能在其他蓝图中调用。

图 6-45　新建公有属性的整型变量

编译后，变量默认值为“0”。保存并关闭游戏模式基础，回到关卡编辑器，在世界场景设置面板，将“Game Mode”选项下的“游戏模式覆盖”修改为刚刚建立的游戏模式基础“GM_Treasure”，如图 6-46 所示。

图 6-46　修改游戏模式覆盖

6.3.2　创建宝物蓝图类

在内容浏览器的相应位置创建一个“Actor”父类的蓝图类，命名为“BP_Treasure”，用于编辑宝物的蓝图。打开宝物蓝图类的编辑界面，在组件面板中添加一个名为“Cube”的静态网格物体，作为宝物的外观，也可以使用其他静态网格物体模型。再为“Cube”添加一个

“Box”盒体碰撞。组件面板如图 6-47 所示。

调整“Box”盒体碰撞的缩放，让盒体碰撞能包围宝物“Cube”，如图 6-48 所示。

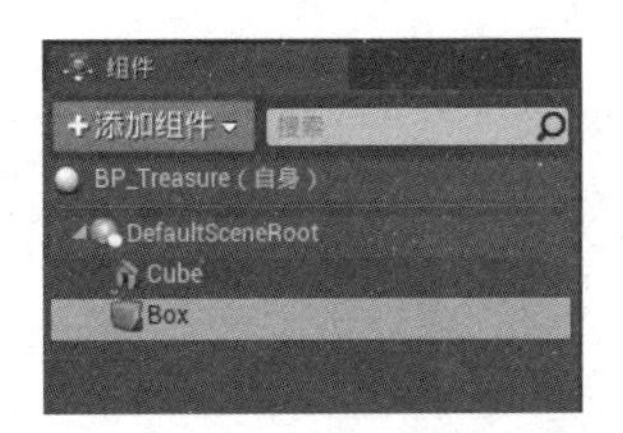

图 6-47　宝物蓝图类的组件面板

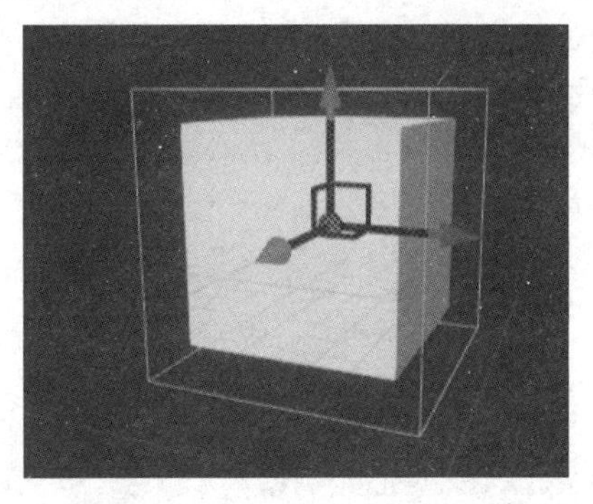

图 6-48　调整盒体碰撞的缩放

为“Box”盒体碰撞添加“组件开始重叠时”事件，事件蓝图如图 6-49 所示。当玩家开始触碰到盒体碰撞时，将游戏模式转换为“GM_Treasure”，获取“GM_Treasure”游戏模式中的“Treasure Number”变量，且使变量值加 1，之后销毁宝物 Actor。

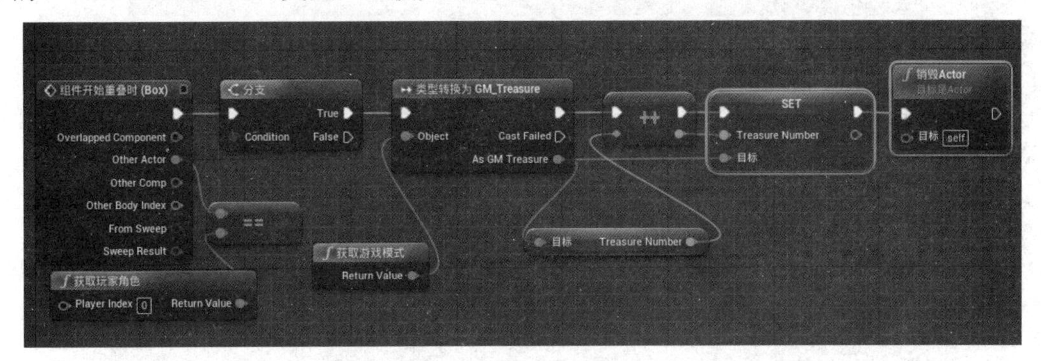

图 6-49　拾取宝物蓝图

将“BP_Treasure”宝物蓝图类放置到场景中，可以在不同位置放置多个宝物。

6.3.3　制作宝物数量字幕

在内容浏览器的相应位置创建一个“控件蓝图”资源，如图 6-50 所示。

将新建的控件蓝图资源命名为“WB_TreasureNum”。打开控件蓝图，编辑 UI 的字幕，在右上角添加两个文本，设置第一个文本为“已得到宝物数量:”，第二个文本为“0”，效果如图 6-51 所示。

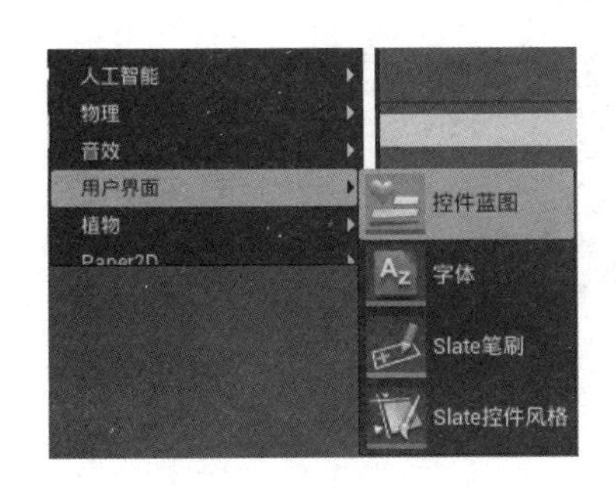

图 6-50　创建控件蓝图

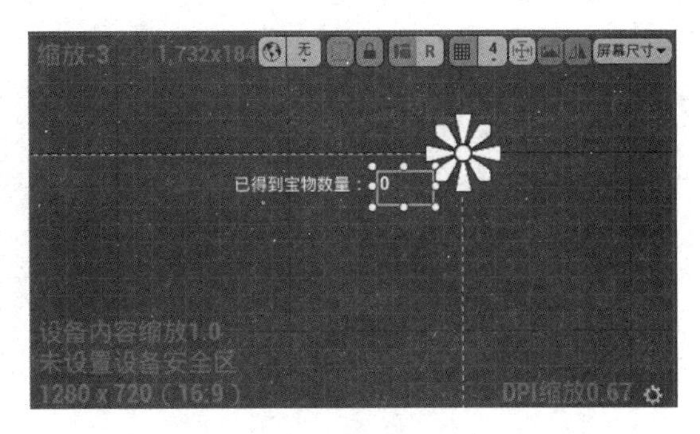

图 6-51　设置控件蓝图的文本

设置为“0”的文本只是初始状态显示为“0”，由任务可知，这个文本应该显示拾取到的宝物数量，而这个数量是存储在之前建立的“Treasure Number”变量中的，所以，在游戏运行时，应该由“Treasure Number”变量来实时更新这个文本的显示。

在控件蓝图的层级面板中选中第二个文本，在细节面板中可以看到在这个文本的名字后面有个“Is Variabe”复选框，即是否将这个层级设置为变量的选择。勾选这个复选框，将第二个文本转换为变量，如图 6-52 所示。

将第二个文本转换为变量后，在控件蓝图的层级面板中，第二个文本的名字自动修改为“TextBlock”，如图 6-53 所示。用户可以对其进行重命名，本案例采用默认名称。

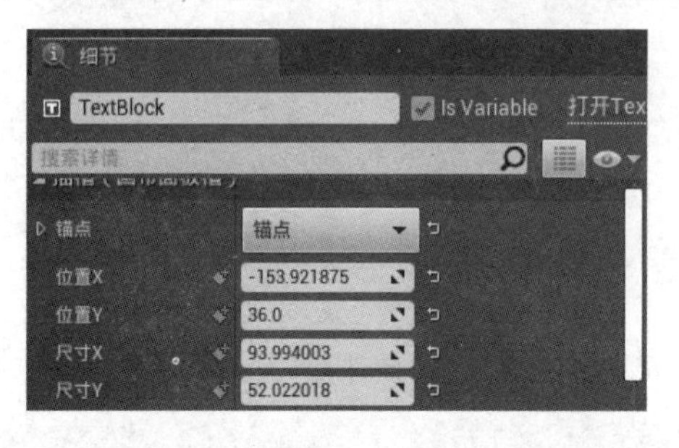

图 6-52　将宝物数量文本转换为变量

图 6-53　控件蓝图的层级面板

打开控件蓝图的“图表”面板，编写 Tick 事件蓝图。每帧执行将游戏模式转换为“GM_Treasure”，获取“GM_Treasure”游戏模式中的“Treasure Number”变量，将变量的值设置给显示宝物数量的文本，蓝图如图 6-54 所示。因为在游戏运行过程中，显示寻到宝物的数量应该是实时更新的，所以使用 Tick 事件。编译后保存。

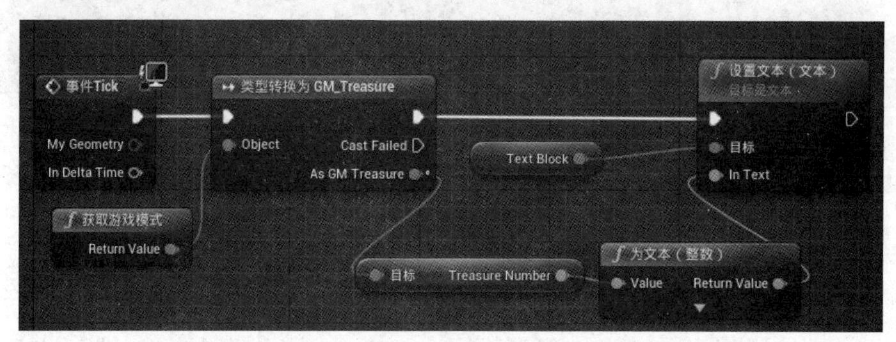

图 6-54　设置显示宝物数量的文本蓝图

最后将这个 UI 添加到屏幕上，蓝图如图 6-55 所示，可以将此蓝图写在“BP_Treasure”宝物蓝图类的事件图表中。

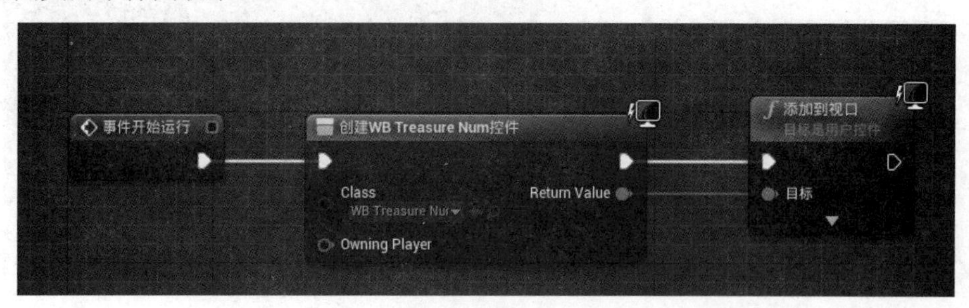

图 6-55　将控件蓝图添加到屏幕上

保存后运行场景，可以看到，当玩家碰触场景中的宝物时，右上角会实时显示寻找到的宝物数量，效果如图6-56所示。

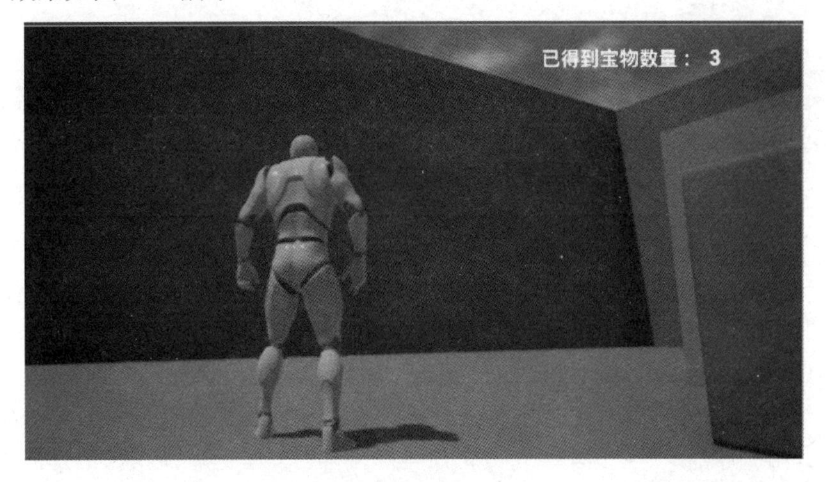

图6-56　游戏运行效果

项目7 光效处理

光效是对自然光线作用于审美主体的经验模拟。根据影视特效的艺术特点，光效可解释为借助对自然光的模拟，通过艺术加工，运用特效等实现光影的造型。把握光效的本质，是熟练运用光效进行制作的基础和前提。

光效可以造就物体的立体感及表面质感，突出人物形象，塑造人物性格，刻画环境，渲染气氛，创造魔幻效果，强化环境的时空感，提升画面的可观赏性。科学地使用光效技术，能使影视场景画面更加真实、绚丽，如火光冲天的烈焰、有强烈视觉冲击的爆炸场面等都是光效的具体应用。

在虚幻引擎4中，可以通过使用各种灯光模型和相应的设置，模拟物理光源，照亮场景，产生明亮区域和阴影区域，提升画面质感，突出视觉重点。设计者可以通过可见区域和阴影区域判断光源位置、类型、角度、亮度等物理特性。

学习目标

（1）知晓虚幻引擎的四种常用光源模型；
（2）理解光源不同移动属性的特点；
（3）理解常用光效术语的含义；
（4）能够根据环境特点应用不同类型的光源；
（5）学会光源属性的调整方法。

7.1 认识虚幻引擎的光源

任务描述

认识虚幻引擎中提供的几种光源类型，认识定向光源、点光源、聚光源及天空光源在关卡中的图标，了解每一种光源类型常用的属性及含义。

7.1.1 定向光源

虚幻引擎 4 中有四种可用光源类型：“Directional”（定向光源）、“Point”（点光源）、“Spot”（聚光源）及“Sky”（天空光源）。

- 定向光源作为基本的室外光源，或者极远处发出光的光源使用；
- 点光源用于模拟传统的“灯泡”一样的光源，从一个单独的点向各方向发光；
- 聚光源也是从一个单独的点向外发光，但其光线会受到一组锥体的限制；
- 天空光源可以获取场景的背景，并将其用于场景网格物体的光照效果中。

1．定向光源的移动性

定向光源用于模拟从一个无限远的源头处发出的光照，这意味着定向光源照射出阴影的效果都是平行的，因此它成为模拟太阳光的理想选择。定向光源的移动性可以设置为“静态”“固定”“可移动”三种类型中的任意一种。

- 当定向光源的移动性被设置为“静态”时，在场景中的显示如图 7-1（a）所示，这意味着在场景运行时，该光照无法被修改。这是渲染效率最快的一种形式，并能采用烘焙光照。
- ✓ 当定向光源的移动性被设置为“固定”时，意味着光照产生的阴影，以及由“Lightmass”计算的由静态物体反射的光线是固定生成的，其他的光照效果则是动态的，在场景中的显示图标如图 7-1（a）所示。这个设置允许在场景运行过程中修改光照的颜色或强度，但是固定的定向光源无法移动位置，允许使用一部分预烘焙光照。
- ✓ 当定向光源的移动性被设置为“可移动”时，意味着光照完全是动态的，允许有动态阴影，在场景中的显示图标如图 7-1（b）所示。这个设置使渲染效率最慢，但在光效使用过程中最灵活。

（a）静态和固定

（b）可移动

图 7-1　不同移动性属性的定向光源图标

2．定向光源的属性

定向光源的常用属性包括以下几类：“Light”（光照）、“Light Shaft”（光束）、“Lightmass”（光照烘焙）、“Light Function”（光照函数）等。

（1）定向光源的“Light”属性可以控制光照强度、光照颜色、投射阴影等属性。其属性及含义如表 7-1 所示。

表 7-1　定向光源的“Light”属性及含义

“Light”属性	说　明
Intensity	光源的整体强度
Light Color	光源的颜色
Light Source Angle	光源的角度
Temperature	设置色温
Use Temperature	是否启用色温
Affects World	是否启用影响世界功能，但不能在运行时设置该属性

续表

“Light”属性	说　明
Casts Shadows	是否启用光源投射阴影
Indirect Lighting Intensity	间接光照强度，调节光源间接光照的量
Modulated Shadow Color	调制阴影颜色，只限于“可移动”状态时使用
Atmosphere/Frog Sun Light	是否用作大气中的日光，可以定义太阳在天空中的位置
Min Roughness	最小粗糙度，用于使高光变得柔和
Shadow Bias	阴影偏差，控制来自这个光源的阴影的精确度
Shadow Filter Sharpen	设置该光源的阴影滤镜锐化程度
Cast Translucent Shadows	控制该光源是否可以透过半透明物体投射动态阴影
Cast Static Shadows	控制该光源是否投射静态阴影
Cast Dynamic Shadows	控制该光源是否投射动态阴影
Affect Translucent Lighting	控制该光源是否影响半透明物体的光照

（2）定向光源的“Light Shaft”属性包括光束遮挡、光溢出等属性。其属性及含义如表 7-2 所示。

表 7-2　定向光源的“Light Shaft”属性及含义

“Light Shaft”属性	说　明
Light Shaft Occlusion	是否启用光束遮挡，同屏幕空间内发生散射的雾和大气是否遮挡该光照
Occlusion Mask Darkness	遮挡蒙版的黑度，若该值为“1”，则不会变黑
Occlusion Depth Range	遮挡深度范围，同摄像机之间的距离小于该设定值的任何物体都将会遮挡光束
Light Shaft Bloom	是否启用光束的光溢出，是否渲染这个光源的光溢出效果
Bloom Scale	光溢出，控制叠加的光溢出颜色
Bloom Threshold	光溢出阈值，场景颜色必须大于设定的阈值才能在光束中产生光溢出
Bloom Tint	光溢出色调，给光束发出的光溢出效果着色时所使用的颜色
Light Shaft Override Direction	光束方向覆盖，可以使光束从不同于该光源的实际方向发出

（3）“Lightmass”属性是光源的一个重要属性。实际上，实时的光效渲染会增加计算机 CPU 的计算负担，为了解决这一问题，采用光照烘焙技术，即将光照信息渲染成贴图，然后将这个烘焙后的贴图再贴回到场景中，以此减轻计算机 CPU 的计算量，既提高了渲染效率，又去除了光能传递带来的画面抖动现象。由于在烘焙前需要对场景进行渲染，所以贴图烘焙技术对于静帧画面的意义不大，主要应用于游戏和漫游动画等中。

定向光源的“Lightmass”属性用来描述定向光源的光源角度、饱和度等参数。其属性及含义如表 7-3 所示。

表 7-3　定向光源的“Lightmass”属性及含义

“Lightmass”属性	说　明
Light Source Angle	光源角度，定向光源的发光表面相对于一个接收者的角度

续表

“Lightmass”属性	说　明
Indirect Lighting Saturation	间接光照饱和度。如果该值为“0”，将会在光照烘焙中对该光源进行完全的去饱和；如果该值为“1”，则光源没有改变
Shadow Exponent	阴影指数，控制阴影半影的衰减

（4）定向光源的“Light Function”属性用来描述光照函数的材质、缩放比例、衰减距离等参数。其属性及含义如表 7-4 所示。

表 7-4　定向光源的“Light Function”属性及含义

“Light Function”属性	说　明
Light Function Material	光照函数材质，设置应用到这个光源上的光照函数材质
Light Function Scale	光照函数缩放比例，缩放光照函数投射比例
Light Function Fade Distance	光照函数衰减距离。光照函数在该距离处会完全衰减为“Disabled Brightness”，禁用亮度中所设置的值
Disabled Brightness	禁用亮度，设置光源被禁用时应用的亮度数值

7.1.2　点光源

在虚幻引擎中，点光源的模型简化为仅从空间中的一个点向各个方向均匀地发光，在关卡中的图标如图 7-2 所示。点光源和现实世界中灯泡的工作原理类似，尽管点光源从空间中的一个点发光，没有形状，但是虚幻引擎 4 为点光源提供了半径和长度等属性，以便在反射及高光中使用，从而使点光源更加真实自然。

（a）静态和固定

（b）可移动

图 7-2　不同移动性属性的点光源图标

点光源常用的属性有“Light”（光照）、“Light Profiles”（光分布）、“Lightmass”（光照烘焙）、“Light Function”（光照函数）等。

（1）点光源的“Light”属性及含义如表 7-5 所示。

表 7-5　点光源的“Light”属性及含义

“Light”属性	说　明
Intensity	光源整体强度，以流明为单位。如果使用 IES 光源概述文件，将会忽略该属性
Light Color	光源的颜色
Attenuation Radius	衰减半径

续表

“Light”属性	说　明
Light Falloff Exponent	光源衰减指数，控制光照的径向衰减
Source Radius	设置光源的半径，以决定静态阴影的柔和度和反射表面上的光照的外观
Source Length	设置光源的长度（光源的形状是两端具有半球形的圆柱体）
Temperature	设置色温
Use Temperature	是否启用色温
Indirect Lighting Intensity	间接光照强度，控制来自光源的间接光照的量
Affects World	是否启用影响世界功能
Casts Shadows	是否启用光源投射阴影
Volumetric Scattering Intensity	体积散射强度
Use Inverse Squared Falloff	是否启用平方反比衰减
Light Falloff Exponent	光源衰减指数，控制光照的径向衰减
Min Roughness	最小粗糙度，用于使高光变得柔和
Shadow Resolution Scale	设置阴影分辨率范围
Shadow Bias	阴影偏差，控制来自这个光源的阴影的精确度
Shadow Filter Sharpen	设置该光源的阴影滤镜锐化程度
Contact Shadow Length	设置接触阴影的长度
Cast Translucent Shadows	控制该光源是否可以透过半透明物体投射动态阴影
Cast Shadows from Cinematic Object	是否能够从影片对象中投射阴影
Dynamic Indirect Lighting	是否启用动态照明功能
Lighting Channels	设置光通道
Cast Static Shadows	控制该光源是否投射静态阴影
Cast Dynamic Shadows	控制该光源是否投射动态阴影
Affect Translucent Lighting	控制该光源是否影响半透明物体的光照
Cast Volumetric Shadow	控制该光源是否投射测定体积阴影

（2）点光源的“Light Profiles”属性及含义如表7-6所示。

表7-6　点光源的“Light Profiles”属性及含义

“Light Profiles”属性	说　明
IES Texture	IES贴图，指光分布所使用的贴图。IES文件是ASCII码文件，尽管虚幻引擎将其呈现为贴图，但实际上并不是图片文件
Use IES Brightness	是否使用IES亮度
IES Brightness Scale	IES亮度影响范围，调整其范围可以使整个场景变黑

（3）点光源的“Lightmass”属性及含义如表7-7所示。

表7-7　点光源的“Lightmass”属性及含义

“Lightmass”属性	说　明
Indirect Lighting Saturation	间接光照饱和度。如果该值为“0”，将会在光照烘焙中对该光源进行完全的去饱和；如果该值为“1”，则光源没有改变

续表

“Lightmass”属性	说　明
Shadow Exponent	阴影指数，控制阴影半影的衰减
Use Area Shadows for Stationary	是否为固定物体启用区域阴影

另外，点光源的光照函数属性、光源光束属性与定向光源的光照函数属性、光源光束属性的参数及说明一致。

7.1.3 聚光源

聚光源从锥形空间中的一个单独的点处发出光照。它为用户提供了两个锥体来塑造光源，即内锥角和外锥角。在内锥角中，光源达到最大亮度，形成一个亮盘；而从内锥角到外锥角，光照会发生衰减，并在亮盘周围产生半阴影区域（或者称为软阴影区域）。光源的半径定义了圆锥体的长度。简单地讲，聚光源的工作原理同手电筒或舞台聚光灯类似。

聚光源在关卡中的图标如图 7-3 所示。

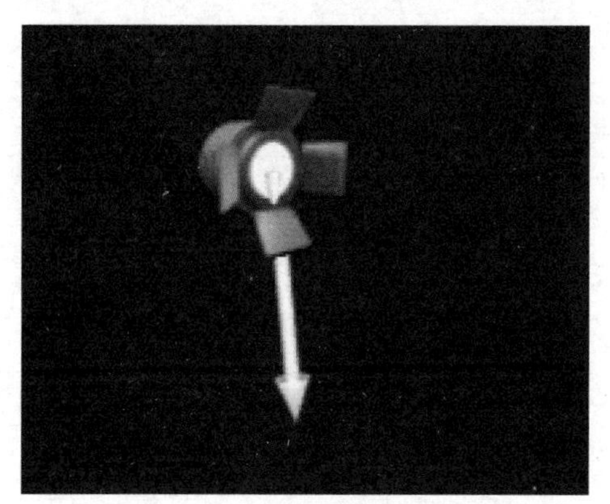

（a）静态和固定

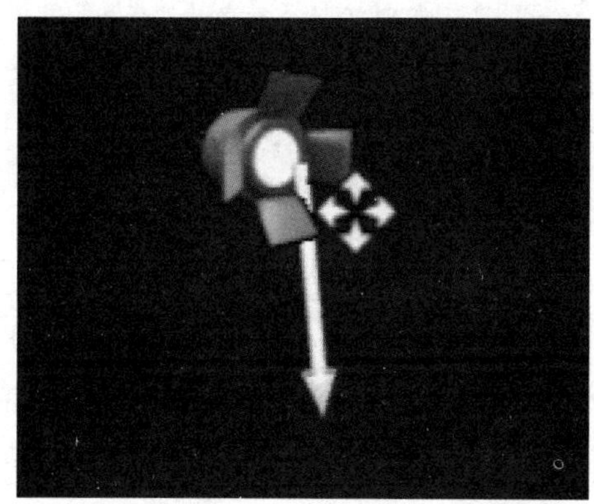

（b）可移动

图 7-3　不同移动性属性的聚光源图标

聚光源也具备“Light”、“Lightmass”、“Light Function”及“Light Shaft”属性，其中，“Light”属性带有特殊性，其属性及含义如表 7-8 所示。其他属性与定向光源和点光源相应的属性相似，详细说明可参看定向光源及点光源的讲解。

表 7-8　聚光源的“Light”属性及含义

“Light”属性	说　明
Intensity	光源整体亮度，以流明为单位。如果使用 IES 光源概述文件，将会忽略该属性
Light Color	光源的颜色
Inner Cone Angle	内锥角，设置聚光源的内锥角，以度数为单位
Outer Cone Angle	外锥角，设置聚光源的外锥角，以度数为单位
Attenuation Radius	衰减半径
Source Radius	光源的半径，以决定静态阴影的柔和度和反射表面上光照的外观
Source Length	设置光源的长度
Temperature	设置色温

续表

“Light”属性	说　明
Use Temperature	是否启用色温
Affects World	是否启用影响世界功能
Casts Shadows	是否启用光源投射阴影
Indirect Lighting Intensity	间接光照强度，调节光源间接光照的量
Volumetric Scattering Intensity	体积散射强度
Use Inverse Squared Falloff	是否启用平方反比衰减
Light Falloff Exponent	光源衰减指数，控制光照的径向衰减
Min Roughness	最小粗糙度，用于使高光变得柔和
Shadow Resolution Scale	设置阴影分辨率范围
Shadow Bias	阴影偏差，控制来自这个光源的阴影的精确度
Shadow Filter Sharpen	设置该光源的阴影滤镜锐化的程度
Contact Shadow Length	设置接触阴影长度
Cast Translucent Shadows	控制该光源是否可以透过半透明物体投射动态阴影
Cast Shadows from Cinematic Object	是否能够从影片对象中投射阴影
Dynamic Indirect Lighting	是否启用动态照明功能
Lighting Channels	设置光通道
Cast Static Shadows	控制该光源是否投射静态阴影
Cast Dynamic Shadows	控制该光源是否投射动态阴影
Affect Translucent Lighting	控制该光源是否影响半透明物体的光照
Cast Volumetric Shadow	控制该光源是否投射测定体积阴影

7.1.4 天空光源

天空光源可以捕获关卡中非常遥远的场景部分（会获取场景中“Sky Distance Threshold”属性设置以外的部分），并将其作为光照应用于场景中。这意味着无论场景的天空模型是来自干净的大气层，还是来自天空盒上面的云层，抑或是来自遥远的群山，天空光源产生的光照和反射都将会与天空的视觉效果相匹配。

天空光源只在重新构建光照时被重新捕获，或者在手动使用“构建”→“更新反射捕获体”命令，或者在使用“Sky Light Actor”上的“重新捕获场景”按钮时被重新捕获。更改天空球使用的贴图，并不会自动更新光照信息。

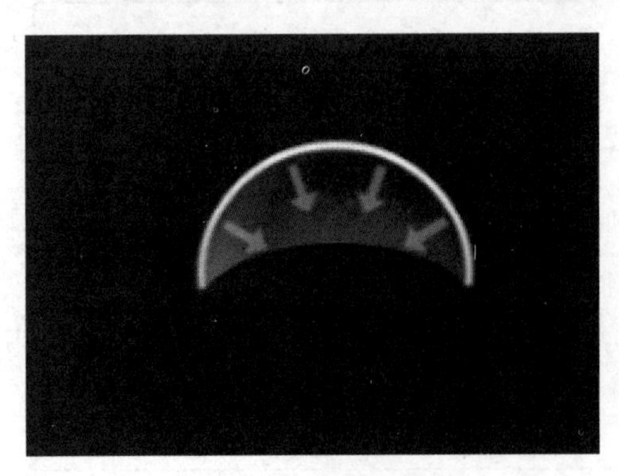

图 7-4　天空光源图标

注意：要表达真实的天空光照效果，应该使用天空光源而不是使用环境光照“Ambient Cubemap”，原因是天空光源会造成局部的阴影，这样能避免诸如室内场景被天空光源照亮。

天空光源在关卡中的图标如图 7-4 所示。

天空光源的移动性设置可以被设置为“静态”或“固定”。具有“静态”设置的天空光照会完全烘焙到静态物体的光照贴图中，因此在运行时光照没有任何开销。这是移动平台上支持的唯一一种天空光照类型。对光照属性的修改只有在重新构建光照后才能看到效果。

注意：只有那些光照设置为“静态”或“固定”的组件才会被捕获，并结合静态天空光照产生效果。另外，只有材质中自发光的属性才会被捕获，并结合静态天空光照产生效果，这么做是为了避免循环反复计算。

具有“固定”设置的天空光照采用由“Lightmass”生成的烘焙阴影。一旦在关卡中摆放一个固定天空光照，就必须先构建一次光照才能看到烘焙阴影的效果。之后就可以修改天空光照属性，而不需要重新构建了。

由烘焙光照预计算的天空光照的阴影记录保存了方向遮挡信息，这被称为弯曲法线。这个方向是一个纹素（单位纹理）面向最不被遮挡的朝向。那些被遮挡的区域，使用这个方向来计算天空光照效果，而不是使用之前的表面法线，这样做的目的是改进一些裂缝处的效果。

天空光源常用属性设置有“Light”属性、“Distance Field Ambient Occlusion”（环境光吸收）属性等。

天空光源的“Light”属性及含义如表 7-9 所示。

表 7-9　天空光源的“Light”属性及含义

“Light”属性	说　明
Source Type	设置使用获取远距离的场景并用于光照来源，或者使用特定的立方体贴图
Cubemap	如果 Source Type 设置为 SLS_SpecifiedCubemap，则定义为天空光照使用的立方体贴图
Source Cubemap Angle	设置源立方体贴图的角度
Cubemap Resolution	设置立方体贴图的分辨率
Sky Distance Threshold	设置天空光照位置的距离，该数值下的任何物体都会被认为是天空的一部分（会参与反射捕获）
Intensity	光源的整体亮度，以流明为单位
Light Color	光源的颜色
Affects World	是否启用影响世界功能
Casts Shadows	是否启用光源投射阴影
Indirect Lighting Intensity	间接光照强度，调节光源间接光照的量
Volumetric Scattering Intensity	体积散射强度
Capture Emissive Only	是否启用只捕捉发射物体
Lower Hemisphere Is Solid Color	是否启用下半球是固定颜色属性
Lower Hemisphere Color	设置下半球的颜色
Cast Static Shadows	控制该光源是否投射静态阴影
Cast Dynamic Shadows	控制该光源是否投射动态阴影
Affect Translucent Lighting	控制该光源是否影响半透明物体的光照
Cast Volumetric Shadow	控制该光源是否投射测定体积阴影

天空光源的环境光吸收属性定义了环境遮挡的参数，其属性及含义如表 7-10 所示。

表 7-10　天空光源的“Distance Field Ambient Occlusion”属性及含义

“Distance Field Ambient Occlusion”属性	说　明
Occlusion Max Distance	设置光遮挡的最大距离
Occlusion Contrast	设置光遮挡的对比度
Occlusion Exponent	设置光遮挡指数
Min Exponent	设置最小的光遮挡指数
Occlusion Tint	设置光遮挡的色调
Occlusion Combine Mode	设置光遮挡的混合模式

7.2 照亮环境

任务描述

微课：照亮环境

在认识虚幻引擎中提供的几种光源类型的基础上，学习常用光效术语的含义，能够根据不同环境要求对相关光效属性进行设置。应用定向光源、点光源、聚光源照亮不同的场景。

7.2.1 光效术语

1．光源的移动性

每个添加到关卡中的光源，在其细节面板的“变换”区块中，都可以看到“移动性”属性设置，如图 7-5 所示。

图 7-5　光源的“移动性”属性

光源的移动性属性有“Static”（静态）、“Stationary”（固定）和“Mobile”（可移动）三种状态设置，不同的设置在光照效果上有着显著的区别，在性能上也各有差异。

1）静态光源

静态光源是指在运行时不能以任何方式改变或移动的光源。静态光源仅在光照贴图中进行计算，一旦处理完成后，就不会再有进一步的性能影响。可移动对象不能和静态光源进行交互，所以静态光源的用处是非常有限的。

因为静态光源仅使用光照贴图，所以在游戏可玩之前它们的阴影就已经烘焙完毕。这意味着它们不能给移动（动态）的对象产生阴影，但是，当照亮的对象也是静态属性时，静态光源可以产生区域（接触）阴影。这可以通过调整“光源半径”属性来实现。为了获得较好的阴影效果，接收柔和阴影的表面需要合理地设置表面的“光照贴图分辨率”。

在三种不同的光源“移动性”属性中，静态光源的质量中等、可变性最低、性能消耗也最少。静态光源的主要应用场景是低功率的移动平台。

静态光源的“Source Radius”（光源半径）属性有一个额外的作用，就是使它投射的阴影变得柔和，其工作原理和很多 3D 渲染包中的区域光源类似。具有较小“光源半径”的光源，会投射较为生硬的阴影；具有较大“光源半径”的光源，可以投射较为柔和的阴影。

“光照贴图分辨率”用来控制静态光源产生的预烘焙光照信息的细节程度。较大的分辨率数值意味着较高的分辨率，但也意味着需要更长的构建时间和更大的内存消耗。

2）固定光源

固定光源是保持固定位置不变的光源，但可以在其他方面进行变更，如亮度和颜色，在运行时对亮度进行修改仅会影响直接光照；由于间接（反射）光照是通过“Lightmass”进行预计算的，所以不会被改变。

在三种光源的“移动性”属性中，固定光源具有最好的质量、中等的可变性，以及中等的性能消耗。

固定光源的所有间接光照和阴影都存储在光照贴图中，直接阴影被存储在阴影贴图中。这些光源使用距离场阴影，这意味着即使所照亮的物体的“光照贴图分辨率”很低，它们的阴影仍可以保持清晰。

固定光源的直接光照使用延迟着色直接进行渲染，这使得在运行时可以改变光源的亮度和颜色，同时提供了光源函数或 IES 概述文件选项，该光源具有和可移动光源一样的高质量解析高光的能力。在项目运行过程中，可以通过修改光源的“Visible”属性来显示或隐藏该光源。

光源的实时阴影具有较大的性能消耗，渲染一个有阴影的完全动态的光源所带来的性能消耗，通常是渲染一个没有阴影的动态光源的性能消耗的 20 倍。固定光源可以在静态物体上投射静态阴影，但仍有一些限制。半透明表面也能够在开销较小的情况下接受固定光源的阴影投射，烘焙光照会根据场景静态物体预计算阴影深度贴图，这将在运行时被应用到半透明表面上。这种形式的阴影是比较粗糙的，仅在米的度量单位上计算阴影。

和静态光源一样，固定光源把间接光照信息存储在光照贴图中，但是在运行时，通过修改亮度和颜色来改变直接光照的做法并不适用于改变间接光照。这意味着，即使当一个光源在未选中“Visible”选项的情况下构建光照时，它的间接光照仍会存放到光照贴图中。光源属性中的“Indirect Lighting Intensity”可以用于控制或禁用该光源的间接光照强度，以便在构建光照时减小甚至彻底关闭间接光照。

如果启用“Use Area Shadows for Stationary Lights”选项，固定光源将使用区域阴影计算阴影贴图。区域阴影能够在光照投影较远处产生柔和的阴影边界。区域阴影只能应用于固定光源，同时需要增大光照贴图的分辨率来获得和非区域阴影同样的阴影质量和锐度。

3）可移动光源

可移动光源产生完全动态的光照和阴影，可以改变光源位置、旋转度、颜色、亮度、衰减半径等属性，几乎光源的任何属性都可以被修改。可移动光源产生的光照不会烘焙到光照贴图中，也不会产生间接光照效果。

可移动光源使用全场景动态阴影的方式来投射阴影，需要较大的性能开销。性能消耗的程度主要取决于受到该光源影响的模型的数量，以及这些模型的三角面的数量，即一个半径较大的可移动光源投射阴影的性能开销可能会几倍于一个半径较小的可移动光源。

2. 环境遮挡

环境遮挡（Ambient Occlusion）是由于遮挡而造成的近似于光衰减的效果，这个效果的最佳应用是进行细微调整。除可用于标准的全局光照外，还可用于角落、缝隙或其他地方来使其变暗，从而创建更为自然、真实的外观。

环境遮挡的程度是在屏幕空间的延迟渲染中进行计算的。

“Distance Field Ambient Occlusion”（距离场环境遮挡）可以从有向距离场体（沿每个刚性物体预计算）生成环境遮挡。该功能也将生成可移动天空光照的阴影，支持动态场景变化。只有静态网格物体组件、范例静态网格物体组件、植物和地形可形成距离场环境遮挡，植物必须在设定中启用“Affect Distance Field Lighting”选项，其他物体可接受遮挡。

距离场环境遮挡在天空光照上会形成近似镜面的遮蔽，将定向遮蔽锥形和反射锥形（尺寸取决于材质的粗糙度）相交即可进行计算。天空光照上的“Min Occlusion”设置可有效防止内部完全变黑。尽管距离场遮挡是在物体表面进行的，但其仍可对诸多小叶片组成的片状植物进行处理。在植物网格物体上启用“Generate Distance Field As If Two Sided”选项，可获得最佳效果。

距离场环境遮挡的消耗主要是 GPU 时间和显示内存的消耗。距离场环境遮挡已对此进行优化，可在中等配置的 PC 和 PS4 游戏机上运行。其现有消耗更为可靠，因此较为恒定，对物体密度的依赖较小。

3．全局光照

“Lightmass”全局光照可以创建光照贴图，该光照贴图具有像区域阴影和间接漫反射这样的复杂光照交互，能够预计算一部分静态和固定的光照的效果。

关卡编辑器和“Lightmass”间的通信是通过“Swarm Agent”来进行处理的，可以在本地管理光照构建，或将光照构建分布到远程机器上。“Swarm Agent”默认开启时处于最小化状态，它会更新光照构建的过程进度，并显示当前有哪些机器在为光照构建工作，每台机器的进度是怎样的，每台机器在使用多少线程。

对于“静态”和“固定”属性光源来说，“Diffuse Interreflection”（间接漫反射）是在视觉效果上最重要的全局光照效果。光源默认使用“Lightmass”进行反射，材质上的“Diffuse”（漫反射）因素将会控制在各个方向上反射多少光线及什么颜色，这个效果有时称为颜色扩散。需要注意的是：间接漫反射是在所有方向上均匀地反射入射光线，这就意味着观看方向及位置的不同对于看到的效果并没有影响。

如图 7-6 所示是一个使用单一的定向光源且仅显示直接光照的情况下使用“Lightmass”构建的场景。光源没有直接照射到的地方是黑色的，这说明场景没有全局光照的效果。

图 7-6　直接光照效果

如图 7-7 所示为经过第一次漫反射全局光照的场景。请注意左侧椅子下面的阴影，这称为间接阴影，因为阴影是由间接光照产生的。漫反射的反射光线的亮度和颜色，是由入射光线及同光源进行交互的材质的漫反射条件决定的。每次漫反射光线比上一次更暗，因为材质表面会吸收光源的某些光线，而不是将其反射出去。由于柱子的基部更加靠近直接光源区域，所以柱子比其他的物体表面获得了更多的间接光照。

图 7-7　经过第一次漫反射效果

如图 7-8 所示为经过 4 次漫反射的场景，模拟的全局光照效果比手动放置补充光源更加详细并真实，尤其是产生的间接阴影，这是使用补充光源所不能实现的效果。

图 7-8　经过 4 次漫反射效果

反射光线会获得下面的材质的漫反射颜色，这形成了“Color Bleeding”（颜色扩散）属性。颜色扩散在使用高饱和颜色处是最明显的。

“Lightmass”会自动计算详细的间接阴影，有时，夸大间接阴影对达到艺术目的或者提高场景的真实程度有很大帮助。“Lightmass”支持计算环境遮挡，可以从具有均匀光照的上半球上获得间接阴影，并可以把它应用到直接及间接光照上，再烘焙到光照贴图中。

需要注意的是：想要获得较好的环境遮挡效果，需要使用一个相当高的贴图分辨率。环境遮挡在预览级别下进行构建的质量不会很好，因为环境遮挡需要很多密集的光照样本。

“Lightmass”在计算阴影时还考虑了“BLEND_Masked”（材质的不透明蒙版），这允许从树木和植被中获得更加详细的阴影。

“Lightmass”可以为“固定”属性光源计算距离场阴影贴图。距离场阴影贴图能在较低的分辨率下保持较好的曲线形状，但它们并不支持区域阴影或半透明阴影。

对于“Lightmass”所有属性为“静态”的光源，在默认情况下都是区域光源。点光源和聚光源所使用的形状是球形，其半径通过“Lightmass Settings”下的“Light Source Radius”属性进行设置。定向光源使用一个圆盘作为区域阴影，放置在当前场景的边缘。控制阴影柔和度的两个因素分别是光源的大小和从接受阴影位置到阴影投射位置之间的距离，随着距离的增加，区域阴影将会变得更柔和，就像现实生活中的情形一样。

当光源穿过具有半透明材质投射静态阴影的网格物体时，会丢失一些能量，从而形成半透明阴影。穿过材质的光线量称为“Transmission”（透射），每个颜色通道的范围是“0”到“1”。“0”表示完全不透明，材质将不会过滤入射光线，也不会产生半透明阴影；“1”则意味着入射光线不受任何影响地穿过，入射光线将被材质的“Emissive”（自发光）或“BaseColor”（基础颜色）过滤。需要注意的是：间接光照有时会冲淡半透明阴影，并使阴影的颜色不如半透明材质自发光或漫反射光线颜色那样饱和。

正确地使用“Lightmass”可以帮助开发者获得最佳的环境质量。在渲染过程中，对于带光照信息的像素，其基础颜色直接影响着光照的视觉效果。高对比度的贴图或暗色漫反射的贴图会使光照显得不太明显，而低对比度、中度漫反射贴图将会更好地显示光照细节。

“Lightmass Solver”选项基于在光照构建选项对话框中的构建质量自动进行相应设置，“产品级”选项将会提供足够好的质量，不同的构件质量会影响构建的时间。为了缩短构建的时间，可以采用以下几种方式。

① 仅在拥有高频率（变化很快）的光照区域内使用高分辨率光照贴图，降低不在直接光照中或不受高锐度的间接阴影影响的 BSP 或静态网格物体光照贴图的分辨率，这样会在最容易引起注意的区域产生高分辨率阴影。

② 对于永远不会看到的表面，应该设置为尽可能低的光照贴图分辨率。

③ 使用“Lightmass”重要体积包含最重要的区域。

④ 在整个地图上优化光照贴图分辨率，以便网格物体的构建时间更加均衡。避免在一个较大的关卡区域使用大量连续的、设定了高分辨率光照贴图的网格物体。如果必须要使用，可以将物体切割分散，这样做在多核的机器上将显著改善构建时间。

⑤ 具有自我遮蔽的网格物体会需要更多的时间来构建光照，比如一个有好几个平行层结构的物体会比单纯的平面花费更多的时间。

⑥ “光照构建信息”窗口是一个改善光照构建时间的重要工具。对话框打开方式：在关卡编辑器的工具栏上单击“构建”按钮，选择“光照信息”→“光照静态网格物体信息”命令。窗口如图 7-9 所示。

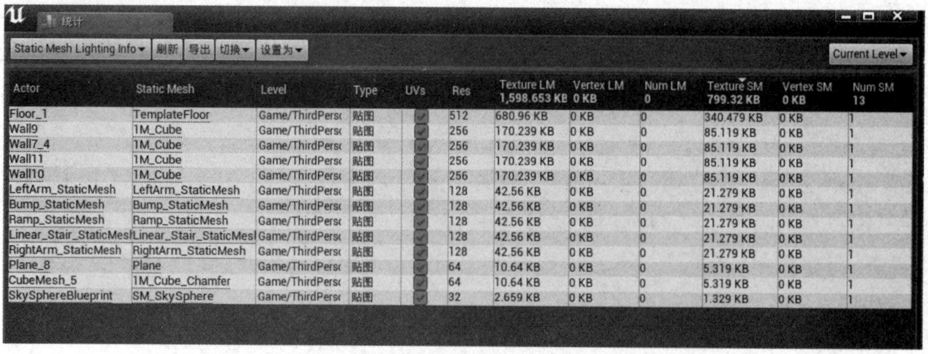

统计

Static Mesh Lighting Info 刷新 导出 切换 设置为 Current Level

Actor	Static Mesh	Level	Type	UVs	Res	Texture LM 1,598.653 KB	Vertex LM 0 KB	Num LM 0	Texture SM 799.32 KB	Vertex SM 0 KB	Num SM 13
Floor_1	TemplateFloor	Game/ThirdPers(	贴图		512	680.96 KB	0 KB	0	340.479 KB	0 KB	1
Wall9	1M_Cube	Game/ThirdPers(	贴图		256	170.239 KB	0 KB	0	85.119 KB	0 KB	1
Wall7_4	1M_Cube	Game/ThirdPers(	贴图		256	170.239 KB	0 KB	0	85.119 KB	0 KB	1
Wall11	1M_Cube	Game/ThirdPers(	贴图		256	170.239 KB	0 KB	0	85.119 KB	0 KB	1
Wall10	1M_Cube	Game/ThirdPers(	贴图		256	170.239 KB	0 KB	0	85.119 KB	0 KB	1
LeftArm_StaticMesh	LeftArm_StaticMesh	Game/ThirdPers(	贴图		128	42.56 KB	0 KB	0	21.279 KB	0 KB	1
Bump_StaticMesh	Bump_StaticMesh	Game/ThirdPers(	贴图		128	42.56 KB	0 KB	0	21.279 KB	0 KB	1
Ramp_StaticMesh	Ramp_StaticMesh	Game/ThirdPers(	贴图		128	42.56 KB	0 KB	0	21.279 KB	0 KB	1
Linear_Stair_StaticMesl	Linear_Stair_StaticMesl	Game/ThirdPers(	贴图		128	42.56 KB	0 KB	0	21.279 KB	0 KB	1
RightArm_StaticMesh	RightArm_StaticMesh	Game/ThirdPers(	贴图		128	42.56 KB	0 KB	0	21.279 KB	0 KB	1
Plane_8	Plane	Game/ThirdPers(	贴图		64	10.64 KB	0 KB	0	5.319 KB	0 KB	1
CubeMesh_5	1M_Cube_Chamfer	Game/ThirdPers(	贴图		64	10.64 KB	0 KB	0	5.319 KB	0 KB	1
SkySphereBlueprint	SM_SkySphere	Game/ThirdPers(	贴图		32	2.659 KB	0 KB	0	1.329 KB	0 KB	1

图 7-9 “光照构建信息”窗口

从窗口的显示信息中可以看到每个网格物体构建光照所花费的时间。

4. 投射阴影

阴影可以使世界画面形成对比，使世界中的物体更加真实，并营造出一种氛围。静态阴影无论怎么渲染，几乎没有任何性能消耗，但是动态阴影是造成较大性能消耗的原因之一。

不同的光源类型，产生的光照及阴影信息完全不同。“静态”光源投射完全静态的阴影和光照，这意味着“静态”光源对动态对象不会产生直接影响。如图 7-10 所示，图中左侧的动态铜人站在一个“静态”光源的光照中，光源对该角色没有任何影响，既没有光照，也不会投射阴影；而右侧的角色位于一个“固定”光源的光照中，有明显的光照，并且投射了阴影。

图 7-10　不同属性的光源对可移动物体投射阴影的对比效果

每个可移动的对象进入“固定”光源时会创建两个动态阴影：一个用于处理静态环境世界投射到该对象上的阴影；另一个处理该对象投射到环境世界中的阴影。通过使用这种设置，固定光源唯一的阴影消耗就来源于它所影响的动态对象。这意味着，根据所具有的动态对象的数量不同，该性能消耗可能很小，也可能很大。如果有足够多的动态对象，那么使用可移动光源会更加高效。

（1）“固定”属性的定向光源支持采用“Cascaded Shadow Maps”（级联阴影贴图）的全景阴影，同时该阴影作为静态阴影。这在处理具有很多带动画的植被的关卡时是非常有用的，可以使周围产生可以动的阴影，又不用付出因为阴影重叠而覆盖较大的视图范围的代价。动态阴影会随着距离而渐变为静态阴影，且这种变换通常是很难被察觉到的。

（2）“可移动”光源在任何物体上都会投射完全动态的阴影。“可移动”光源的光照数据不会烘焙到光照贴图中，可以自由地在任何物体上投射动态阴影。静态网格物体、骨骼网格物体、粒子特效等都将会从可移动光源投射或接收阴影。通常来说，投射可移动动态阴影的光源是性能消耗最大的。

在编辑一个“固定”光源或“静态”光源时，光照信息会变成未构建状态，预览阴影可以提供一个在光照构建后生成的阴影的大致样子。如果在重新构建光照信息前就在编辑器中运行场景，预览的阴影将会消失。如果想在预览阴影中生成最终的阴影效果，则需要在编辑器的主工具栏上选择“构建”→“光照”命令。

当把所有阴影类型放在一起时，每种类型的阴影都会利用其优势来弥补另一种类型的阴影的劣势，从而可以快速地渲染出令人印象深刻的、栩栩如生的视觉效果。

7.2.2 应用光效

1. 准备工作

在应用各种光效之前，在一个“第一人称”模板的新建项目中创建一个空白关卡。在关卡编辑器中，使用模式面板中的“Geometry”（几何体）选项中的“盒体”画刷创建一个非常简单的房间，并放置一个“玩家起始”以确定场景运行时的起始点位置，将“玩家起始”立于地面上，背靠墙壁，面向房间。

2. 应用点光源

图7-11 添加点光源效果

在模式面板“光照”选项中，拖曳一个“点光源”到刚刚建好的房间内，为房间添加一个光源。使用平移工具将光源置于“玩家起始”对面的房间中央。

单击工具栏上的“构建”按钮来生成及构建光照。构建过程中会在屏幕的右下角看到构建进程提示。构建完成后，运行项目，效果如图7-11所示。

为了给房间创造一种大气、自然的感觉，达到更好的光效，需要对添加的光源的参数进行调整。

（1）将光源的颜色调整为更加柔和的金色。在关卡中选中点光源，在细节面板中单击“Light Color”（光源颜色）属性，如图7-12所示，可以在打开的“颜色选择器”窗口中选择黄色或金色，也可以直接在参数中设置RGB的数值。

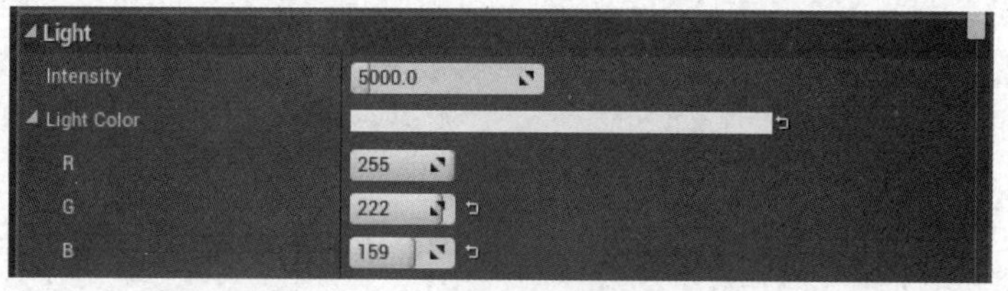

图7-12 设置点光源颜色

（2）调整“Attenuation Radius”（衰减半径）。该属性限定了光源的可见影响范围，在场景中其范围以蓝色球体表示。光源影响的限定从物理上讲是不正确的，但是从性能角度来讲这是非常重要的，因为光源影响越大，性能消耗就越大。

将“Attenuation Radius”数值调小一点，以便点光源能更好地包围房间模型。在细节面板中将“Attenuation Radius”设置为“700.0”，如图7-13所示。

（3）对点光源的亮度进行调整。在细节面板中设置“Intensity”为“2500.0”。

单击“构建”按钮后运行项目，发现点光源在墙壁和顶棚上创建了一个明显的圆形区域，同时在整个房间中创建了不均匀的阴影，如图7-14所示。

这说明，点光源的亮度太强了。返回到点光源的细节面板中，将“Intensity”修改为“20.0”，并取消勾选“Use Inverse Squared Falloff”复选框，如图7-15所示。“Use Inverse Squared Falloff”（平方反比衰减）用来实时计算光线从源头发出后的衰减速度。

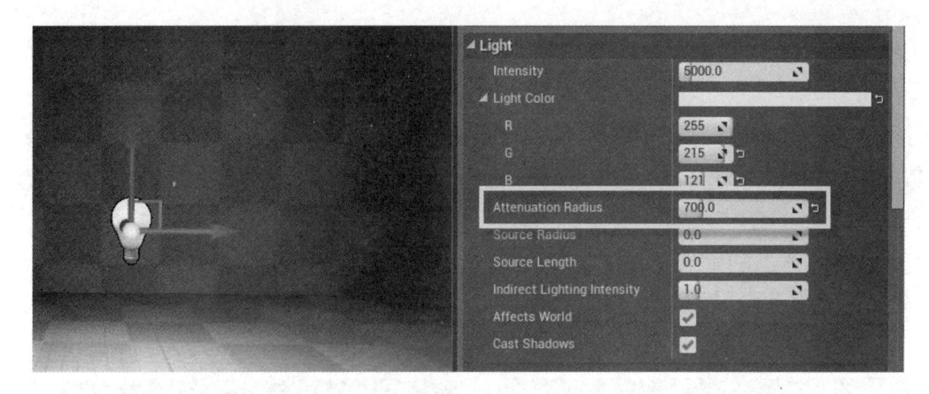

图 7-13　设置点光源衰减半径

图 7-14　点光源亮度太强的效果

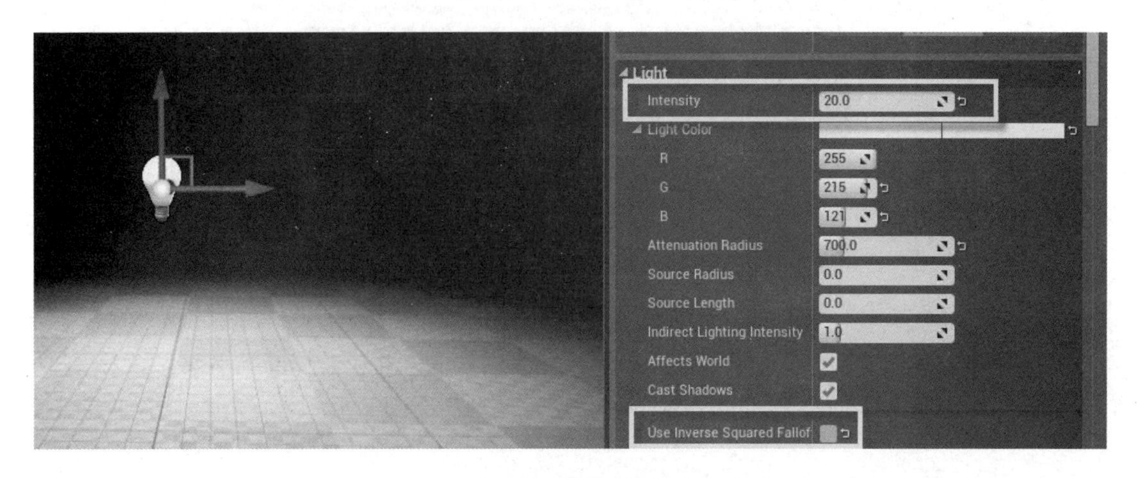

图 7-15　修改亮度及取消平方反比衰减

再次运行后可以看到房间中投射了更加均匀的阴影，并且光源更加集中地照射到地面上，如图 7-16 所示。

（4）经过调整后的点光源的效果与现实生活中悬挂在顶棚上的光源类似，可以为其添加一个灯罩。在内容浏览器中“StarterContent”的“Props”文件夹内，有一个名为“SM_Lamp_Ceiling”的静态网格物体，将其拖曳到点光源上方，调整其位置及大小，以模拟顶棚吊灯的效果。

执行灯光构建后运行场景，效果如图 7-17 所示。场景中的光效看上去就像是从一个电灯发出的光照，在房间内投射出漂亮、均匀的阴影。

图 7-16　修改亮度后均匀光照效果

图 7-17　点光源最终效果

3. 应用聚光源

（1）创建一个黑暗的走廊，以便角色可以进入走廊并照亮环境。从模式面板的“Geometry”选项中，单击并拖曳一个“盒体”画刷到之前建立的房间模型内。在画刷的细节面板的“Brush Settings”属性下设置“画刷形状”为“Box”，“X”数值为“1000.0”，“Y”数值为“200.0”，“Z”数值为“300.0”，如图 7-18 所示。

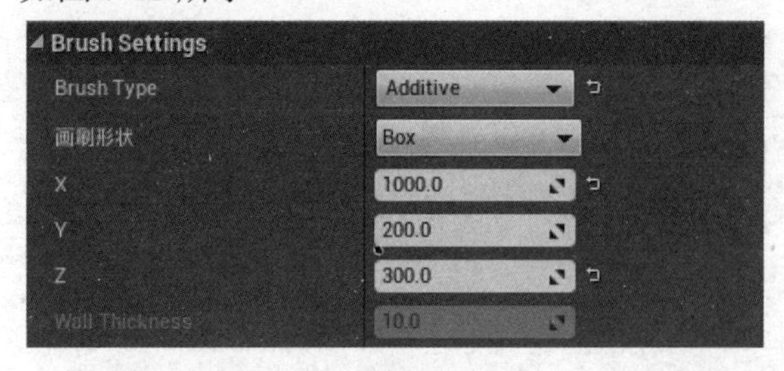

图 7-18　设置盒体画刷形状

使用“平移”模式，将盒体移动到“玩家起始”的对面，并让盒体的一小部分插入房间内，剩余部分从房间延伸出去，如图 7-19 所示，以便制作房间的走廊。

图 7-19 调整盒体位置

（2）选中“盒体”，按“Ctrl+W”组合键复制一个新的盒体。选中新盒体，在其细节面板的“Brash Settings”属性下设置“画刷形状”为“Box”，“X”为“980.0”，“Y”为“180.0”，“Z”为“280.0”，并且设置“Brash Type”（画刷类型）为“Subtractive”（挖空型），如图 7-20 所示。

使用“平移”模式，将“Subtractive”画刷移动到“Additive”（叠加型）画刷中，以便能创建一个开口，创建的走廊如图 7-21 所示。

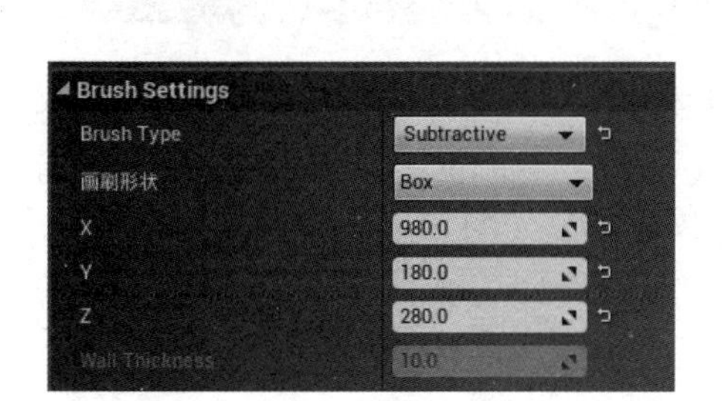

图 7-20 设置新盒体参数

图 7-21 创建走廊

（3）构建后运行场景，角色可以在走廊中行走，但需要一束光线来照亮走廊。在内容浏览器中的“FirstPersonBP”下的“Blueprints”文件夹中双击打开“FirstPersonCharacter”。在蓝图编辑器左边找到组件面板，单击“添加组件”按钮，在下拉菜单中选择“Spot Light”（聚光源），如图 7-22 所示。

这将给角色添加一个聚光源，在蓝图编辑器的视口面板中可以看到类似手电筒的效果，如图 7-23 所示。

注意：聚光源的光照方向应和角色的朝向保持一致。设置方法：在组件面板中，单击“SpotLight”组件并将其拖曳到“FirstPersonCamera”下的“Mesh2P”下，如图 7-24 所示。这将把聚光源附加到角色网格物体上，即运行中的手臂上。

图 7-22　添加“Spot Light”组件

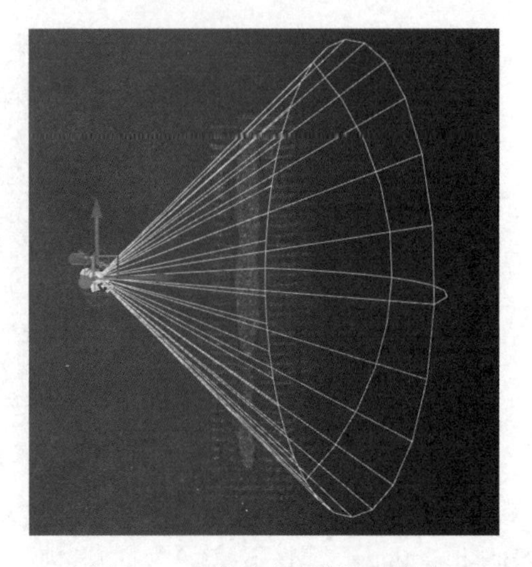

图 7-23　添加聚光源的视口效果

设置聚光源的位置信息，选中“SpotLight”组件，在细节面板的“变换”属性中设置光源的位置：“X”为“82.0cm”，“Y”为“15.0cm”，“Z”为“122.0cm”，如图 7-25 所示。

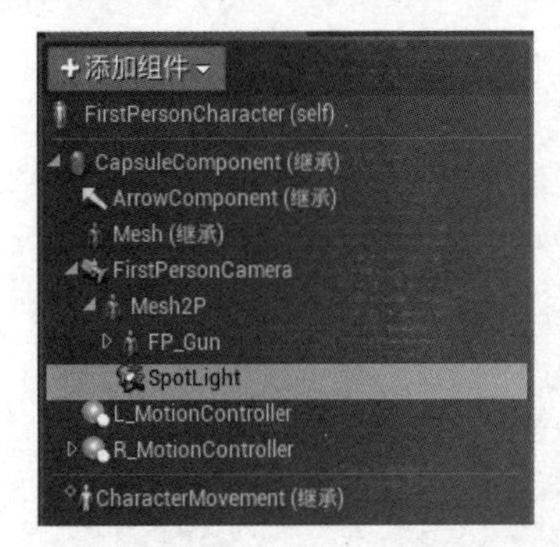

图 7-24　将聚光源附加到角色上

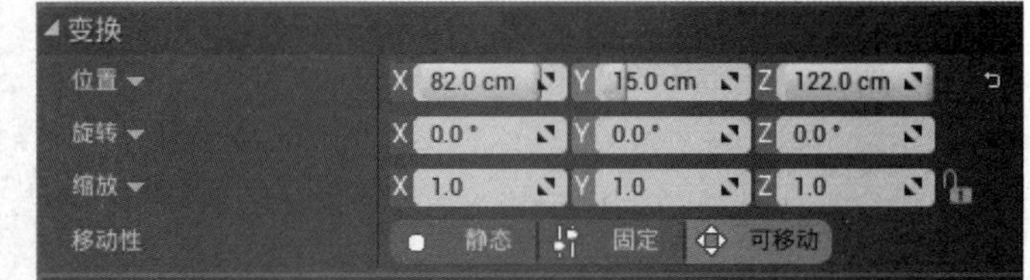

图 7-25　设置聚光源位置

（4）单击蓝图编辑器工具栏上的“编译”按钮，返回关卡编辑器，执行构建，然后运行场景。可以看到角色行走在走廊中时聚光源发挥的作用，效果如图 7-26 所示。

用户可以在角色蓝图编辑器下，选中“SpotLight”组件，通过细节面板对光源颜色、亮度、衰减半径等属性进行设置，方法与在关卡编辑器中设置点光源相同。

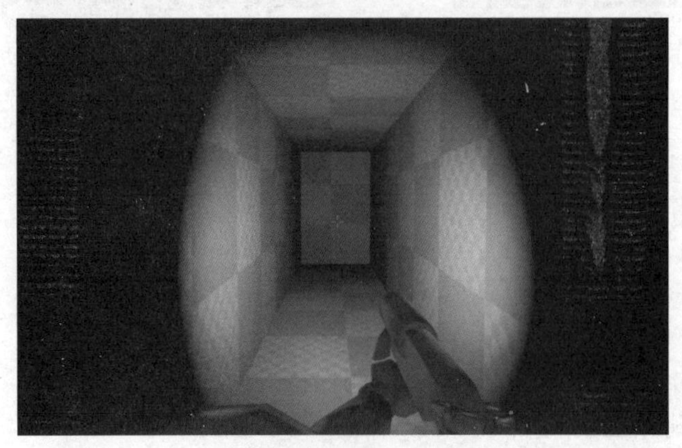

图 7-26　聚光源效果

4．应用定向光源

下面将对走廊进行镂空设置，并应用定向光源向走廊中投射环境光线。

（1）在房顶上创建一个开口。在关卡编辑器中，按“Alt+3”组合键，进入无光照模式，并把摄像机推置到房间外面，以查看走廊的顶部，如图 7-27 所示。

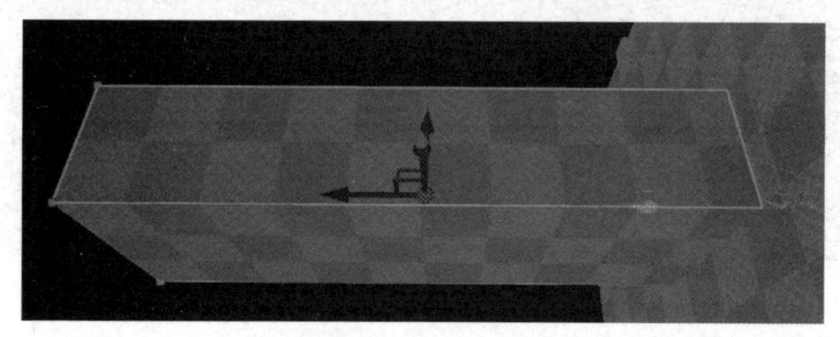

图 7-27　查看走廊顶部

（2）选择该走廊盒体，按“Ctrl+W”组合键进行复制。设置新复制的盒体画刷的大小：“X”为“200.0”，“Y”为“150.0”，“Z”为“25.0”，“画刷类型”为“Subtractive”。将“Subtractive”画刷移动到走廊顶部，创建一个开口。复制两次该“Subtractive”画刷，将这些画刷移动到适当位置，为走廊创建多个开口，如图 7-28 所示。

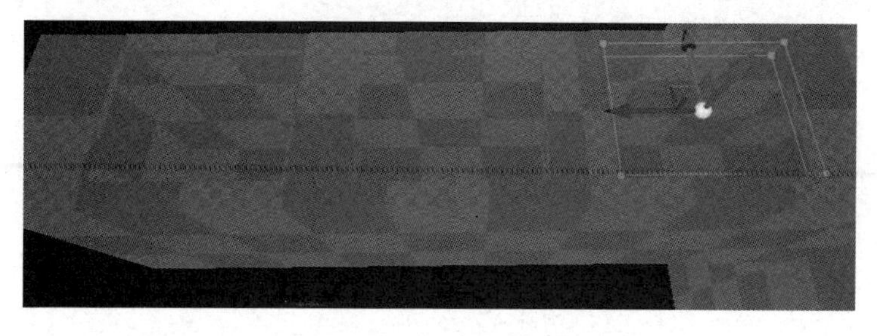

图 7-28　走廊开口

（3）在模式面板中选择定向光源并将其放置到场景中，该光源将作为月光照亮走廊。按“Alt+4”组合键返回到光照模式。场景中会出现“Preview”预览提示，这表示还没有重新构建光照，当前光照仅用于预览。

（4）调整定向光源的设置，以产生月光照亮走廊的效果。在定向光源细节面板中的“Light”属性下，设置“Intensity”（亮度）为“5.0”；“Light Color”属性中的“R”和“G”都为“81”，“B”为“101”，如图 7-29 所示。

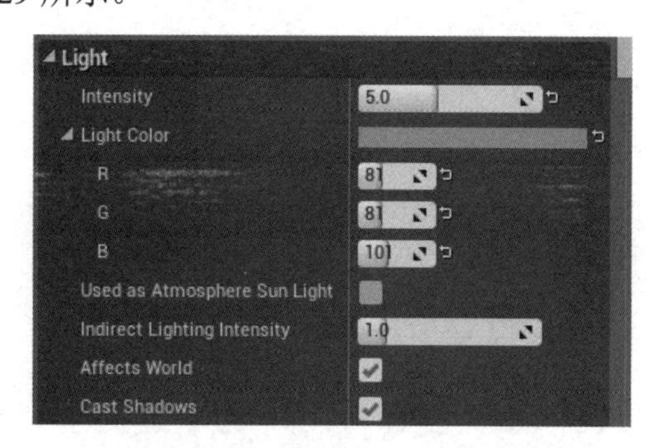

图 7-29　设置定向光源亮度及颜色

（5）构建后运行，可以看到模拟月光的光线投射到了走廊中，效果如图 7-30 所示。

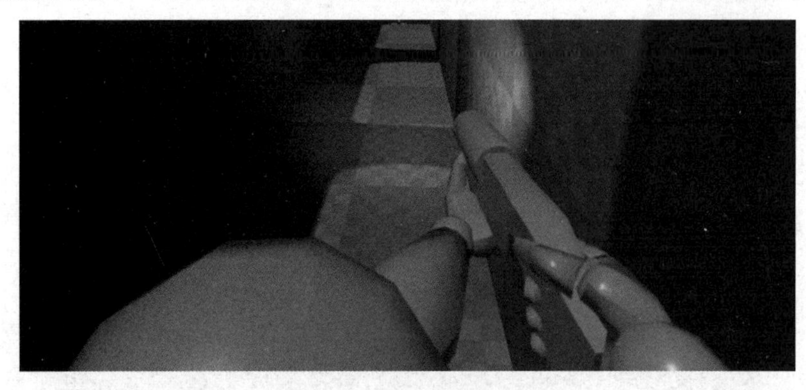

图 7-30　月光效果

但是，当角色处于阴影区域时，光线仍然会投射到角色身上，这是因为定向光源被设置为“固定”属性的缘故，需要调整定向光源的“移动性”属性来解决。在细节面板中将定向光源的“移动性”设置为“可移动”，这样当角色进入阴影区域时将不会再被照亮。

项目8 VR硬件平台搭建

虚拟现实技术借助于计算机系统及传感器技术生成一个三维环境，创造出一种崭新的人机交互状态，通过调动用户所有的感官（视觉、听觉、触觉、嗅觉等），带来更加真实的、身临其境的体验。虚拟现实技术解决方案中应用的设备种类繁多，包括建模设备、三维视觉显示设备、声音设备及交互设备等。本章简单介绍各主流品牌的概念性产品，以HTC Vive设备为例，讲解硬件平台的搭建方法。

学习目标

（1）了解虚拟现实技术发展现状；

（2）认识行业中常用 VR 品牌设备；

（3）了解 HTC Vive 设备特点；

（4）学会安装 HTC Vive 设备；

（5）学会 HTC Vive 设备的软件及硬件调试方法。

8.1 认识VR品牌设备

任务描述

理解虚拟现实技术的含义及特点，了解虚拟现实技术的应用前景，熟悉行业中各品牌的 VR 设备特点。

8.1.1 虚拟现实技术概述

虚拟现实技术具有三大特征，分别是沉浸性（Immersion）、交互性（Interaction）和想象性（Imagination）。

沉浸性，是指利用计算机产生的三维立体图像，使人置身于一种虚拟环境中，就像在真实的客观世界中一样，能给人一种身临其境的感觉。

交互性，在计算机生成的这种虚拟环境中，人们可以利用一些传感设备进行交互，感觉就像是在真实的客观世界中一样，比如，当人们用手去抓取虚拟环境中的物体时，手就有握东西的感觉，而且可感觉到物体的重量。

想象性，虚拟环境可使用户沉浸其中并且获取新的知识，提高感性和理性认识，从而使人们深化概念和萌发新的联想，因而可以说，虚拟现实可以启发人的创造性思维。

（1）VR 概念萌芽期。1935 年，小说家 Stanley G.Weinbaum 在他的小说中描述了一款虚拟现实的眼镜，而该小说被认为是世界上率先提出虚拟现实概念的作品，故事描述了以眼镜为基础，包括视觉、嗅觉、触觉等全方位沉浸式体验的虚拟现实概念。

（2）VR 产品研发阶段。1962 年，一部名为"Sensorama"的虚拟现实原形机被 Morton Heilig 研发出来，并被引用到空军，以虚拟现实的方式进行模拟飞行训练。虽然随后从 1970 年到 1994 年的二十多年间，VR 领域有许多科学家相继投入研究，但从整体上看，还仅限于相关的技术研究，并没有生产出能交付到使用者手上的产品。

（3）VR 产品面世初期。1994 年开始，日本游戏公司 Sega 和任天堂分别针对游戏产业推出 Sega VR-1 和 Virtual Boy 产品，在业内引起了很大轰动，因为设备成本高，普及率并不高，但也为 VR 硬件发展打开了一扇门。

（4）VR 产品成型爆发期。进入 2016 年，虚拟现实技术成为了最热门的技术之一。随着 HTC、微软、Facebook、AMD、三星等国际知名品牌相继布局 VR 领域，VR 产业生态逐渐完善，消费者对于产品的认知也逐渐深化、成熟，业内普遍认为，VR 元年已经到来。与此同时，中国 VR 市场进入快速发展期，国内用户数量快速增加。

为此，工信部发布了《虚拟现实产业发展白皮书》，并提出了相关政策，从国家层面上充分肯定了虚拟现实行业。根据《国家中长期科学和技术发展规划纲要》（2006～2020）的内容，虚拟现实技术属于前沿技术中信息技术部分三大技术之一。数据显示，2015 年中国虚拟现实行业市场规模为 15.4 亿元，2016 年达到 56.6 亿元，2020 年国内市场规模超过 550 亿元。而根据从国际各种资本涌动的方向来看，VR 已成为未来 10 年内的快速发展技术，未来 15 年内 VR/AR 将成为主流。

8.1.2 VR品牌设备

随着虚拟现实在其他行业越来越深入的应用与推广，市场上出现了三大 VR 设备企业，他们的代表作分别是 Oculus Rift、HTC Vive 及索尼 PlayStation VR。这三款产品不论是硬件性能、平台规模还是资源，都拥有极高的水准。三款虚拟现实头戴也都集成了头部运动追踪和位置追踪系统，其中，Oculus Rift 和索尼 PlayStation VR 使用动作感应摄像头来识别用户运动，需要将摄像头放置在用户正前方；而 HTC Vive 则另辟蹊径，在头戴上集成了多达 37 个 LED 传感器，能够与安装在房间中的两个传感器构成一个动作捕捉空间，从理论上能够更精准地识别用户微小的动作。

由于三款虚拟现实头戴均是桌面级的产品，所以硬件设计上比较相似，只存在微小的差异。比如，Oculus Rift 和 HTC Vive 均配备了单眼分辨率 1080 像素×1200 像素的 OLED 显示屏、视角 110°、刷新率 90Hz。相对来说，索尼 PlayStation VR 的屏幕分辨率略低，为 960 像素×1080 像素，视角是 100°，但刷新率高达 120Hz。

1. Oculus Rift

Oculus Rift 是虚拟现实领域最出名的品牌之一，Oculus 拥有 VR 领域最令人印象深刻的技术团队，而且背后还有 Facebook 雄厚的财力支持。Oculus 头盔对 PC 主机的要求极高，价格令很多人望而却步。设备如图 8-1 所示。

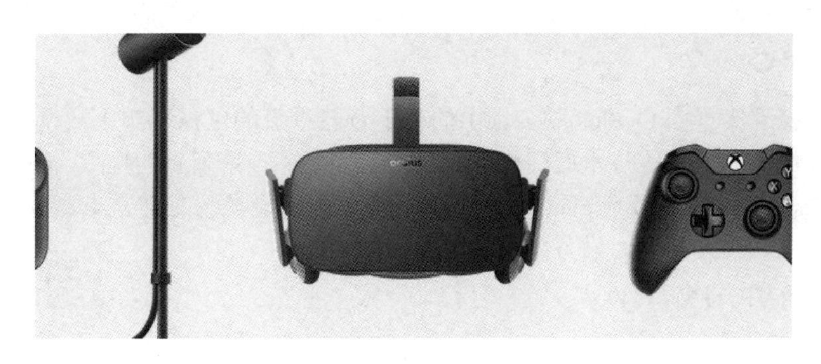

图 8-1　Oculus Rift 设备

2. 索尼 PS VR

索尼 PS VR 是配合索尼 PlayStation 4 游戏机使用的 VR 设备，虽然是三大桌面级 VR 眼镜中最便宜的一款，但也因此是科技含量最低的一款，利用不同颜色的灯光和摄像头配合定位，体验上并不会输给高性能 PC 驱动下的 Vive 和 Rift。设备如图 8-2 所示。

图 8-2　索尼 PS VR 设备

3. HTC Vive

HTC Vive 是智能手机制造商 HTC 和游戏巨头 Valve 合作开发的一款虚拟现实头戴显示器，以 PC 为基础平台。考虑到 Valve 在游戏领域的地位，因此 HTC Vive 在游戏资源方面会比 Oculus Rift 要丰富一些。

这款头戴设备内部配置有陀螺仪、加速度和激光定位等传感器，能够准确追踪用户在游戏地图中的动作，并提供身临其境的游戏体验。设备如图 8-3 所示。

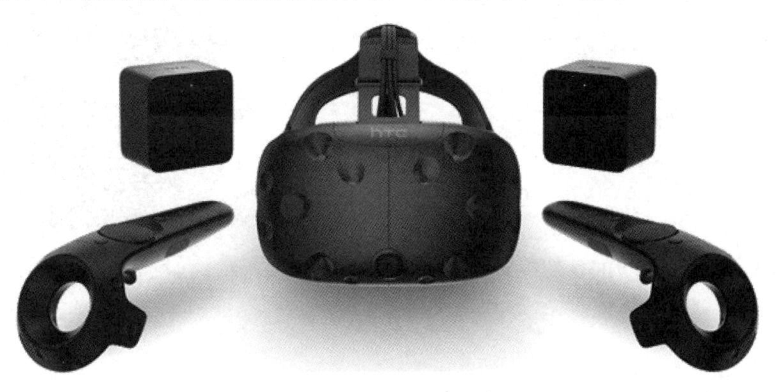

图 8-3　HTC Vive 设备

4．三星 Gear VR

三星和虚拟现实厂商 Oculus 联合推出的基于智能手机的虚拟现实头戴设备 Gear VR。该产品进一步降低了虚拟现实技术的门槛，但同时也带来了一系列新的挑战，因为它只能支持三星的智能手机。不过，这款设备在游戏、影音等方面的资源还是非常丰富的，其市场售价也不贵，大约 200 美元左右。设备如图 8-4 所示。

5．大朋 VR 设备

大朋作为国内较早进入 VR 领域的厂商之一，一直以来都有着不错的知名度，不过一体机由于无法轻易升级，并且价格昂贵，很难成为市场的主流，因此也并没有取得很好的成绩。相比之下，桌面级的大朋 VR 头盔价格较低，并且兼容 Oculus 之类的桌面 VR 设备，更有实用价值。设备如图 8-5 所示。

图 8-4　三星 Gear VR 设备

图 8-5　大朋 VR 设备

6．谷歌纸板 VR 眼镜

就在各个虚拟现实眼镜生产商各种比拼性能的时候，谷歌却推出了一个廉价到极点的纸板眼镜，即使更新到了第二代，它仍旧是一个用硬纸板做成的虚拟现实眼镜，如图 8-6 所示。从纯技术的角度上讲，这款纸板眼镜没有精致的摄像头，没有位置追踪器，甚至连头戴都没有，有的只是一个更大、更厚的纸板来承担一部 6 英寸的大尺寸智能手机。

7．暴风科技的暴风魔镜

暴风魔镜更新的第 5 代产品如图 8-7 所示，但始终还是配合手机使用的移动级 VR 设备，而无论硬件上如何改进，内容上并没有运用到暴风科技在影视方面的优势。

图 8-6　谷歌纸板 VR 眼镜

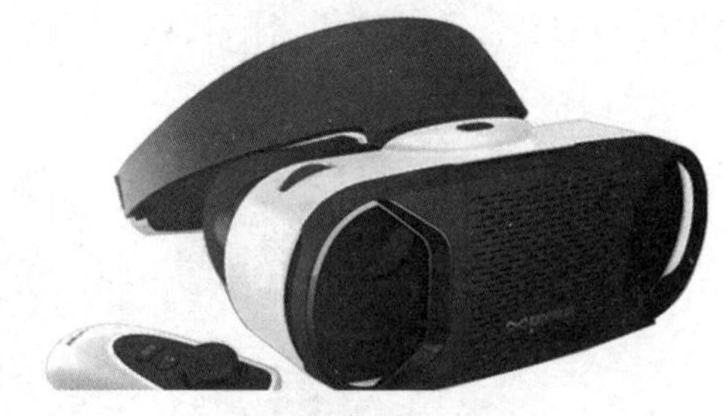

图 8-7　暴风魔镜

8.2 HTC Vive设备安装及配置

任务描述

认识 HTC Vive 的 VR 设备名称，在环境内安装 HTC Vive 设备，并进行相应的配置。

8.2.1　HTC Vive设备

HTC Vive 由宏达国际电子（HTC）和维尔福公司（Valve）共同开发，发布于 2016 年 4 月 5 日，它是维尔福公司的 SteamVR 项目的一部分。

这款头戴式显示器的设计利用“房间规模”的技术，通过传感器把一个房间变成三维空间，在虚拟世界中允许用户自然地导航，能四处走动，并使用运动跟踪的手持控制器可以生动地操纵物体，有精密的互动、交流和沉浸式环境的体验。“HTC Vive”具有 90Hz 的刷新率，使用两个屏幕，每只眼睛对应一个屏幕，每个屏幕具有 1080 像素×1200 像素的分辨率。

使用 HTC Vive 设备的计算机的最低系统配置要求如下。

- GPU：NVDIA GeForce GTX 970、AMD Radeon™ R9 290 同等或更高配置。
- CPU：Intel Core™ i5-4590 / AMD FX™ 8350 同等或更高配置。
- RAM：4 GB 或以上。
- 视频输出：HDMI 1.4、DisplayPort 1.2 或以上。
- USB 端口接口：1×USB 2.0 或以上。
- 操作系统：Windows 7 SP1、Windows 8.1 或 Windows 10。

HTC Vive 产品如图 8-8 所示，设备清单如表 8-1 所示。

图 8-8　HTC Vive 设备

表 8-1　HTC Vive 设备清单

主设备	配件
头盔	三合一连接线（已安装）
	音频线（已安装）
	耳塞式耳机
	面部衬垫（一个已安装，另一个供瘦脸人使用）
	清洁布

续表

主 设 备	配 件
串流盒	电源适配器
	HDMI 连接线
	USB 数据线
	固定贴片
Vive 操控手柄	电源适配器×2
	挂绳（2 根，已安装）
	Micro-USB 数据线×2
定位器	电源适配器×2
	安装工具包（支架×2、螺丝×4、锚固螺栓×4）
	同步数据线

8.2.2 HTC Vive设备安装

HTC Vive 设备安装步骤为：先安装支架，然后安装红外线基站，即激光定位器；安装完毕后，调试基站；最后连接设备。

1. 安装激光定位器

根据用户的空间特点，可以自行安装激光定位器。安装注意事项如图 8-9 所示。

① 激光定位器应安装在不易被碰撞或被移动的位置，高于用户头部，安装高度最好在 2m 以上。

② 尽量将两个激光定位器安装在对角位置。

③ 每个定位器的视角为 120°，建议向下倾斜 30°～45° 安装，以完全覆盖游戏区域。

④ 确保两个激光定位器之间的距离不超过 5m，以获得最佳追踪效果。

2. 调试激光定位器

使用激光定位器时需要对两个激光定位器进行频道的设置。在定位器的背面有一个频道设置的按钮，按下按钮可以切换“a”“b”“c”三个频道。频道指示灯在激光定位器的正面。

激光定位器的频道设置有以下两种不同的方法。

① 如果使用同步数据线将两个定位器相连，可以增强定位的可靠性，如图 8-10 所示。这种情况下，应将一个定位器的频道设置为“a”，另一个定位器的频道设置为“b”。

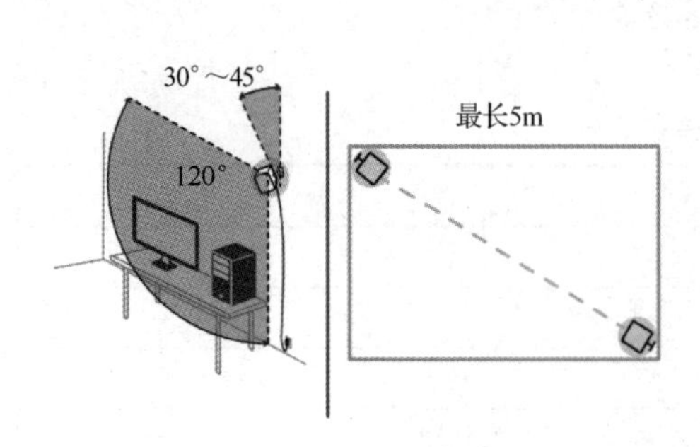

图 8-9　激光定位器安装注意事项

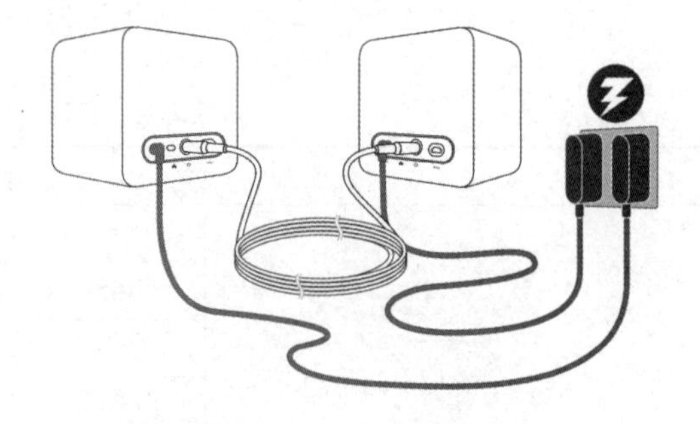

图 8-10　使用同步数据线

② 在不使用同步数据线的情况下，应将一个定位器的频道设置为“b”，另一个定位器的频道设置为“c”。

频道设置完成后，调整两个激光定位器的位置和角度，互相捕捉定位信息，当定位器状态指示灯为绿色时表示两个定位器正常工作；如果状态指示灯闪烁，则表示两个定位器发生了位置偏移。

3. 连接串流盒

串流盒将头戴设备与计算机相连，如图 8-11 所示。

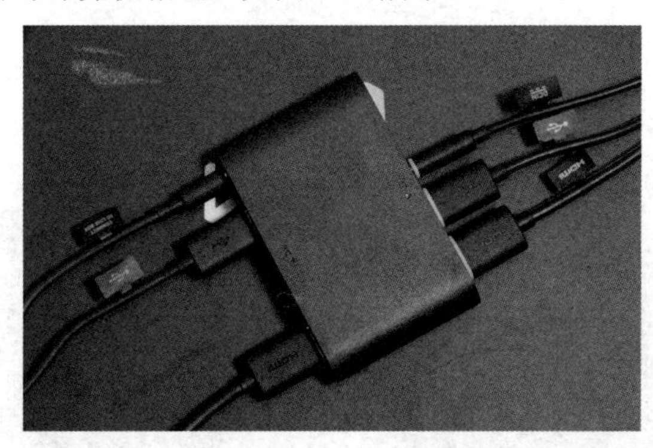

图 8-11　串流盒

串流盒上标志了“PC”与“VR”端，分别提供了为连接 PC 和 VR 头戴所使用的 HDMI、USB 和电源接口，如图 8-12 所示。

① 将电源适配器连接线接到串流盒对应的端口，另一端接通电源插座，以开启串流盒。

② 用 HDMI 连接线将串流盒的 HDMI 端口与 PC 显卡的 HDMI 端口相连。

③ 用 USB 数据线将串流盒的 USB 端口与 PC 的 USB 端口相连。

④ 将头戴设备的三合一连接线（HDMI、USB 和电源）分别与串流盒橙色标志的三个端口相连，如图 8-13 所示。

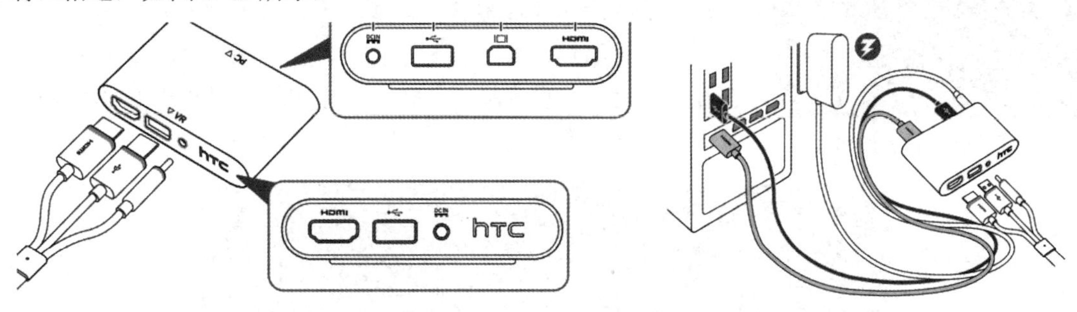

图 8-12　串流盒接口　　　　图 8-13　串流盒的连接

设备接入成功后，头戴设备的状态指示灯呈现绿色。

8.2.3　软件安装与调试

如果在计算机上使用 VR 外设，用户需要在计算机上安装“Steam”客户端并注册。用户可以通过官网下载并安装“Steam”客户端，如图 8-14 所示。

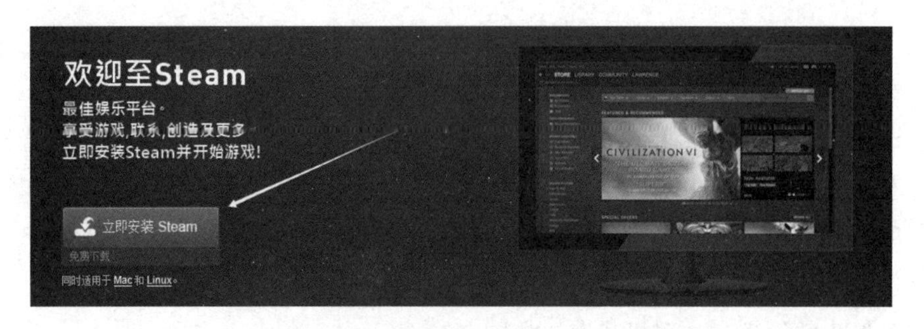

图 8-14 安装“Steam”客户端

注册并登录 Steam 后，将 HTC Vive 手柄电源打开，确保头戴与计算机正确连接，红外线基站正常工作。在“Steam”客户端左侧单击“SteamVR”选项，如图 8-15 所示，“Steam”客户端会检测设备状态，如图 8-16 所示。

图 8-15 单击“SteamVR”选项

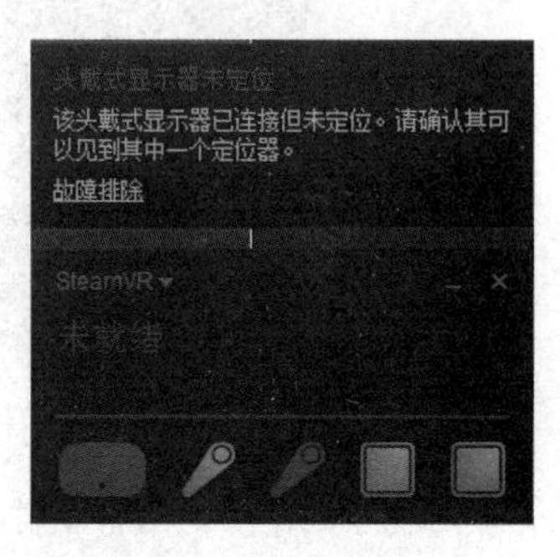

图 8-16 检测设备

提示：当第一次使用手柄时需要对其进行配对，同时按住“开关键”和“菜单键”来进行配对。

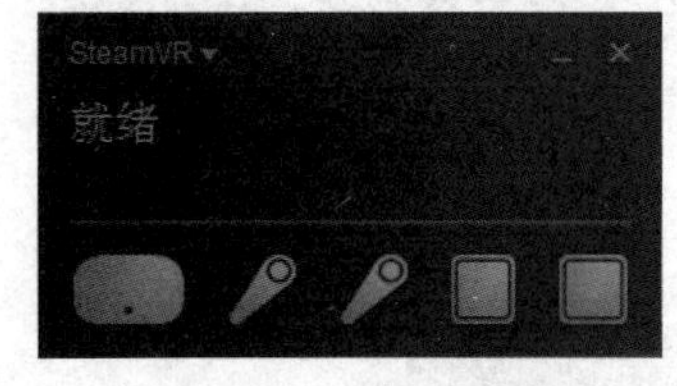

图 8-17 设备就绪

根据客户端的检测提示，调试相应设备，直到客户端显示头戴、手柄、红外线基站设备就绪为止，如图 8-17 所示。

设备就绪后，单击客户端的“房间设置”选项，进行房间设置，以设定游戏范围。根据用户的实际情况选择“房间规模”及“仅站立”选项，如图 8-18 所示。

图 8-18 房间规模设定

确保在两个激光定位器之间留出一块空旷自由空间，为了获得更好的用户体验，该空间不应小于 2m×1.5m，如图 8-19 所示。空间预留完毕后单击“下一步”按钮。

图 8-19　空间要求

打开手柄控制器，并将手柄和头戴显示器置于两个激光定位器能够捕捉的有效范围之内，以建立定位，如图 8-20 所示，单击“下一步”按钮。

图 8-20　建立定位

将两个手柄控制器放在两个激光定位器可见范围内的地面上，单击“校准地面”按钮，如图 8-21 所示。

图 8-21　校准地面

校准完毕后单击“下一步”按钮，进行空间测量，完毕后单击“下一步”按钮，如图 8-22 所示。

图 8-22　测量空间

按住手柄控制器的扳机，使用手柄控制的尖端在实际场地中描绘出可用的行动空间，确保空间内空无一物，如图 8-23 所示。描绘完毕后单击“下一步”按钮。

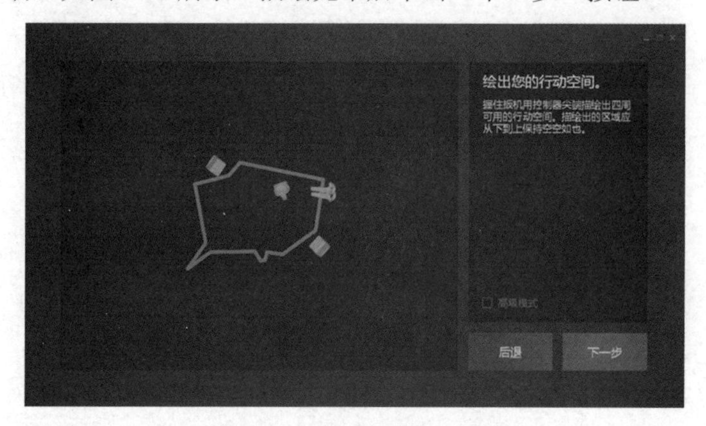

图 8-23　描绘行动空间

根据描绘出的行动空间，客户端会计算出用户体验时的游玩范围，如图 8-24 所示。如果用户接受此范围，则单击“下一步”按钮。

图 8-24　计算游玩范围

到此，房间设置完毕，单击“下一步”按钮可进入 SteamVR 教程体验。用户可以使用头戴、耳机、手柄来进行虚拟现实场景的体验，提示如图 8-25 所示。

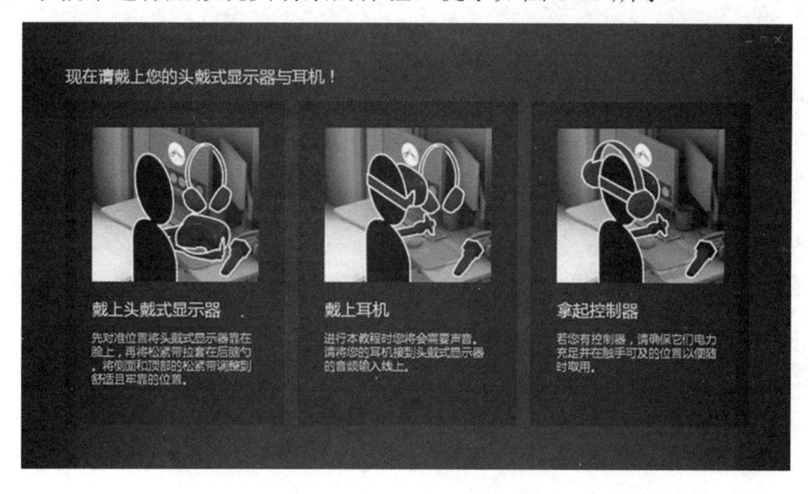

图 8-25　用户体验

参 考 文 献

[1] 虚幻官方网站

[2] 虚幻官方网站学习文档

[3] 张燕翔. 虚拟/增强现实技术及其应用[M]. 合肥：中国科学技术大学出版社，2017.

[4] 卢博. VR 虚拟现实：商业模式+行业应用+案例分析[M]. 北京：人民邮电出版社，2016.

[5] 张菁. 虚拟现实技术及应用[M]. 北京：清华大学出版社，2011.